"十三五"职业教育国家规划教材

U0747959

地基与基础

DIJIYUJICHU

主　编　赵邵华　蒋建清
副主编　罗　婉　邹艳花　谢静思
　　　　李玲萍　任　宁
主　审　郑　伟

中南大学出版社
www.csupress.com.cn
·长沙·

内容提要

本书为"十三五"职业教育国家规划教材。全书共分 6 个模块，包括建筑工程地质与勘察、地基土的应力与沉降、土的抗剪强度和地基承载力、挡土墙与边坡工程、浅基础工程与桩基础工程等内容。各模块均附有模块小结、复习思考题、习题和技能训练题。

本书可作为高职高专建筑工程技术专业及相关土建类专业的教材，亦可供各普通高等学校设立的成教学院、网络学院，以及电视大学等同类专业专科教学使用，并可作为相关专业工程技术人员的参考书。

本书配有多媒体教学电子课件和习题答案。

高职高专土建类"十三五"规划"互联网＋"创新系列教材编审委员会

主 任

王运政　　胡六星　　郑　伟　　玉小冰　　刘孟良

陈安生　　李建华　　陈翼翔　　谢建波　　胡云珍

副主任

（以姓氏笔画为序）

王超洋　　卢　滔　　刘庆潭　　刘锡军　　杨晓珍

李玲萍　　李清奇　　李精润　　陈　晖　　欧阳和平

周一峰　　项　林　　胡云珍　　卿利军　　黄金波

委 员

（以姓氏笔画为序）

万小华　　邓　慧　　叶　姝　　吕东风　　朱再英　　伍扬波

刘小聪　　刘天林　　刘心萍　　刘可定　　刘旭灵　　刘剑勇

刘晓辉　　许　博　　阮晓玲　　孙光远　　孙湘晖　　李为华

李　龙　　李　冬　　李亚贵　　李进军　　李丽君　　李　奇

李　侃　　李海霞　　李鸿雁　　李　鲤　　李　薇　　肖飞剑

肖恒升　　肖　洋　　何立志　　何　珊　　佘　勇　　宋士法

宋国芳　　张小军　　陈贤清　　陈淳慧　　陈　翔　　陈婷梅

易红霞　　罗少卿　　金红丽　　周　伟　　周良德　　赵亚敏

胡蓉蓉　　徐龙辉　　徐运明　　徐猛勇　　高建平　　唐　文

唐茂华　　黄光明　　黄郎宁　　曹世晖　　常爱萍　　梁鸿颉

彭　飞　　彭子茂　　彭东黎　　蒋买勇　　蒋　荣　　喻艳梅

曾维湘　　曾福林　　熊宇璟　　樊淳华　　魏丽梅　　魏秀瑛

出版说明 INSTRUCTIONS

遵照《国务院关于加快发展现代职业教育的决定》(国发〔2014〕19号)提出的"服务经济社会发展和人的全面发展,推动专业设置与产业需求对接,课程内容与职业标准对接,教学过程与生产过程对接,毕业证书与职业资格证书对接"的基本原则,为全面推进高等职业院校土建类专业教育教学改革,促进高端技术技能型人才的培养,依据国家高职高专教育土建类专业教学指导委员会高等职业教育土建类专业教学基本要求,通过充分的调研,在总结吸收国内优秀高职高专教材建设经验的基础上,我们组织编写和出版了这套高职高专土建类专业"十三五"规划教材。

高职高专教学改革不断深入,土建行业工程技术日新月异,相应的国家标准、规范,行业、企业标准、规范不断更新,作为课程内容载体的教材也必然要顺应教学改革和新形势的变化,适应行业的发展变化。教材建设应该按照最新的职业教育教学改革理念构建教材体系,探索新的编写思路,编写出版一套全新的、高等职业院校普遍认同的、能引导土建专业教学改革的"十三五"规划系列教材。为此,我们成立了规划教材编审委员会。教材编审委员会由全国30多所高职院校的权威专家、院长、教学负责人、专业带头人及企业专家组成。编审委员会通过推荐、遴选,聘请了一批学术水平高、教学经验丰富、工程实践能力强的骨干教师及企业专家组成编写队伍。

本套教材具有以下特色:

1. 教材依据国家高职高专教育土建类专业教学指导委员会《高职高专土建类专业教学基本要求》编写,体现科学性、创新性、应用性;体现土建类教材的综合性、实践性、区域性、时效性等特点。

2. 适应高职高专教学改革的要求,以职业能力为主线,采用行动导向、任务驱动、项目载体,教、学、做一体化模式编写,按实际岗位所需的知识能力来选取教材内容,实现教材与工程实际的零距离"无缝对接"。

3. 体现先进性特点。将土建学科的新成果、新技术、新工艺、新材料、新知识纳入教材,结合最新国家标准、行业标准、规范编写。

4. 教材内容与工程实际紧密联系。教材案例选择符合或接近真实工程实际，有利于培养学生的工程实践能力。

5. 以社会需求为基本依据，以就业为导向，融入建筑企业岗位(八大员)职业资格考试、国家职业技能鉴定标准的相关内容，实现学历教育与职业资格认证相衔接。

6. 教材体系立体化。为了方便老师教学和学生学习，本套教材建立了多媒体教学电子课件、电子图集、教学指导、教学大纲、案例素材等教学资源支持服务平台；部分教材采用了"互联网＋"的形式出版，读者扫描书中"二维码"，即可阅读丰富的工程图片、演示动画、操作视频、工程案例、拓展知识。

高职高专土建类专业规划教材

编审委员会

前 言 PREFACE

本书为"十三五"职业教育国家规划教材。本书从建筑工程技术专业培养目标出发，以土建类高职高专建筑工程技术专业教学的基本要求和《建筑与市政工程施工现场专业人员职业标准》（JGJ/T250—2011）为引领，主要参照《建筑地基基础设计规范》（GB 50007—2011）、《建筑桩基技术规范》（JGJ94—2008）、《建筑地基处理技术规范》（JGJ79—2012）及《混凝土结构施工图平面整体表示方法制图规则和构造详图》（16G101）等新规范和新标准编写。

本书以培养专业技术应用能力为主线，编写过程中紧紧围绕建筑施工现场一线的职业活动，教学内容取材以从事职业岗位工作"必需、够用"为原则，将地基与基础相关规范、建筑施工现场专业技术岗位标准和技能训练的相关内容有机地融入教材，做到"实用、够用、能学、会用"，突出实用性和可操作性，力求体现高职高专教育的特色。为便于学生对各知识点的学习、应用和掌握，本书在各模块正文之前明确教学目标，在正文之后配套有模块小结、思考题、习题、自测题和技能训练题，并且各模块还有一定的网上二维码资源，所有的思考题、习题、自测题都附有二维码的答案。

本书由湖南城建职业技术学院一级注册结构师、高级工程师、赵邵华副教授担任主编，各模块编写分工如下：绪论、模块二由湖南城建职业技术学院蒋建清编写，模块一由湖南城建职业技术学院的罗婉编写，模块三由湖南城建职业技术学院的邹艳花和谢静思编写，模块四由湖南有色金属职业技术学院任宁编写，模块五由李玲萍编写，模块六由赵邵华编写。全书由赵邵华统一修改定稿，由湖南城建职业技术学院的注册监理工程师、高级工程师、郑伟教授任主审。谨此一并表示衷心的感谢！

由于编者水平有限和编写时间仓促，书中不足之处在所难免，恳请广大读者和同行专家批评指正，以便不断修订完善。

编 者

目　录 CONTENTS

绪 论

0.1 土力学、地基及基础的概念

0.1.1 土力学

土是地壳岩石经过物理、化学、生物等风化作用的产物，是各种矿物颗粒组成的松散集合体，一般是由固体颗粒、水和空气组成的三相体系。土力学是研究土的应力、变形、强度和稳定以及土与结构物相互作用等规律的一门力学分支。土力学是应用工程力学方法来研究土的力学性质的一门学科，是本课程的重要理论基础。

土力学的研究对象是与人类活动密切相关的土和土体，包括人工土体和自然土体以及与土的力学性能密切相关的地下水。土力学被广泛应用在地基、挡土墙、土工建筑物、堤坝等设计中。

0.1.2 地基

支撑建筑物荷载、且受建筑物影响的那一部分地层称为地基。作为建筑地基的岩土层通常有岩石、碎石土、砂土、粉土、黏性土等土体或岩体。

从现场施工的角度来看，地基可分为天然地基和人工地基。天然地基是不需要人工加固就可以直接放置基础的天然岩土层，自然状态下即可满足承担基础全部荷载要求。需要人工加固或处理后才能修建建筑物的地基称为人工地基，譬如石垫层、砂垫层、混合灰土回填再夯实垫层等均属于人工地基范畴。

当土层的地质状况较好，承载力较强时可以采用天然地基；而在地质状况不佳的条件下，如坡地、沙地或淤泥地质，或虽然土层质地较好，但上部荷载过大时，为使地基具有足够的承载能力，则要采用人工加固地基。

0.1.3 基础

建筑物向地基传递荷载的下部扩大的承重结构就是基础，是建筑底部与地基接触的承重构件。它的作用是把建筑上部的荷载传给地基，调整地基变形，起到承上传下的作用。

基础包括浅基础和深基础。浅基础通常用普通（常规）方法施工，基础埋深 $d \leqslant 5$ m。深基础通常需要一定的机械设备，如桩基、墩基和地下连续墙等，基础埋深 $d \geqslant 5$ m。

地基与基础的相对位置如图 0-1 所示。根据地基与基础的接触关系，地基中的地层分为覆盖层、持力层和下卧层。其中直接与基础底面接触的土层称为持力层，地基基础设计时，通常应选择强度较高、变形较小、稳定性较强的地层作为地基的持力层。地基内持力层下面的土层称为下卧层，地基承载力低于持力层的下卧层称为软弱下卧层。覆盖层是位于持力层以上的所有地层。

图 0 - 1　地基与基础的示意图

0.1.4　地基与基础设计的基本条件

建筑物的建造使地基中原有的应力状态发生改变，这就必须运用数学力学的方法来研究在荷载作用下地基的强度和变形问题。为保证建筑物的功能需要和安全使用，地基与基础的设计计算必须满足以下三个基本条件：

（1）地基应具有足够的强度

地基在建筑物荷载作用下有足够的承载力，并在防止整体破坏方面有足够的安全储备。

（2）地基应满足变形要求

控制基础沉降使之不超过地基的变形允许值，保证建筑物不因地基变形而损坏或者影响其正常使用。

（3）基础应具有足够的强度、刚度和耐久性

基础结构本身应满足强度、变形和耐久性的要求。

0.2　地基与基础的重要性

地基与基础是建筑物的根基，属于隐蔽工程，因此，它的勘察、设计和施工质量直接关系到建筑物的安危。实践证明，建筑物的事故很多是与地基基础有关的，而且地基基础事故一旦发生，进行补救就相当困难。此外，地基基础工程处理是否适当，对建筑物的造价影响也是相当显著的，地基基础工程一般占建筑总投资的 10% ~30%，甚至更多。下面通过几个经典的地基基础事故工程实例，反映地基与基础工程的重要性。

➢ **案例 1：加拿大特朗斯康谷仓**

工程概况：如图 0 - 2 所示，该谷仓平面呈矩形，南北向长 59.44 m，东西向宽 23.47 m，高 31.00 m，容积 36368 m³，容仓为圆筒仓，每排 13 个圆仓，5 排共计 65 个圆筒仓。谷仓基础为钢筋混凝土筏板基础，厚度 61 cm，埋深 3.66 m。

事故简介：谷仓于1911年动工，1913年完工，空仓自重20000 t，相当于装满谷物后满载总重量的42.5%。1913年9月装谷物，10月17日当谷仓已装了31822 t谷物时，发现1 h内竖向沉降达30.5 cm，结构物向西倾斜，并在24 h内谷仓倾斜，倾斜度离垂线达26°53′，谷仓西端下沉7.32 m，东端上抬1.52 m，上部钢筋混凝土筒仓坚如磐石。

图0-2　加拿大特朗斯康谷仓

事故原因：谷仓地基土事先未进行调查研究，据邻近结构物基槽开挖试验结果，计算地基承载力为352 kPa，应用到此谷仓。1952年经勘察试验与计算，谷仓地基实际承载能力为193.8～276.6 kPa，远小于谷仓破坏时发生的压力329.4 kPa，因此，谷仓地基因超载发生强度破坏而滑动。

事故处理：事后在下面做了70多个支撑于基岩上的混凝土墩，使用388个50 t千斤顶以及支撑系统，才把仓体逐渐纠正过来，但其位置比原来降低了4 m。

➤ **案例 2：意大利比萨斜塔**

工程概况： 如图 0-3 所示，比萨斜塔共 8 层，高度为 55 m。塔身呈圆筒形，一至六层由优质大理石砌成，顶部七至八层采用砖和轻石料。塔身每层都有精美的圆柱与花纹图案，是一座宏伟而精致的艺术品。1590 年伽利略在此塔做落体实验，创建了物理学上著名的落体定律。斜塔成为世界上最珍贵的历史文物，吸引无数世界各地游客。

事故简介： 该塔自 1173 年 9 月 8 日动工，至 1178 年建至第 4 层中部，高度约 29 m 时，因塔明显倾斜而停工。94 年后，于 1272 年复工，经 6 年时间，建完第七层，高 48 m，再次停工中断 82 年。于 1360 年再复工，至 1370 年竣工。全塔总重约 1.42 万吨，基础底面平均压力约 50 kPa。目前塔向南倾斜，南北两端沉降差 1.80 m，塔顶离中心线已达 5.27 m，倾斜 5.5°，成为危险建筑。1990 年 1 月 4 日被封闭。

图 0-3 意大利比萨斜塔

事故原因： 地基持力层为粉砂，下面为粉土和黏土层，强度较低，变形较大。

事故处理： 1838—1839 年，挖环形基坑卸载；1933—1935 年，基坑防水处理、基础灌浆加固；1990 年 1 月，封闭；1992 年 7 月：加固塔身，用压重法和取土法进行地基处理；目前已向游人开放。

➤ **案例 3：苏州虎丘塔**

工程概况： 苏州虎丘塔位于苏州市虎丘公园山顶，落成于宋太祖建隆二年，（公元 961 年），距今已有 1057 年悠久历史。如图 0-4 所示，全塔 7 层，高 47.5 m。塔的平面呈八角形，由外壁、回廊与塔心三部分组成。塔身全部由青砖砌筑，外形仿楼阁式木塔，每层都有 8 个壶门，拐角处的砖特制成圆弧形，建筑精美。1961 年 3 月 4 日，国务院将此塔列为全国重点保护文物。

事故简介： 1956—1957 年间对上部结构进行修缮，但使塔重增加了 2000 kN，加速了塔体的不均匀沉降。1957 年，塔顶位移为 1.7 m，到 1978 年发展到 2.3 m，重心偏离基础轴线 0.924 m。底层塔身发生不少裂缝，东北方向为竖直裂缝，西南方向为水平裂缝，砌体多处出现纵向裂缝，部分砖墩应力已接近极限状态，成为危险建筑而封闭。

图 0-4 苏州虎丘塔

事故原因： 地基土层由上至下依次为杂填土、块石填土、亚黏土夹块石、风化岩石、基岩等，由于地基土压缩层厚度不均及砖砌体偏心受压等原因，造成该塔向东北方向倾斜。

事故处理： 在国家文物管理局和苏州市人民政府领导下，召开多次专家会议，采取在塔四周建造一圈桩排式地下连续墙，并对塔周围与塔基进行钻孔注浆和树根桩加固塔身，由上海市特种基础工程研究所承担施工，基本遏制了塔的继续沉降和倾斜。

关于地基与基础工程失败的实例还有很多。图0-5所示两个筒仓是某农场用来储存饲料的，建于加拿大红河谷的 Lake Agassiz 黏土层上，由于两筒之间的距离过近，在地基中产生的应力发生叠加，使得两筒之间地基土层的应力水平较高，从而导致内侧沉降大于外侧沉降，仓筒向内倾斜。

图0-6为墨西哥城的一幢建筑，该地的土层为深厚湖相沉积层，土的天然含水量高，具有极高的压缩性。由于地基处理不当，可从建筑物外立面清晰地观看到其发生的沉降及不均匀沉降。

图0-5 加拿大红河谷的两个饲料筒仓向内倾斜

图0-6 墨西哥城一幢建筑的不均匀沉降

关于地基与基础工程成功的经典案例，如中国的赵州桥，如图0-7所示。赵州桥位于河北赵州，隋代公元595—605年修建，净跨37.02 m。基础建于黏性土地基，基底压力500～600 kPa，但地基并未产生过大变形，按照现行相关规范验算，地基承载力和基础后侧被动土压力均能满足要求，且经无数次洪水和地震的考验而安然无恙。

图0-7 朴实的赵州桥

0.3 本课程的特点和学习要求

0.3.1 本课程的特点

建筑工程地基基础施工的内容(如土方开挖及回填、基坑降水、基坑支护或放坡、地基处理、基础施工等)与地基土和地下水相关联,具有特殊性。施工人员需要理解基础的设计意图(包含其受力、结构、构造等),需要根据土层分布和土性的不同采取相应的技术措施(处理方法、施工工艺、施工机具等)。对上述设计意图和技术措施选择的正确理解是进行事前控制、保障施工质量的必备条件。因此,本课程是建筑工程技术专业的一门重要专业基础课。

本课程任务是对接施工员职业岗位工作需求,使学生具有工程地质的基本知识,学会阅读和使用工程地质资料,掌握土的应力、变形和强度等土力学基本原理,熟悉建筑工程一般浅基础和桩基础设计知识,具有识读和绘制一般基础施工图的能力,并能根据工程实际正确选择地基处理方法,能分析和解决地基基础的工程问题。

本课程为学生阅读使用地基勘察报告提供理论支持和方法、技能;为基槽检验提供理论支持和方法、技能;为基坑支护、挡土墙与边坡工程提供理论支持;为地基处理提供理论支持和方法选择;使学生理解基础的受力以及构造的原理,为基础施工提供力学和结构、构造方面的支持;结合地基土的特点,为地基基础的合理施工提供相应措施。

0.3.2 学习要求

通过本课程的学习,学生应该掌握土力学的基本原理和基本概念,具备运用这些原理和概念分析和解决实际地基基础问题和进行相应施工管理的能力,同时也应掌握建筑地基基础领域的基本知识、基本技能和基本分析方法。

本课程理论性和实践性较强,学习中应注重理论联系实际,注意各基本理论的使用条件和应用范围,具体问题具体分析。本课程内容涉及工程地质、土力学、建筑力学、建筑结构、建筑材料和施工技术等领域,具有较强的综合性,学习中既应注重与相关领域的联系,也应抓住地基应力、强度和变形的核心问题,学会地基基础的设计、计算与工程应用。

模块一　建筑工程地质与勘察

建筑施工现场专业技术岗位资格考试和技能实践要求

- 熟悉建筑工程地质与勘察的基本知识，能识读和应用工程地质勘察报告。

教学目标

【知识目标】

- 熟悉工程地质与勘察的基本知识。
- 掌握土的物理指标计算的相关知识，能运用指标判别土的物理性质及状态。
- 熟悉土工试验指标的测定方法及应用，掌握岩土工程勘察报告的阅读和应用。

【能力目标】

- 能够选择合理的试验方法对土的物理性质进行判别和工程分类。
- 能读懂岩土工程勘察报告，会对其相关参数进行分析及应用。

【素质目标】

- 通过本模块的学习，培养学生重视土性质的判别及合理的应用，培养学生求真务实、一丝不苟的学习和工作作风。
- 通过实验操作，锻炼学生动手能力和解决实际问题能力，培养学生的团队协作精神。

1.1　工程地质基本知识认知

　　人类的工程建设活动是在地壳表层的一定地质环境中进行的，地质环境对建筑物的修建及建成后的安全、稳定和正常使用有重大的影响。因此，必须根据实际需要，深入研究并评价工程建筑地区的地质构造、岩土工程地质性质、地形和地貌条件、水文地质条件等地质条件。这些对工程建筑物的位置、结构类型、施工方法及其稳定性有影响的地质环境称为工程地质条件。建筑物修建后，工程地质条件会有所改变，因而会产生一些地质问题，这又将影响着建筑物的安全和稳定。工程建筑与地质环境是相互作用、相互影响的。

1.1.1　地质构造

1. 地质年代

　　地球表层的坚硬外壳即地壳。建筑物均建造在地壳上，地壳表层由岩石和土组成。岩土的性质与其生成的地质年代有关。一般来说，生成的年代越久，岩土的工程性质越好。地质年代一般采用地质学中的相对地质年代，一般划分为五代（太古代、元古代、古生代、中生代和新生代），每个代又分为若干纪，每个纪又细分为若干世及期，新生代中最新的一个纪为第四纪，第四纪地质年代的细分见表1-1。

表 1 – 1　第四纪地质年代

纪	世		距今年数/万年
第四纪（Q）	全新世	Q_4	2.5
	更新世	Q_3晚更新世	15
		Q_2中更新世	50
		Q_1早更新世	100

2. 地质作用

地壳的物质、形态和内部构造是在不断改造和演变的。导致地壳成分变化和构造变化的作用，称为地质作用。根据地质作用能量来源的不同，可分为内力地质作用和外力地质作用。

（1）内力地质作用：由于地球自转产生的旋转动能和放射性元素蜕变产生的热内能等引起的地壳物质成分、内部构造以及地表形态发生变化的地质作用称为内力地质作用，如岩浆活动、构造运动等。

（2）外力地质作用：由于太阳辐射能和地球重力位能所引起的地质作用称为外力地质作用。包括气温变迁、雨、雪、山洪、河流、湖泊、海洋、冰川、风和生物等作用，对地壳不断进行剥蚀，使地表形态不断发生变化。

3. 岩石和土的类型

（1）岩石的类型

岩石按成因分为岩浆岩、沉积岩和变质岩。其中岩浆岩是由高温熔融的岩浆在地表或地下冷凝所形成的岩石，也称火成岩或喷出岩；沉积岩是在地表条件下由风化作用、生物作用和火山作用的产物经水、空气和冰川等外力的搬运、沉积和成岩固结而形成的岩石；变质岩是由先形成的岩浆岩、沉积岩，由于其所处地质环境的改变经变质作用而形成的岩石。

（2）土

自然界中的土是由地表岩石经风化、搬运、沉积作用而形成的松散堆积物。与岩石相比，其形成的年代较短，大多数土是在第四纪地质年代沉积形成的。根据成因不同，土沉积的主要类型分为残积土、坡积土、洪积土、冲积土等。不同成因类型的沉积物，具有各自的分布规律和工程地质特征。下面简单介绍这四类：

1）残积土（Q^{el}）

残积土是风化后残留在原地的土，如图 1 – 1。残积土的主要工程地质特征：无层理，厚度很不均匀，颗粒一般较差且带棱角，孔隙度较大。因此在残积土上进行工程建设时，应注意其不均匀性，防止建筑物的不均匀沉降。

2）坡积土（Q^{dl}）

坡积土是由雨雪水流的地质作用将高处岩石风化产物缓慢地洗刷剥蚀、沿着斜坡向下逐渐移动、沉积在平缓的山坡上而形成的沉积物，如图 1 – 2。坡积土的主要工程地质特征：土颗粒粗细混杂，土质不均匀，厚度变化大，会发生沿下卧基岩倾斜面滑动，作为地基易形成不均匀沉降。

图1-1　残积土示意图

图1-2　坡积土示意图

3）洪积土（Q^{pl}）

洪积土是由暂时性山洪急流挟带着大量碎屑物质堆积于山谷冲沟出口或山前倾斜平原而形成的沉积物，如图1-3。洪积土的主要工程地质特征：洪水沉积的洪积土，有一定的分选作用，距山区较近地段，其颗粒较粗，远离山区颗粒较细。通常，粗颗粒的土层压缩性较低，承载力较高；而细颗粒的土层则压缩性高，承载力低。

图1-3　洪积土示意图

4）冲积土（Q^{al}）

冲积土是由江河流水的地质作用剥蚀两岸的基岩和沉积物，经搬运与沉积在平缓地带而形成的沉积物。冲积土的主要工程地质特征：平原河谷冲积物大多为中密砂砾，承载力较高，须注意河流的冲刷作用及凹岸边坡的稳定。

4. 地质构造

地质构造是指组成地壳的岩层和岩体在内力、外力地质作用下，不断运动演变，所留下来的各种构造形态。它是评价建筑场地工程地质条件所应考虑的基本因素，并且与场地的稳定性及地震评价等有关。

（1）褶皱：是地壳中层状岩层在水平运动的作用下，使原始的水平产状的岩层弯曲起来形成的。褶皱的基本单元为岩层的一个弯曲，称为褶曲。褶曲有两种基本形式：背斜和向斜。背斜的横剖面呈凸起弯曲的形态，向斜的横剖面呈向下凹曲的形态，如图1-4。

（2）断裂：是岩体受地壳运动的作用，在其内部产生了许多断裂面，使岩石丧失了原有的连续完整性。其构造类型可分为节理和断层。

图1-4　背斜和向斜

1）节理：节理是岩体内部的裂隙（或裂缝），沿裂隙（或裂缝）两侧的岩层未发生位移或仅有微小错动的断裂构造。

2）断层：若断裂面两侧的岩体发生了显著位移，这种构造现象称为断层，如图1-5。断层进一步可分为正断层、逆断层和平移断层。

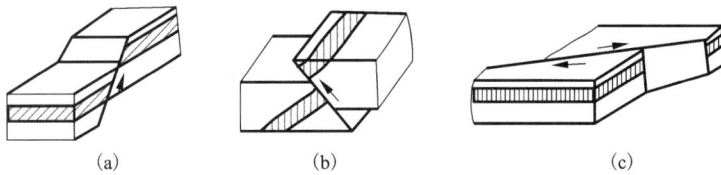

图1-5 断层

(a)正断层;(b)逆断层;(c)平移断层

1.1.2 水文地质

水文地质指自然界中地下水的各种变化和运动的现象。通常建筑场地的水文地质条件主要包括地下水的埋藏条件、地下水位及其随季节的变化、地下水化学成分及其对钢筋混凝土的腐蚀性等。

1. 地下水的埋藏条件

地下水按埋藏条件可分为上层滞水、潜水和承压水三种类型,如图1-6所示。

(1)上层滞水

上层滞水是指埋藏在地表较浅处,局部隔水透镜体的上部,且具有自由水面的地下水。其分布范围有限,来源主要是大气降水补给。所以上层滞水地带只有在融雪后或大量降水时才能聚集较多的水,只能作为季节性的或临时性的水源。

(2)潜水

潜水是埋藏在地表以下第一个稳定隔水层以上的具有自由水面的地下水。潜水一般埋藏在第四纪沉积层及基岩的风化层中。其来源主要为雨水渗透或河流渗入,同时也由于蒸发或流出而排泄,潜水水位的变化直接受气候条件变化的影响。

(3)承压水

承压水是指充满于两个稳定隔水层之间的含水层中的地下水。它承受一定的静水压力。因承压水的上面存在隔水顶板的作用,承压水的动态变化受局部气候因素影响不明显。

图1-6 地下水埋藏示意图

1—隔水层;2—透水层

2. 地下水对工程的影响

（1）基础埋深的选择

为了施工方便及节省造价，基础埋深应尽可能小于地下水位深度。在寒冷地区，当基础埋深较浅且距地下水位较近时，应注意防止毛细水上升，使地基冻胀，从而导致基础及上部结构的破坏。

（2）施工排水

当地下水位埋藏浅、基础埋深大于地下水位深度时，基坑开挖与基础施工必须进行排水，应选择合理的降排水措施，保证地基不被破坏，施工顺利进行。

（3）地下室防水（潮）

当地下水位较高时，地下工程及多高层房屋的地下室应按相应的规范进行防水（潮）设计。

（4）地下结构的抗浮设计

地面以下的空心结构物（如水池）和处于施工阶段的多高层房屋的地下室，当地下水位埋藏浅时，地下水的浮力可能将地下结构上浮，应进行地下结构的抗浮设计。

1.2　地基土的工程特性与分类

1.2.1　土的组成与结构

1. 土的组成

自然界中的土一般是由固体颗粒、水和气体组成的三相体系。其中固体颗粒形成了土的骨架，骨架中的孔隙被水和气体充填。在自然界的每一个土单元中，三部分所占比例不同，土的物理状态和土的工程性质也不相同。当土中孔隙没有水时，称为干土，由固体颗粒和空气组成，为二相体系；当土中孔隙全部被水充满时，称为饱和土，由固体颗粒和水组成，也是二相体系。

（1）土的固体颗粒（土的固相）：土的固体颗粒是土中最主要的组成部分，土的固体颗粒的大小和形状、矿物成分及组成对土的物理力学性质有很大影响。

1）土的矿物成分和土中的有机质

土的矿物成分取决于成土母岩的成分以及所经受的风化作用，可分为原生矿物和次生矿物。岩石经物理风化作用后破碎形成的矿物颗粒，称为原生矿物。在风化过程中，其化学成分并没发生改变，与母岩的矿物成分相同，其化学性质比较稳定，具有较强的水稳性。岩石经化学风化作用所形成的矿物颗粒，称为次生矿物，与母岩成分不同，其颗粒较小，活性强。其中高岭石、伊利石、蒙脱石这三种是最重要的次生矿物，蒙脱石具有很强的亲水性，伊利石次之，高岭石亲水性最小，其性质是遇水膨胀，失水收缩。

土中的有机质是在土的形成过程中动、植物的残骸及其分解物质与土混掺沉积在一起经生物化学作用形成的物质，其成分复杂。当有机质含量超过 5% 时，称为有机土。有机土亲水性很强，压缩性大、强度低。

2）土的粒组划分

将物理性质接近的土粒归为一组，称为粒组。依粒径的大小将土粒划分为六大粒组：

$d \geqslant 200$ mm 　块石(漂石) 　　　　20 mm $\leqslant d < 200$ mm 　碎石(卵石)

2 mm $\leqslant d < 20$ mm 　角砾(圆石) 　　　　0.075 mm $\leqslant d < 2$ mm 　砂砾

0.005 mm $\leqslant d < 0.075$ mm 　粉粒 　　　　$d < 0.005$ mm 　黏粒

3)土的颗粒级配

①颗粒级配和颗粒分析:自然界中的土都是由大小不同的颗粒组成,土颗粒的大小与土的性质密切相关。如土颗粒由粗变细,则土的渗透性会由大变小,由无黏性变为黏性等。土粒的大小及其组成情况,通常以土中各个粒组的相对含量(各粒组质量占土总质量的百分比)来表示,称为土的颗粒级配。

常用的颗分试验有筛分法和密度计法。密度计法适用于粒径小于 0.075 mm 的粉粒和黏粒。筛分法适用于粒径大于 0.075 mm 的粗粒,就是用一套标准筛子[筛孔直径(mm):20、10、5.0、2.0、1.0、0.5、0.25、0.1、0.075],将烘干且分散了的有代表性的试样倒入标准筛内摇振,然后分别称出留在各筛子上的土重,并计算出各粒组的相对含量,即得土的颗粒级配。

②颗粒级配的评价:土颗粒大小分析试验成果,通常在半对数坐标系中间绘成一条曲线,称为土的颗粒级配曲线,如图 1-7 所示,图中曲线的纵坐标为小于某粒径的质量百分数,横坐标为用对数尺度表示的土粒粒径。

图 1-7 　土的颗粒级配累计曲线

③良好级配的判断:级配良好的土,粗细颗粒搭配较好,粗颗粒间的孔隙有细颗粒填筑,易被压实到较高的密度。因而渗透性和压缩性较小,强度较大,所以颗粒级配常作为选择筑填土料的依据。工程上用不均匀系数 K_u 表示颗粒的不均匀程度,用曲率系数 C_c 表示土的离散程度,两者共同评价土的颗粒级配是否良好。

$$K_u = d_{60}/d_{10} \tag{1-1}$$

$$C_c = d_{30}^2/(d_{60} \times d_{10}) \tag{1-2}$$

式中：d_{60}，d_{30}，d_{10} 分别为颗粒级配曲线上纵坐标为 60%、30%、10% 时所对应的粒径，d_{10} 为有效粒径，d_{60} 为控制粒径。

工程上用不均匀系数 K_u 和曲率系数 C_c 用于判定土的级配优劣，规则如下：当 $K_u \geqslant 5$ 且 $C_c = 1 \sim 3$ 时，为级配良好的土；当 $K_u < 5$ 或 $C_c > 3$ 或 $C_c < 1$ 时，为级配不良的土。

（2）土中水（土的液相）

土中水的含量及性质明显地影响土的性质，尤其对于黏性土。水在土中的存在状态有液态水、气态水和固态水。

固态水是指土中的水在温度低于 0℃ 时冻结成的冰。气态水是指土中出现的水蒸汽，一般对土的性质影响不大。液态水是土中水存在的主要状态，包括结合水和自由水两大类。

1）结合水：结合水是由电分子引力吸附于土粒表面成薄膜状的水。根据所受电场作用力的大小及离颗粒表面远近，结合水又分为强结合水和弱结合水。

强结合水指紧靠于颗粒表面的，受到吸力很大的结合水。其性质接近固体，黏土中仅含强结合水时呈固体状态。弱结合水指强结合水以外、电场作用范围以内的水，受电场的吸引力随着与颗粒距离增大而减弱。弱结合水的存在是黏性土在某一含水量范围内表现出可塑性的根本原因，砂土可认为不含弱结合水。

2）自由水：自由水是存在于土粒电场影响以外的水，有重力水和毛细水两类。

重力水存在于地下水位以下的土孔隙中，只受重力作用而移动，能传递水压力和产生浮力作用。毛细水存在地下水位以上的土孔隙中，在土粒之间形成环状弯液面。弯液面与土粒接触处的表面张力反作用于土粒，形成毛细压力，使土粒挤紧。土粒间的孔隙互相贯通，形成无数不规则的毛细管。在表面张力作用下，地下水沿着毛细管上升。毛细管上升使地基润湿，降低强度，增大变形量。

（3）土中气体（土的气相）

土中气体是存在于土孔隙中未被水占据的部分，可分为与大气连通的非封闭气体和与大气不连通的封闭气体两种。

非封闭气体成分与空气相似，受外荷载作用时易被挤出土体外，对土的性质影响不大。封闭气体不能逸出，在细粒土中存在，形成了与大气隔绝的封闭气泡，因气泡的栓塞作用，降低了土的透水性，增加了土的弹性和压缩性，对土的性质有较大影响。

2. 土的结构

土的结构是指土颗粒的大小、形状、表面特征、相互排列及其联结关系的综合特征。一般分为单粒结构、蜂窝结构和絮状结构，如图 1-8 所示。

（1）单粒结构

单粒结构指较粗矿物颗粒在水或空气中在自重作用下沉落形成的单粒结构，单粒结构为砂土和碎石土的主要结构形式，有疏松状态和密实状态。

疏松的单粒结构稳定性能差，当受到震动及其他外力作用时，土粒易发生移动，土中孔隙减小，引起土的较大变形。密实的单粒结构则较稳定，力学性能好，是良好的天然地基。

（2）蜂窝结构

蜂窝结构指较细的颗粒在水中因自重作用而下沉遇到已沉积的颗粒时，由于它们之间的相互引力大于自重应力，因此，土粒停留在最初的接触点上不能再下沉，形成的结构像蜂窝，具有很大的孔隙。蜂窝结构是以粉粒为主的土所具有的结构形式。

（3）絮状结构

絮状结构指细微的黏粒在水中处于悬浮状态，不能靠自重下沉，当这些悬浮在水中的黏粒被带到电解质浓度大的环境中，会凝聚成絮状的黏粒集合体下沉，并相继与已下沉的絮状集合体接触，形成空隙很大的絮状结构。

蜂窝结构和絮状结构的土中存在大量的孔隙，压缩性高，抗剪强度低，透水性弱，其土粒之间的黏聚力往往由于长期的压密作用和胶结作用而得到加强。

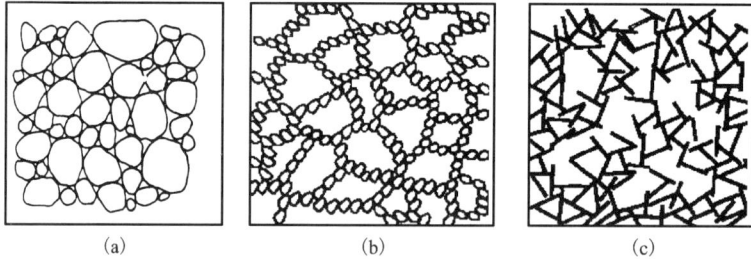

图 1-8　土的结构示意图

（a）单粒结构；（b）蜂窝结构；（c）絮状结构

1.2.2　土的物理性质指标

1. 土的三相图

土的三相图表示气体、水、颗粒间的数量关系，并可计算各项物理指标，如图 1-9 所示。

2. 土的基本物理指标

（1）土的天然重度 γ 与天然密度 ρ

1）天然重度 γ

土在天然状态时单位体积的重量称为重度 γ，按下式计算。

$$\gamma = \frac{W}{V} = \frac{W_s + W_w}{V} = \frac{W_s + V_w \gamma_w}{V} \quad (kN/m^3)$$

$$(1-3)$$

式中：W——土的总重量，$W = mg$；

W_s——土粒重量，$W_s = m_s g$；

W_w——土中水重量，$W_w = V_w \gamma_w$；

γ_w——水的重度，一般 $\gamma_w = 10\ kN/m^3$；

$\gamma = 16 \sim 22\ kN/m^3$ 为正常。

2）天然密度 ρ

土在天然状态时单位体积的质量，称为天然密度 ρ，按下式计算。

$$\rho = \frac{m}{V} \quad (g/cm^3)$$

$$(1-4)$$

测定方法：黏粒用环刀法，粗颗粒用灌砂法，易碎难切割土体用蜡封法。

$\rho = 1.6 \sim 2.2\ g/cm^3$ 为正常。

图 1-9　土的三相简图

m_s—土粒质量；m_w—土中水的质量；

m_a—土中空气质量；V_s—土粒体积；

V_w—土中水体积；V_a—土中空气体积；

m—土的总质量，$m = m_s + m_w$；

V_v—土中孔隙体积，$V_v = V_w + V_a$；

V—土的总体积，$V = V_s + V_w + V_a$

3）重度 γ 与天然密度 ρ 关系

$$\gamma = \frac{W}{V} = \frac{mg}{V} = \rho g \tag{1-5}$$

即土的重度 γ 为天然密度 ρ 与重力加速度 g 的乘积。

（2）土的天然含水量 w

在天然状态下，土中水的质量和土粒的质量之比称为含水量，用百分数表示。

$$w = \frac{m_w}{m_s} \times 100\% = \frac{W_w/g}{W_s/g} \times 100\% = \frac{W_w}{W_s} \times 100\% \tag{1-6}$$

测定方法：烘干法或试剂法。含水量是反映土的湿度的一个重要物理指标。一般来说，当其含水量增大时，强度就降低。

（3）土粒相对密度 d_s

土粒质量 m_s 与同体积的4℃时水的质量之比称为土粒相对密度 d_s（或称土粒比重）。

$$d_s = \frac{m_s}{V_s \rho_w} = \frac{W_s/g}{\dfrac{V_s \gamma_w}{g}} = \frac{W_s}{V_s \gamma_w} = \frac{\rho_s}{\rho_w} \tag{1-7}$$

测定方法：比重瓶法。$d_s = 2.65 \sim 2.75$ 为正常。

3. 土的其他物理指标

（1）土的干密度 ρ_d 和土的干重度 γ_d

1）土的干密度 ρ_d

土的干密度指土的单位体积内颗粒质量。

$$\rho_d = \frac{m_s}{V} \quad (\text{g/cm}^3) \tag{1-8}$$

2）土的干重度 γ_d

土的干重度指土单位体积中土粒的重量。

$$\gamma_d = \frac{W_s}{V} = \rho_d g \quad (\text{kN/m}^3) \tag{1-9}$$

在工程上常把干密度作为检测人工填土密实程度的指标，以控制施工质量。

（2）土的饱和密度和土的饱和重度

1）土的饱和密度 ρ_{sat}

土的饱和密度指土中孔隙 V_v 全被水充满时单位体积的质量。

$$\rho_{sat} = \frac{m_s + V_v \rho_w}{V} \quad (\text{g/cm}^3) \tag{1-10}$$

式中：ρ_w 为水的密度。

2）土的饱和重度 γ_{sat}

土的饱和重度指土中孔隙 V_v 全被水充满时单位体积的重量。

$$\gamma_{sat} = \frac{W_s + V_v \gamma_w}{V} = \rho_{sat} g \quad (\text{kN/m}^3) \tag{1-11}$$

（3）有效重度 γ'

地下水位以下土单位体积的重量称为土的有效重度，或称浮重度 γ'，即：

$$\gamma' = \frac{W_s - V_s\gamma_w}{V} = \gamma_{sat} - \gamma_w \tag{1-12}$$

综上所述：$\gamma_{sat} > \gamma > \gamma_d > \gamma'$。

（4）土的孔隙率 n

土的孔隙率指土中孔隙体积与土的总体积之比的百分率。

$$n = \frac{V_v}{V} \times 100\% \tag{1-13}$$

（5）土的孔隙比 e

土的孔隙比指土中孔隙体积与土粒体积之比。

$$e = \frac{V_v}{V_s} \tag{1-14}$$

$e < 0.6$ 的土是密实的低压缩性土，$e > 1$ 的土是疏松的高压缩性土。n、e 均反映土的密实程度。

（6）土的饱和度 S_r

土中水的体积与孔隙体积之比称为土的饱和度。

$$S_r = \frac{V_w}{V_v} \times 100\% \tag{1-15}$$

饱和度用于描述土体中孔隙被水充满的程度。根据饱和度，土可划分为稍湿、很湿和饱和三种湿润状态：$S_r \leqslant 50\%$ 稍湿；$50\% < S_r \leqslant 80\%$ 很湿；$80\% < S_r$ 饱和。当 $S_r = 100\%$ 时，土孔隙全部充水，土为完全饱和状态。当 $S_r = 0$ 时，土为完全干燥状态。

4. 土的物理性质指标换算

只要通过试验直接测定土粒相对密度 d_s、含水量 w 和密度 ρ，根据各个指标定义，利用土的三相图可推导其他物理性质指标。如表 1-2。

表 1-2　土的三相组成比例指标换算公式

指标	符号	表达式	常用换算公式		单位
土粒比重	d_s	$d_s = \dfrac{m_s}{V_s\rho_w}$	$d_s = \dfrac{S_r e}{w}$		
密度	ρ	$\rho = m/V$	$\rho = \rho_d(1+w)$		t/m³ 或 g/cm³
重度	γ	$\gamma = \rho \cdot g$ $\gamma = \dfrac{W}{V}$	$\gamma = \gamma_d(1+w)$ $\gamma = \dfrac{\gamma_w(d_s + S_r e)}{1+e}$		kN/m³
含水量	w	$w = \dfrac{m_w}{m_s} \times 100\%$	$w = \dfrac{S_r e}{d_s} \times 100\%$	$w = \left(\dfrac{\gamma}{\gamma_d} - 1\right) \times 100\%$	
干密度	ρ_d	$\rho_d = \dfrac{m_s}{V}$	$\rho_d = \dfrac{\rho}{1+w}$	$\rho_d = \dfrac{d_s}{1+e}\rho_w$	t/m³ 或 g/cm³
干重度	γ_d	$\gamma_d = \rho_d g$ $\gamma_d = \dfrac{W_s}{V}$	$\gamma_d = \dfrac{\gamma}{1+w}$	$\gamma_d = \dfrac{\gamma_w \cdot d_s}{1+e}$	kN/m³

续表 1-2

指标	符号	表达式	常用换算公式	单位
饱和重度	γ_{sat}	$\gamma_{sat} = \dfrac{W_s + V_v \gamma_w}{V}$	$\gamma_{sat} = \dfrac{\gamma_w(d_s + e)}{1 + e}$	kN/m^3
有效重度	γ'	$\gamma' = \dfrac{W_s - V_s \gamma_w}{V}$	$\gamma' = \gamma_{sat} - \gamma_w = \dfrac{\gamma_w(d_s - 1)}{1 + e}$	kN/m^3
孔隙比	e	$e = \dfrac{V_v}{V_s}$	$e = \dfrac{\gamma_w d_s(1 + w)}{\gamma} - 1 = \dfrac{\gamma_w d_s}{\gamma_d} - 1$	
孔隙率	n	$n = \dfrac{V_v}{V} \times 100\%$	$n = \dfrac{e}{1 + e} \times 100\% \qquad n = 1 - \dfrac{\gamma_d}{\gamma_w d_s}$	
饱和度	S_r	$S_r = \dfrac{V_w}{V_v} \times 100\%$	$S_r = \dfrac{w \cdot d_s}{e} \qquad S_r = \dfrac{w \cdot \gamma_d}{n \cdot \gamma_w}$	

注：①在各换算公式中，含水量 w 可用小数代入计算；②γ_w 可取 $10\ kN/m^3$；③重力加速度 $g = 9.806\ m/s^2 \approx 10\ m/s^2$。

【例题 1-1】 在工地用环刀切取一土样，测得该土体积为 $100\ cm^3$，质量为 $185\ g$，土样烘干后测得其质量为 $148\ g$，已知土粒相对密度 $d_s = 2.7$，试求该土样的 γ、w、e、n、S_r、γ_d、γ_{sat}、γ'。

【解】

$$\rho = \frac{m}{V} = \frac{185}{100} = 1.85\ (g/cm^3)$$

$$\gamma = \rho \cdot g \approx 10\rho = 18.5\ (kN/m^3)$$

$$w = \frac{m_w}{m_s} \times 100\% = \frac{185 - 148}{148} \times 100\% = 25\%$$

$$e = \frac{\gamma_w d_s(1 + w)}{\gamma} - 1 = \frac{10 \times 2.7 \times (1 + 0.25)}{18.5} - 1 = 0.82$$

$$\gamma_d = \frac{\gamma}{1 + w} = \frac{18.5}{1 + 0.25} = 14.8\ kN/m^3$$

$$n = \frac{e}{1 + e} = \frac{0.82}{1 + 0.82} = 45\%$$

$$S_r = \frac{w d_s}{e} = \frac{0.25 \times 2.7}{0.82} = 0.82$$

$$\gamma_{sat} = \frac{d_s + e}{1 + e} \cdot \gamma_w = \frac{2.7 + 0.82}{1 + 0.82} \times 10 = 19.34\ (kN/m^3)$$

$$\gamma' = \gamma_{sat} - \gamma_w = 19.34 - 10 = 9.34\ (kN/m^3)$$

1.2.3 土的物理状态指标

1. 无黏性土的密实度

无黏性土主要指具有单粒结构的碎石土与砂土，天然状态下具有不同程度的密实度。

（1）碎石土密实度鉴别

根据重型圆锥动力触探锤击数 $N_{63.5}$，碎石土密实度划分为密实、中密、稍密、松散四种状态，如表1-3。

表1-3　碎石土密实度的划分

重型圆锥动力触探锤击数 $N_{63.5}$	密实度	重型圆锥动力触探锤击数 $N_{63.5}$	密实度
$N_{63.5} \leqslant 5$	松散	$10 < N_{63.5} \leqslant 20$	中密
$5 < N_{63.5} \leqslant 10$	稍密	$N_{63.5} > 20$	密实

注：①本表适用于平均粒径小于或等于50 mm且最大粒径不超过100 mm的卵石（碎石）、圆砾（角砾）。②表内 $N_{63.5}$ 为经综合修正后的平均值。

（2）砂土密实度鉴别

1）《岩土工程勘察规范》利用标准贯入试验锤击数 N 确定砂土的密实度。结论如下：$N \leqslant 10$，松散；$10 < N \leqslant 15$，稍密；$15 < N \leqslant 30$，中密；$N > 30$，密实。

2）天然孔隙比判别

砂土的密实度可用天然孔隙比评定。一般当 $e < 0.6$ 时，属密实的砂土；当 $e > 0.95$ 时，属松散状态，不宜作为天然地基。

3）相对密实度判别

$$D_r = \frac{e_{max} - e}{e_{max} - e_{min}} \tag{1-16}$$

式中：e_{max} 与 e_{min} 分别表示砂土最大与最小孔隙比。

判别标准如下：

$D_r = 1$，最密状态；$D_r = 0$，最松状态。

$0 < D_r \leqslant 0.33$，疏松状态；$0.33 < D_r \leqslant 0.67$，中密状态；$0.67 < D_r \leqslant 1$，密实状态。

利用相对密实度判别无黏性土的优点：把土的级配因素考虑在内，理论上较为完善；其缺点是：e、e_{min}、e_{max} 难以准确测定。

2. 黏性土的物理特征

黏性土的主要成分是黏粒，土粒间存在黏聚力而使土具有黏性。黏性土的主要物理状态特征是其软硬程度，主要指标有界限含水量、塑性指数和液性指数。

（1）界限含水量

黏性土由某一状态转入另一种状态时的分界含水量称为界限含水量，主要有缩限、塑限和液限三个界限含水量，表示如下：

缩限 w_s　　塑限 w_P　　液限 w_L

固态　|　半固态　|　可塑状态　|　流动状态　　含水量 $w/\%$

其中，缩限 w_s：土由半固态转为固态的界限含水量。

塑限 w_P：土由可塑状态转为半固态的界限含水量。

液限 w_L：流动状态转为可塑状态的界限含水量，即塑性上限含水量。

可塑状态：土粒在外力作用下可塑成各种形状而不发生裂缝，在外力除去后仍可保持原状。土粒在外力作用下可相互滑动而不破坏土粒间的联系，土呈可塑状态。

（2）黏性土的塑性指数和液性指数

1）塑性指数

塑性指数 I_P 是液限与塑限之差，表示土的可塑性范围。塑性指数应以百分数表示，但习惯上计算时不带％符号。工程上常用其对黏性土进行分类，当 $I_P > 17$ 时，为黏土；当 $10 < I_P \leqslant 17$ 时，为粉质黏土。

$$I_P = w_L - w_P \tag{1-17}$$

2）液性指数

液性指数 I_L 是指天然含水量与塑限之差除以塑性指数，即：

$$I_L = \frac{w - w_P}{w_L - w_P} = \frac{w - w_P}{I_P} \tag{1-18}$$

液性指数是判别黏性土的软硬程度的指标，按液性指数将土的状态分为坚硬、硬塑、可塑、软塑和流塑，见表 1-4。

表 1-4　黏性土的状态

液性指数 I_L	状态	液性指数 I_L	状态
$I_L \leqslant 0$	坚硬	$0.75 < I_L \leqslant 1$	软塑
$0 < I_L \leqslant 0.25$	硬塑	$I_L > 1$	流塑
$0.25 < I_L \leqslant 0.75$	可塑		

【例题 1-2】　A、B 两种土样，试验结果见下表，试确定该土的名称及软硬状态。

土样	天然含水量 $w/\%$	塑限 $w_P/\%$	液限 $w_L/\%$	土样	天然含水量 $w/\%$	塑限 $w_P/\%$	液限 $w_L/\%$
A	40.4	25.4	47.9	B	23.2	21.0	31.2

【解】　1）A 土样：

$$塑性指数：I_P = w_L - w_P = 47.9 - 25.4 = 22.5$$

$$液性指数：I_L = \frac{w - w_P}{I_P} = \frac{40.4 - 25.4}{22.5} = 0.67$$

因 $I_P > 17$，$0.25 < I_L \leqslant 0.75$，所以该土为黏土，可塑状态；

2）B 土样：

$$塑性指数：I_P = w_L - w_P = 31.2 - 21 = 10.2$$

$$液性指数：I_L = \frac{w - w_P}{I_P} = \frac{23.2 - 21}{10.2} = 0.22$$

因 $10 < I_P \leqslant 17$，$0 < I_L \leqslant 0.25$，所以该土为粉质黏土，硬塑状态。

1.2.4 土的工程分类与野外鉴别方法

1.地基土(岩)的工程分类

按《建筑地基基础设计规范》(GB 5007—2011),用作建筑地基的土,可分为岩石、碎石土、砂土、粉土、黏性土和人工填土。

(1)岩石

岩石应为颗粒间牢固联结,呈整体或具有节理裂隙的岩体。按岩石的坚硬程度分坚硬岩、较硬岩、较软岩、软岩、极软岩。按岩体完整程度分为完整、较完整、较破碎、破碎、极破碎。按岩石的风化程度可分为未风化、微风化、中风化、强风化和全风化。

(2)碎石土

碎石土是指粒径大于2 mm的颗粒含量超过全重50%的土。依颗粒形状和粒组含量分漂石(块石)、卵石(碎石)、圆砾(角砾),具体见表1-5。

表1-5　碎石土的分类

土的名称	颗粒形状	粒组含量
漂石 块石	圆形及亚圆形为主 棱角形为主	粒径大于200 mm的颗粒超过全质量50%
卵石 碎石	圆形及亚圆形为主 棱角形为主	粒径大于20 mm的颗粒超过全质量50%
圆砾 角砾	圆形及亚圆形为主 棱角形为主	粒径大于2 mm的颗粒超过全质量50%

注:分类时应根据粒组含量栏从上到下以最先符合者确定。

(3)砂土

砂土是指粒径大于2 mm的颗粒含量不超过全重50%、粒径大于0.075mm的颗粒超过全重50%的土。砂土按粒组含量分为砾砂、粗砂、中砂、细纱和粉砂,具体见表1-6。

表1-6　砂土的分类

土的名称	粒组含量
砾砂	粒径大于2 mm的颗粒占全质量25%~50%
粗砂	粒径大于0.5 mm的颗粒超过全质量50%
中砂	粒径大于0.25 mm的颗粒超过全质量50%
细砂	粒径大于0.075 mm的颗粒超过全质量85%
粉砂	粒径大于0.075 mm的颗粒超过全质量50%

注:分类时应根据粒组含量栏从上到下以最先符合者确定。

砂土的密实度按标准贯入锤击数 N 分为松散、稍密、中密、密实,具体见表1-7。

表 1 - 7　砂土的密实度

标准贯入锤击数 N	密实度	标准贯入锤击数 N	密实度
$N \leqslant 10$	松散	$15 < N \leqslant 30$	中密
$10 < N \leqslant 15$	稍密	$N > 30$	密实

注：当用静力触探探头阻力判定土的密实度时，可根据当地经验确定。

（4）黏性土

塑性指数 $I_P > 10$ 的土为黏性。按黏性土塑性指数 I_P，可分为黏土（$I_P > 17$）、粉质黏土（$10 < I_P \leqslant 17$）。

（5）粉土

粉土介于砂土和黏性土之间，主要指塑性指数 $I_P \leqslant 10$ 及粒径大于 0.075 mm 的颗粒含量不超过全质量 50% 的土。

（6）人工填土

人工填土是指由于人类活动而堆填的土。按组成和成因可分素填土、压实填土、杂土、冲填土。

1）素填土：为碎石土、砂土、粉土、黏性土等组成的填土；

2）压实填土：经过压实或夯实的素填土；

3）杂填土：是含有建筑垃圾、工业废料、生活垃圾等杂物的填土；

4）冲填土：由水力冲填泥砂形成的填土。

2. 地基土的现场经验鉴别方法

（1）碎石土、砂土现场经验鉴别

可参考表 1 - 8 所示的方法。

表 1 - 8　碎石土、砂土现场经验鉴别

碎石土、砂土的现场经验鉴别方法

类别	土的名称	观察颗粒粗细	干燥时的状态	湿润时拍击状态	黏着程度
碎石土	卵（碎）石	一半以上的粒径超过 20 mm	颗粒完全分散	表面无变化	无黏着感
	圆（角）砾	一半以上的粒径超过 2 mm（小高粱粒大小）	颗粒完全分散	表面无变化	无黏着感

		碎石土、砂土的现场经验鉴别方法			
类别	土的名称	观察颗粒粗细	干燥时的状态	湿润时拍击状态	黏着程度
砂土	砾砂	约有 1/4 以上的粒径超过 2 mm(小高粱粒大小)	颗粒完全分散	表面无变化	无黏着感
	粗砂	约有一半以上的粒径超过 5 mm(细小米大小)	颗粒完全分散,但有个别胶结一起	表面无变化	无黏着感
	中砂	约有一半以上的粒径超过 0.25 mm(白菜籽大小)	颗粒完全分散,局部胶结但一碰即散	表面偶有水印	无黏着感
	细砂	大部分颗粒与粗豆米粉近似(>0.1 mm)	颗粒大部分分散,少量胶结,部分稍加碰撞即散	表面偶有水印(翻浆)	偶有轻微黏着感
	粉砂	大部分颗粒与小米粉近似	颗粒少部分分散,大部分胶结,稍加压力可以分散	表面有显著翻浆现象	有轻微黏着感

注:在观察颗粒进行分类时,应将鉴别的土样从表中颗粒最粗类别逐级查对,当首先符合某一类土的条件时,即按该土定名。

(2)黏性土、粉土现场经验鉴别

可参考表 1-9 所示的方法。

表 1-9 黏性土、粉土现场经验鉴别

			黏性土、粉土的现场经验鉴别方法			
土的名称	干土的状态	湿土的状态	湿润时用刀切	用手捻摸的感觉	黏着程度	湿土搓条情况
黏土	坚硬,用锤子才能打碎	黏塑的,腻滑的,黏连的	切面非常光滑、规则,刀刃有涩滞,有阻力	滑腻感觉,当水分较大时极为黏手,感觉不到有颗粒存在	湿时极易黏着物体,干后不易剥去,用手反复洗才能去掉	能搓成直径小于 0.5 mm 的土条(长度不短于手掌),持一端不致断裂
粉质黏土	用锤击或手压土块容易碎开	塑性的,弱黏性	稍有光滑面,切面规则	仔细捻摸感到有少量细颗粒,稍有滑腻感和黏滞感	湿时能黏着物体,干燥后较易剥落	能搓成直径为 0.5 ~ 2 mm 的土条
粉土	用锤击或手压土块容易碎开	塑性的,弱黏性	无光滑面,切面比较粗糙	感觉有细颗粒存在或粗糙,有轻微黏滞感觉或无黏滞感	湿时一般不黏着物体,干燥后,一碰即碎	能搓成直径为 2 ~ 3 mm 的土条

（3）碎石土密实度现场经验鉴别

密实度是碎石土和砂土的重要物理状态指标，砂土的密实度由专门的试验人员用标准贯入试验来测定，碎石土的密实度可以由专门的试验人员用重型圆锥动力触探试验来测定。也可以由现场经验办法来鉴别，见表 1 – 10。

表 1 – 10　碎石土密实度现场经验鉴别

碎石土密实度现场经验鉴别方法			
密实度	骨架和填充物	天然坡和可挖性	可钻性
密实	骨架颗粒含量大于总重的 70%，呈交错紧贴，连续接触，孔隙填满，充填物实密	天然陡坡较稳定，坎下堆积物较小，镐挖掘困难，用撬棍方能松动，坑壁稳定，从坑壁取出大颗粒处能保持凹面状态	钻进困难，冲击钻探时，钻杆、吊锤跳动剧烈，孔壁较稳定
中密	骨架颗粒含量等于总重的 60% ~ 70%，呈交错排列，大部分接触，孔隙填满，充实物中密	天然坡不宜陡立或陡坎下堆积物较多，但坡度大于粗颗粒安息角。镐可挖掘，坑壁有掉块现象，从坑壁取出大颗粒处能保持凹面状态	钻进较困难，冲击钻探时，钻杆、吊锤跳动不剧烈，孔壁有坍塌现象
稍密	骨架颗粒含量小总重的 60%，排列混乱，大部分不接触，空隙中的充填物稍密	不能形成陡坡，天然坡接近粗颗粒的安息角，锹可挖掘，井壁易坍塌，从坑壁取出大颗粒处砂土立即塌落	钻进较容易，冲击钻探时，钻杆稍有跳动，孔壁易坍塌
松散	骨架颗粒含量小总重的 55%，排列很混乱，绝大部分不接触，空隙中的充填物松散	不能形成陡坡，天然坡小于粗颗粒的安息角，锹容易挖掘，井壁极容易坍塌，从坑壁取出大颗粒处砂土立即塌落	钻进极容易，冲击钻探时，钻杆不跳动，孔壁极易坍塌

【例题 1 – 3】　图 1 – 9 为某三种土样 A、B、C 的颗粒级配曲线，试按《建筑地基基础设计规范》分类法确定三种土的名称。

图 1 – 9　三种土样 A、B、C 的颗粒级配曲线

【解】

1）A 土样：从 A 土级配曲线查得，粒径小于 2 mm 的占总土质量的 67%、粒径小于 0.075 mm 占总土质量的 19%，满足粒径大于 2 mm 的不超过 50%，粒径大于 0.075 mm 的超过 50% 的要求，该土属于砂土；

又由于粒径大于 2 mm 的占总土质量的33%，满足粒径大于 2 mm 占总土质量25% ~ 50% 的要求，故此土应命名为砾砂。

2）B 土样：粒径大于 2 mm 的没有，粒径大于 0.075 mm 占总土质量的52%，属于砂土。按砂土分类表分类，此土应命名为粉砂。

3）C 土样：粒径大于 2 mm 的占总土质量的67%，粒径大于 20 mm 的占总土质量的13%，按碎石土分类表可得，该土应命名为圆砾或角砾。

1.2.5 实训项目：含水量、密度、相对密度测定、塑限和液限的测定

A 实验要求

（1）由实验室提供扰动土样，或由学生现场取样，要求学生测定该土样的含水量、密度和相对密度、塑限和液限；

（2）根据实验结果要求学生确定该土的孔隙比（e）孔隙率（n）、饱和度（S_r）、干土密度（ρ_d）和饱和密度（ρ_{sat}）等物理指标；

（3）参观原状土样。

B 实验方法

一、含水量试验

含水量试验（视频）

土的含水量是土在100℃ ~ 105℃下烘至恒重时所失去的水份质量与土颗粒质量的比值，用百分数表示。

本试验采用烘干法，此法为室内试验的标准方法。

（一）仪器设备：

1. 恒温电烘箱；

2. 天平（感量 0.01 g）；

3. 称量盒（又叫烘土盒）；

4. 干燥器（用无水氯化钙作干燥剂）。

（二）试验步骤：

1. 选取有代表性的试样不少于20 g（砂土或不均匀的土应不少于50 g），放入称量盒内立即盖紧，称称量盒和湿土质量（m_1）并准确至0.01 g。记录称量盒号码、称量盒质量（m_3）。

2. 打开称量盒，放入电烘箱中在100℃ ~ 105℃温度下烘至恒重（烘干时间一般自温度达到100℃ ~ 105℃算起不少于6 h）。然后取出称量盒，加盖后放进干燥器内，使冷却至室温。

3. 从干燥器中取出称量盒，称取称量盒加干土的质量（m_2），准确至0.01 g，并将此质量记入表格内。

4. 本试验须进行二次平行测定。

（三）计算：

按下式计算含水量：

$$w(\%) = (m_1 - m_2)/(m_2 - m_3) \times 100\%$$
$$计算至0.1\%$$

式中：$m_1 - m_2$——试样中所含水的质量；

$\quad m_2 - m_3$——试样土颗粒的质量。

(四)有关问题说明：

1. 含水量试验用的土应在打开土样包装后立即采取(或直接现场取土)，以免水份改变，影响结果。

2. 本试验须进行平行测定，每组学生取两次试样测定含水量，取其算术平均值作为最后成果。但两次试验的平行差值不得大于下列规定：

含水量/%	允许平行差值/%
<40	1
≥40	2

3. 称量盒中的湿试样质量称取后由实验室负责烘干，同学们在 24 小时以后抽时间来实验室称干试样的质量。

(五)试验记录：

盒 号	称量盒质量 m_3/g	湿土与盒总质量 m_1/g	干土与盒总质量 m_2/g	含水量 w/%	平均含水量 $\bar{w}$/%
1					
2					

二、密度试验

单位体积土的质量称为土的密度。

密度的测定，对一般黏性土采用环刀法，如试样易碎或难以切削成有规则的形状时可采用蜡封法、灌水法和灌砂法等。本次试验采用环刀法。

(一)仪器设备：

1. 环刀(内径 70 mm，高 53 mm，壁厚 1.5～2.0 mm，体积 200 cm³)

2. 天平(称量 500 g 以上，感量 0.1 g)

3. 直口削土刀、凡士林等。

(二)试验步骤：

1. 取原状土或按工程需要制备的重塑土，用切土刀整平其上下两端(或用锄头平整土面)，将环刀内壁涂一薄层凡士林，刃口向下放在土样整平的土面上。

2. 用切土刀将土样上部修削成略大于环刀口径的土柱，然后将环刀垂直均匀下压，边压边削，至土样伸出环刀上口为止，削去环刀两端余土并修平土面使与环刀口平齐。

3. 擦净环刀外壁，称环刀加土的质量(m_1)，准确至0.1 g。

4.记录环刀加土的质量(m_1)、环刀号数以及环刀的质量(m_2)和环刀的体积(V)。

（三）计算：

$$\rho = (m_1 - m_2)/V \qquad (g/cm^3)$$

式中：m_1——环刀加土的质量，g；

m_2——环刀的质量，g；

V——环刀的体积，cm^3。

（四）有关问题的说明：

1.用环刀切试样时，环刀应垂直均匀下压，防止环刀内试样结构被扰动。

2.夏天室温很高，为了防止称质量时试样中水份被蒸发，影响试验结果，宜用块玻璃片盖住环刀上、下口称取质量、但计算时必须扣除玻璃片的质量。

3.每组做两次平行测定，平行差值不得大于 0.03 g/cm^3，取算术平均值作为最后结果。

（五）试验记录：

环刀号	环刀质量 m_2 /g	试样体积 V /cm^3	试样与环刀总质量 m_1 /g	试样质量 $m_1 - m_2$ /g	密度 ρ /($g\cdot cm^{-3}$)	平均密度 $\bar{\rho}$ /($g\cdot cm^{-3}$)
1						
2						

注：环刀法：土的密度应在 1.6～2.2 g/cm^3 为正常。

三、比重试验

土的颗粒比重是在 100℃～105℃ 下烘至恒重时的重量与同体积 4℃ 蒸馏水重量的比值。

比重试验的方法取决于试样的粒度大小和土中是否含有水溶盐，如果水中不含水溶盐时，可采用比重瓶和蒸馏水煮沸排气法。土中含有水溶盐时要用比重瓶和中性液体真空排气法。粒径都大于 5 mm 时则可采用虹吸筒法或体积排水法。本次试验采用比重瓶和蒸馏水煮沸排气法。

（一）仪器设备：

1.比重瓶(容量 100 mL)；

2.天平(称量 200 g，感量 0.001 g)；

3.恒温水槽(灵敏度 ±1℃)；

4.电热砂浴；

5.孔径 2 mm 土样筛、烘箱、研钵、漏斗、盛土器、蒸馏水等。

（二）试验步骤：

1.试样制备：

将风干或烘干之试样约 100 g 放在研钵中研粉，使全部通过孔径为 2 mm 的筛，如试样中不含大于 2 mm 的土粒，则不需过筛。将已筛过的试样在 100℃～105℃ 下烘至恒重后放入干燥器内冷却至室温备用。（此项工作已由实验室工作人员完成）。

2. 将烘干土(m_s)约 15 g(100 mL 比重瓶);12 g(50 mL 比重瓶),用漏斗装入烘干了的比重瓶内并称重,得瓶加土重 m,准确至 0.001 g。

3. 将已装有干土的比重瓶,注蒸馏水至瓶的一半处。

4. 摇动比重瓶,使土粒初步分散,然后将比重瓶放在电热砂浴上煮沸。(记着将瓶盖取下。)煮沸时要注意调节砂浴温度,避免瓶内悬液溅出。煮沸时间从开始沸腾时算起,砂土和轻亚黏土不少于 30 min,亚黏土和黏土不少于 1 h。本次试验因时间关系煮沸时间由教师根据具体情况决定。

5. 将比重瓶从砂浴上取下,注入蒸馏水至近满,然后放比重瓶于恒温水槽内,待瓶内悬液温度稳定后(与水槽内的水温相同),测记水温(t),准确至 0.5℃(注:本实验指槽内水温控制在 20℃)。

6. 轻轻插上瓶塞,使多余水分从瓶塞的毛细管上溢出(溢出的水必须是不含土粒的清水)。取出比重瓶,擦干比重瓶外部水分,称瓶加水加土合重(m_2),准确至 0.001 g。

7. 洗净比重瓶,装满清水放入恒温水槽,待水温稳定后,取出比重瓶,擦干比重瓶外部水分,称瓶加水合重(m_1),准确至 0.001 g。

(三)计算:

按下式计算比重:

$$d_s = m_s/(m_s + m_1 - m_2) \times \rho_{wt}/\rho_{w4℃}$$

式中:m_n——干土质量,g;

m_1——瓶加水质量,g;

m_2——瓶加水加土质量,g;

ρ_{wt}——水在 t℃时的密度(查表 1-11),g/cm^3;

$\rho_{w4℃}$——水在 4℃时的密度,取 1 g/cm^3。

(四)有关问题的说明:

1. 煮沸的作用是破坏试样中尚存的团粒和封闭的孔隙,排出空气以达到使土粒分散的目的。在规定的煮沸时间内,为防止带土粒的悬液从瓶中冲出,必须随时守侯观察,当发现有可能冲出时,除可调节砂浴温度外,必要时可用滴管滴入数滴冷蒸馏水,使温度降低。

2. 比重瓶的计算容积是指比重瓶从瓶塞顶部毛细管管口以下部分的空间容积,因此称量 m_1 和 m_2 时,瓶中水面都必须与瓶塞毛细管管口平齐。

3. 每组做两次平行测定,平行差值不得大于 0.02,取其算术平均值,以两位小数表示。

(五)试验记录:

比重瓶编号	瓶质量 /g	瓶+土质量 /g	土质量 m_s/g	瓶+水质量 m_1 /g	瓶+土+水质量 m_2 /g	排开水的质量 /g	相对密度 d_s /(g·cm^{-3})	平均相对密度 d_s/(g·cm^{-3})
								2.71

注:$d_s = m_s/(m_s + m_1 - m_2) \times \rho_{wt}/\rho_{w4℃}$　$d_s = 2.65 \sim 2.75$ 时为正常。

表 1-11　水的密度表

温度 /℃	$\rho_{w}/(g \cdot cm^{-3})$									
	0.0	0.1	0.2	0.3	0.4	0.5	0.6	0.7	0.8	0.9
5	0.999992	0.999990	0.999988	0.999936	0.999984	0.999932	0.999980	0.999977	0.999974	0.999971
6	0.999968	0.999965	0.999962	0.99958	0.999854	0.999951	0.999947	0.999943	0.999938	0.999934
7	0.999930	0.999925	0.999920	0.999915	0.999810	0.999905	0.999899	0.999894	0.999888	0.999882
8	0.999876	0.999870	0.999864	0.999857	0.999851	0.999844	0.999837	0.999831	0.999323	0.999816
9	0.999809	0.999801	0.999794	0.999786	0.999778	0.999770	0.999762	0.999753	0.999745	0.999736
10	0.999728	0.999719	0.999710	0.999701	0.999692	0.999682	0.999872	0.999663	0.999653	0.999645
11	0.999633	0.999623	0.999612	0.999602	0.999591	0.999580	0.999569	0.999559	0.999547	0.999536
12	0.999525	0.999513	0.999502	0.999490	0.999478	0.999466	0.999454	0.999442	0.999429	0.999417
13	0.999404	0.999391	0.999373	0.999366	0.999352	0.999339	0.999326	0.999312	0.999299	0.999285
14	0.999271	0.999257	0.999243	0.999229	0.999215	0.999200	0.999186	0.999171	0.999156	0.999142
15	0.999127	0.999111	0.999069	0.999081	0.999065	0.999050	0.999034	0.999018	0.999002	0.999986
16	0.998970	0.998954	0.998937	0.998921	0.998904	0.998888	0.998871	0.998854	0.998837	0.998820
17	0.998802	0.998785	0.998767	0.998750	0.998732	0.998714	0.998696	0.998678	0.998660	0.998642
18	0.998623	0.998605	0.998586	0.998567	0.998549	0.998530	0.998511	0.998491	0.998472	0.998453
19	0.998443	0.998414	0.998394	0.998374	0.998354	0.998334	0.998314	0.998294	0.998273	0.998253
20	0.998232	0.998212	0.998191	0.998170	0.998140	0.998128	0.998107	0.998086	0.998064	0.998043
21	0.998031	0.997999	0.997978	0.997956	0.997934	0.997911	0.997889	0.997837	0.997844	0.997822
22	0.997799	0.997777	0.997754	0.997731	0.997708	0.997685	0.997661	0.997638	0.997615	0.997591
23	0.997567	0.997544	0.997520	0.997496	0.997472	0.997448	0.997444	0.997399	0.997375	0.997350
24	0.997326	0.997301	0.997276	0.997251	0.997226	0.997201	0.997176	0.997151	0.997125	0.997100
25	0.997074	0.997048	0.997023	0.996997	0.99697	0.99694	0.99691	0.99689	0.99686	0.99683
26	0.996813	0.996786	0.996759	0.996733	0.996706	0.996679	0.996652	0.996624	0.996597	0.996570
27	0.996542	0.996515	0.996487	0.996459	0.996431	0.996403	0.996375	0.996347	0.996319	0.996291
28	0.996262	0.996234	0.996205	0.996177	0.996148	0.996119	0.996090	0.996061	0.996032	0.996003
29	0.995974	0.995944	0.995915	0.995885	0.995855	0.995826	0.995796	0.995	0.995736	0.995706
30	0.995676	0.995645	0.995615	0.995585	0.995554	0.995524	0.995493	0.995766	0.995431	0.995400
31	0.995369	0.995338	0.995307	0.995276	0.995244	0.995213	0.995181	0.995462	0.995118	0.995086
32	0.995054	0.995022	0.99499	0.99495	0.99492	0.99489	0.99486	0.99482	0.99479	0.99476
33	0.994731	0.994396	0.994665	0.994632	0.994599	0.994599	0.994533	0.994500	0.994466	0.994433
34	0.994398	0.994358	0.994332	0.994298	0.994264	0.994264	0.994196	0.994162	0.994128	0.994094
35	0.994059	0.994025	0.993991	0.993956	0.993921	0.993921	0.993852	0.993817	0.993782	0.993747

四、联合测定法测定黏性土的液限和塑限

　　黏性土由于含水量不同,分别处于流动状态、可塑状态、半固体状态和固体状态。液限是黏性土的可塑状态与流动状态的界限含水量。塑限是黏性土的可塑状态与半固体状态的界限含水量。

A　实验要求

　　1.由实验室提供经过调拌浸润处理后的土样,要求学生测定该土的液限和塑限。

28

2. 根据实验资料确定该土的类别和天然稠度状态。

3. 参观液限、塑限联合测定仪。

4. 在试验过程中注意观察黏性土在不同含水量时土的物理状态的变化情况。

B 实验方法

本试验的目的是用液塑限联合测定仪联合测定土的液限和塑限，其基本方法是：分别调制三种不同含水量的土样，它们的含水量分别控制在液限、塑限之间和液限附近。应用液塑限联合测定仪测得锥体三个不同的入土深度 h，在双对数坐标的 $h-w$ 关系图上描三点，将三点连成一直线，在 $h-w$ 图上查与 $h=20$ mm 所对应的含水量 w，即为所求的液限 w_l。然后在 $h-w$ 关系图上查得相应的 $h=2$ mm 所对应的含水量 w，即为所求的塑限 w_p。

（一）仪器设备：

1. 数码式液塑限联合测定仪。锥体重量 (100 ± 0.1) g，锥角 $30° \pm 0.2°$。

2. 天平：称量 200 g，感量 0.01 g；

3. 其他：筛（孔径 0.5 mm）、调土刀、调土皿、称量盒、研钵、烘箱、吸管、凡士林、蒸馏水等。

（二）试验步骤：

1. 取有代表性的天然含水量或风干土样进行试验。如土中含有大于 0.5 mm 的颗粒或夹杂物较多时，可采用风干土样，用带橡皮头研杵研碎或用木棒在橡皮板上压碎土块。试样必须反复研碎过筛，直至将可研碎的土块全部通过 0.5 mm 的筛为止。取筛下土样用三皿法或一皿法进行制样：

①三皿法：用筛下土样 200 g 左右分开放入三个盛土皿中，用吸管加入不同数量的蒸馏水或自来水，土样含水量分别控制在液限、塑限以上和它们的中间状态附近。用调土刀调匀，盖上湿布，放置 18 h 以上。

②一皿法：取筛下土样 100 g 左右，放入一个土皿中，按三皿法加水、调土、闷土，唯土样的含水量控制在塑限以上，按步骤 2 至 4 条进行第一点入土深度和含水量测定。然后依次加水，按上述方法进行第二点和第三点含水量和入土深度测定，该两点土样的含水量应分别控制在液限、塑限中间状态和液限附近，但加入后要充分搅拌均匀，分层装入土样试杯，用力压密，使空气逸出。对于较干的土样，应先充分搓揉用调土刀反复压实。试杯装满后，刮成与杯口平齐。

2. 接通电源，调平机身、打开开关，提上锥体（此时数码显示应为零）。锥头上涂上少许凡士林。将装好土样的试杯放在升降座上，转动升降旋钮，试杯徐徐上升，土样表面和锥尖刚好接触时，指示灯亮，停止转动旋钮，锥体立刻自行下沉，8 s 后自动停止下落，数码管上显示锥入深度。记录读数 h_1。按动复位按钮，锥体复位，读数显示为零。

3. 改变锥尖与土体接触位置（锥尖两次锥入位置距离不小于 1 cm）；重复步骤 2，得锥尖深度 h_2。h_1、h_2 允许误差为 0.5 mm，否则应重作。取 h_1、h_2 平均值作为该点的锥入深度 h。

4. 去掉锥尖入土处的凡士林，取 10 g 以上的土样两个，分别放入称量盒内，称重（准确至 0.01 g），测定其含水量 w_1、w_2（计算到 0.1%）。计算含水量平均值 $\overline{w}$。

5. 重复第 2 至 4 步骤，对其他两个含水量土样进行试验，测其锥入深度及相应的含水量。

（三）成果整理

1. 在双对数坐标纸上，以含水量 w 为横坐标，锥入深度 h 为纵坐标，点绘三个不同含水

量的 $h-w$ 图，连此三点，应呈一条直线。如三点不在同一直线上，可用较高含水量的点和通过其余两点的重心处一点连成直线。

2. 在 $h-w$ 图上，查得纵坐标入土深度 $h=20$ mm 所对应的横坐标的含水量 w，即为该土样的液限 w_L。

3. 在 $h-w$ 图上，查得纵坐标入土深度 $h=2$ mm 所对应的横坐标的含水量 w，即为该土样的塑限 w_P。

试样号		1		2	3
水分质量/g					
干土质量/g					
含水量/%					
入土深度 h_i/mm					
入土平均深度 h/mm					
液限 w_L					
塑限 w_P					
塑性指数 I_P					
土名					

图 1-10 圆锥入土深度 h 与含水量 w 关系图

1.3　工程地质勘察

1.3.1　地基(岩土工程)勘察等级划分

1. 工程重要性等级

根据工程的规模和特征,以及由于岩土工程问题造成工程破坏或影响正常使用的后果,可分为三个工程重要性等级:

(1)一级工程:重要工程,后果很严重;

(2)二级工程:一般工程,后果严重;

(3)三级工程:次要工程,后果不严重。

2. 场地等级

根据场地的复杂程度,可按下列规定分为三个场地等级。

(1)符合下列条件之一者为一级场地(复杂场地)。

1)对建筑抗震危险的地段;

2)不良地质作用强烈发育;

3)地质环境已经或可能受到强烈破坏;

4)地形地貌复杂;

5)有影响工程的多层地下水、岩溶裂隙水或其他水文地质条件复杂,需专门研究的场地。

(2)符合下列条件之一者为二级场地(中等复杂场地)。

1)对建筑抗震不利的地段;

2)不良地质作用一般发育;

3)地质环境已经或可能受到一般破坏;

4)地形地貌较复杂;

5)基础位于地下水以下的场地。

(3)符合下列条件之一者为三级场地(简单场地)。

1)抗震设防烈度等于或小于6度,或对建筑抗震有利的地段;

2)不良地质作用不发育;

3)地质环境基本未破坏;

4)地形地貌简单;

5)地下水对工程无影响。

3. 地基等级

根据地基的复杂程度,可按下列规定分为三个地基等级。

(1)符合下列条件之一者为一级地基(复杂地基)。

1)岩土种类多,很不均匀,性质变化大,需特殊处理;

2)严重湿陷、膨胀、盐渍、污染的特殊岩土,以及其他情况,需作专门处理的岩土。

（2）符合下列条件之一者为二级地基（中等复杂地基）。

1）岩土种类较多，不均匀，性质变化较大；

2）除上面第1）条规定以外的特殊性岩土。

（3）符合下列条件之一者为三级地基（简单地基）。

1）岩土种类单一，均匀，性质变化不大；

2）无特殊性岩土。

4. 地基勘察等级

根据工程重要性等级、场地复杂程度等级和地基复杂程度等级，按下列条件划分岩土工程勘察等级。

甲级：在工程重要性、场地复杂程度和地基复杂程度等级中，有一项或多项为一级；

乙级：除勘察等级为甲级和丙级以外的勘察项目；

丙级：工程重要性、场地复杂程度和地基复杂程度等级均为三级。

注：建筑在岩质地基上的一级工程，当场地复杂程度等级和地基复杂程度等级均为三级时，岩土工程勘察等级可定为乙级。

1.3.2　地基勘察的目的和内容

最新版《岩土工程勘察规范》（GB 50021—2001）规定，各项建设工程在设计和施工之前，必须按基本建设程序进行岩土工程勘察。岩土工程勘察应按工程建设各勘察阶段的要求，正确反映工程地质条件，查明不良地质作用和地质灾害，精心勘察、精心分析，提出资料完整、评价正确的勘察报告。

1. 岩土工程勘察的目的

以各种勘察手段和方法，调查研究和分析评价建筑场地和地基的工程地质条件，为设计和施工提供所需的工程地质资料。

2. 工程地质勘察的主要内容

（1）查明建设场地与地基的稳定性、地层结构、持力层和下卧层的工程特性、土的应力历史和地下水条件及不良地质作用；

（2）提供满足设计施工所需的岩土工程参数，确定地基承载力，预测地基变形特征；

（3）提出地基基础、基坑支护、工程降水和地基处理设计与施工方案的建议；

（4）提出对建筑物有影响的不良地质作用的防治方案建议；

（5）对抗震设防烈度等于或大于6度的场地，进行场地与地基的地震效应评价。

3. 工程地质勘察阶段

工业与民用建筑工程的设计分为场址选择、初步设计和施工图三个阶段。为了提供各设计阶段所需的工程地质资料，勘察工作也相应分为选址勘察、初步勘察和详细勘察三个阶段。对于地质条件复杂或有特殊施工要求的重大建筑物地基，尚应进行施工勘察。

（1）选址勘察基本要求

选址勘察的目的是为了取得几个场址方案的主要工程地质资料，对拟选场地的稳定性和适宜性作出工程地质评价和方案比较。

选择场址时，应进行技术经济分析，一般情况下宜避开下列工程地质条件恶劣的地区或地段：不良地质现象发育且对建筑物构成直接危害或潜在威胁的场地；设计地震烈度为8度或9度的发震断裂带，受洪水威胁或地下水的不利影响严重的场地；在可开采的地下矿床或矿区的不稳定采空区上的场地。

选址阶段的勘察工作，主要侧重于搜集和分析区域地质、地形地拉、地震、矿产和附近地区的工程地质资料及当地的建筑经验，并在搜集和分析已有资料的基础上，抓住主要问题，通过踏勘，了解场地的地层岩性、地质构造、岩石和土的性质、地下水情况以及不良地质现象等工程地质条件。搜集的资料不满足要求或工程地质条件复杂时，也可以进行工程地质测绘并辅以必要的勘探工作。

（2）初步勘察基本要求

初勘的任务之一在于查明建筑场地不良地质现象的成因，分布范围、危害程度及其发展趋势，以便使场地内主要建筑物（如工业主厂房）的布置避开不良地质现象发育的地段，确定建筑总平面布置。初勘的任务还在于初步查明地层及其构造、岩石和土的物理力学性质、地下水埋藏条件以及土的冻结深度，为主要建筑物的地基基础方案以及对不良地质现象的防治方案提供工程地质资料。

初勘时勘探线的布置应垂直于地貌单元边界线、地质构造线和地层界线，对每个地貌单元都应设有控制性勘探孔（勘探孔是指钻孔、探井、触探孔等）到达预定深度，其他一般性勘探孔只需达到适当深度即可。

（3）详细勘察基本要求

详勘的任务在于针对具体建筑物地基或具体的地质问题，为进行施工图设计和施工提供可靠的依据或设计计算参数。因此必须查明建筑物范围内的地层结构、岩石和土的物理力学性质，对地基的稳定性及承载能力作出评价，并提供不良地质现象防治工作所需的计算指标及资料，此外，还要查明有关地下水的埋藏条件和腐蚀性、地层的透水性和水位变化规律等情况。详勘的手段主要有勘探、原位测试和室内土工试验。

1.3.3　地基勘察的方法

为达到上面的勘察目的，获取所需要的工程地质资料及设计所需要的参数，采取的勘察方式如下。

1. 工程地质测绘与调查

工程地质测绘与调查就是通过现场踏勘、工程地质测绘和搜集、调查有关资料，探明场地的地形地貌、地层岩性、地质构造、地下水与地表水及不良地质现象等，为评价场地工程地质条件及建筑场地稳定性提供依据，场地的稳定性研究是工程地质测绘与调查的重点内容。

测绘与调查宜在初步勘察阶段或可行性研究（选址）阶段进行，查明地形地貌、地层岩性、地质构造、地下水与地表水、不良地质现象等；搜集有关的气象、水文、植被、土的标准冻结深度等资料；调查人类活动对场地稳定性的影响。

常用的测绘方法是在地形图上布置观察线，并按点或沿线观察地质现象。

2. 勘探

要进一步查明地质情况，对场地的工程地质条件采用定量的评价，而勘探是一种必要的手段，常用的勘探方法包括坑探、钻探、触探和地球物理勘探等。

（1）坑探

坑探是指在建筑场地开挖探坑或探槽，直接观察地基土层情况，并从坑槽中取高质量原状土进行试验分析。这是一种不必使用专门机具的常用的勘察方法。当场地的地质条件比较复杂，而要了解的土层埋藏不深，且地下水位较低时，利用坑探能取得直观资料和原状土样，但坑探可达到的深度较浅，一般不超过 4 m，且不宜超过地下水位，较深的探坑必须支护坑壁。

（2）钻探

钻探是勘察方法中应用最广泛的一种，它是采用钻探机具向下钻孔，以鉴别和划分地层、观测地下水位，并采取原状土样以供室内试验，确定土的物理性质、力学性质指标，需要时还可以在钻孔中进行原位测试。钻探的钻进方式可分为回转式、冲击式、振动式、冲击－回转式等。

3. 地球物理勘探

地球物理勘探（简称物探）是一种兼有勘探和测试双重功能的技术。物探之所以能够被用来研究和解决各种地质问题，主要是因为不同的岩石、土层和地质构造往往具有不同的物理性质，通过专门的物探仪器的量测，就可区别和推断有关地质问题。

1.3.4　地基勘察报告的编制与阅读

1. 工程地质勘察的最终成果

以《××工程初步（或详细）勘察报告》的形式提出，勘察报告书一般包括两部分：文字部分和图表部分。

（1）文字部分包括的内容

1）工程概况、勘察任务、勘察基本要求、勘察技术要求及勘察工作简况；

2）场地位置、地形地貌、地质构造、不良地质现象及地震设防烈度等；

3）场地的岩土类型、地层分布、岩土结构构造或风化程度、场地土的均匀性、岩土的物理力学性质、地基承载力以及变形和动力等其他设计计算参数或指标；

4）地下水的埋藏条件、分布变化规律、含水层的性质类型、其他水文地质参数、场地土或地下水的腐蚀性以及地层的冻结深度；

5）关于建筑场地及地基的综合工程地质评价以及场地的稳定性和适宜性等结论；

6）针对工程建设中可能出现或存在的问题，提出相关的处理方案、预防防治措施和施工建议。

（2）图表部分包括的内容

1）勘察点（线）的平面布置图；

2）工程地质柱状图；

3）工程地质剖面图；

4）原位测试成果图表；

5）室内试验成果图表。

2.工程地质勘察报告的阅读和使用

岩土工程勘察报告是建筑基础设计和基础施工的依据，因此对设计和施工人员来说，正确阅读、理解和使用勘察报告是非常重要的。设计和施工人员应当全面熟悉勘察报告的文字部分和图表部分，了解勘察报告的结论与建议，分析各项岩土参数的可靠程度，把拟建场地的工程地质条件和拟建建筑物的具体情况联合起来进行分析。

（1）持力层的选择

地基持力层的选择应该综合考虑场地的土层分布情况和土层的物理力学性质以及建筑物的体形、结构类型、荷载等情况，从地基、基础和上部结构的整体概念出发，在场地稳定性达到要求的同时，地基基础设计还必须满足地基承载力和基础沉降两项基本要求，努力做到经济节约和充分发挥地基潜力，应尽量采用天然地基土浅基础的设计方案。

（2）场地稳定性评价

对地质构造及地层成层条件，不良地质现象以及分布规律、危害程度和发展趋势进行分析与评价，特别在地质条件复杂地区应引起高度重视。

1.3.5 验槽与基槽的局部处理

《建筑地基基础工程施工质量验收规范》（GB 50202—2002）规定，所有建（构）筑物均应进行施工验槽。基坑（槽）挖完后，由建设单位组织施工、设计、勘察、监理、质检等部门的项目技术负责人对地基土进行联合检查验收。地基验槽属于建筑工程隐蔽验收的重要内容之一。

1.验槽的目的

（1）检验地质勘察报告结论、建议是否正确，与实际情况是否一致。

（2）可以及时发现问题及存在的隐患，解决勘察报告中未解决的遗留问题。

2.验槽的内容

基坑（槽）的验槽工作主要是以认真仔细的观察为主，并以地基钎探、钻探取样和原位测试等手段配合，其主要内容包括：

（1）核对基坑的位置、平面尺寸、坑底标高；

（2）核对基坑土质和地下水情况；

（3）空穴、古墓、古井、防空掩体及地下埋设物的位置、深度、性状。

3.验槽的方法

验槽方法通常以观察法为主，而对于基底以下的土层不可见部位，要先辅以钎探法配合共同完成。

（1）观察法

1）观察槽壁、槽底的土质情况，验证基槽开挖深度，初步验证基槽底部土质是否与勘察报告相符，观察槽底土质结构是否为人为破坏。

2）基槽边坡是否稳定，是否存在有影响边坡稳定的因素，如地下渗水、坑边堆载或近距离扰动等（对难于鉴别的土质，应使用洛阳铲等工具挖至一定深度进行仔细鉴别）。

（2）钎探法

在上述检查过程中如发现可疑之处，可采用钎探做进一步的检查。地基钎探是指在基坑（槽）土方开挖之后，用重锤自由落体方式将钎探工具打入基坑（槽）底下一定深度的土层内，通过锤击次数探查判断地下有无异常情况或不良地基的一种方法。

4. 验槽的记录

经检查验收合格后，填写《地基验槽记录表》和《基坑（槽）隐蔽验收记录表》，各方签字盖章，并及时办理相关验收手续。如验收不合格，待处理和整改合格后，重新验收确认。

5. 验槽的注意事项

（1）天然地基验槽前必须完成钎探，并有详细的钎探记录。不合格的钎探不能作为验槽的依据。必要时对钎探孔深及间距进行抽样检查，核实其真实性。

（2）基坑（槽）土方开挖完后，应立即组织验槽。

（3）在特殊情况下，如雨期，要做好排水措施，避免被雨水浸泡。冬期要防止基底土受冻，要及时用保温材料覆盖。

（4）验槽时要认真仔细查看土质及其分布情况，是否有杂物、碎砖、瓦砾等杂填土，是否已挖到老土等，从而判断是否需做地基处理。

1.3.6　实训项目：地基勘察报告阅读

××工程详细勘察报告摘要

1. 拟建工程概述

拟建工程位于××学校北侧临街处。由一栋拟建物组成，平面布置如图1-11所示，拟建物工程特性概述见表1-12。

表1-12　某建筑物工程特性

建筑物名称	平面形状	长/m	宽/m	层数	结构形式	基础形式	单位荷载/(kN·m^{-2})	室内地面/m	差异沉降敏感度	备注
××	L型	112	27	7	框架	拟浅基础	17	110.8	一般	

建筑物重要等级为二级；经勘察了解，场地等级为二级，地基等级为二级，综合确定岩土工程勘察等级为乙级。

2. 勘察目的、要求及任务

本次勘察的目的、要求及任务为：

（1）查明场地内的地层结构、地基土的物理力学性质，基础设计所需的岩土参数；

（2）查明拟建场地的不良地质现象，不良地质作用的类型、成因、分布范围及发展趋势；

图1-11　某工程总平面图

(3)查明暗藏的河道、沟塘及空洞等对工程不利的埋藏物;

(4)查明场地地下水类型、埋藏深度及水位变幅,判明地下水对混凝土的腐蚀性;

(5)判明场地土类型及建筑场地类别,评价地基的地震效应及场地的稳定性;

(6)提出合理的基础方案并做出评价;

(7)按国家规范规定的有关要求,提出详细勘察报告;

3.场地工程地质、水文地质条件

(1)场区地基土构成及其特征

经勘察了解,场地表层分布残坡积型红黏土,其下为基岩为石炭系上统黄龙组灰岩。按地层由新(上)至老(下)的顺序,对各层地基土分别描述如下:

1)红黏土(Q_4^{al+dl}):本场地黏土细分为硬塑红黏土①和可塑红黏土②。

硬塑红黏土①:棕红色,硬塑状,稍湿。含少量角砾,成份为风化灰岩,粒径在5~20 mm,含量在10%~15%。光泽反映光滑,摇震反应无,干强度中等,韧性较高。

可塑红黏土②:棕红色,湿,可塑状。光滑,含Fe及Mn氧化物结核,含强风化浸染状Ca氧化物结核,无摇震反应,干强度较高,韧性较好。

2)石灰岩③:灰白色,微风化,隐晶结构,厚-巨厚层状。裂隙较发育,大部分被方解石脉充填。岩芯呈柱-长柱状,RQD值70%~85%,岩石基本质量等级为Ⅲ级,岩体完整性一般。岩体表面岩溶很发育,高低不平,石林林立。本次勘察深度内未揭露到溶洞。

地基土层详细分布情况可参见工程地质剖面图(图1-12)。

工程地质剖面图
2—2′
水平1:250 垂直1:100

(a)

工 程 地 质 剖 面 图
5—5′
水平1:150　垂直1:150

高程/m
(黄海高程系)

(b)

| 钻孔深度/m | 11.80 | 15.80 | 11.80 |
| 钻孔间距/m | | 12.82 | 9.84 |

工 程 地 质 剖 面 图
8—8′
水平1:100　垂直1:150

高程/m
(黄海高程系)

(c)

| 钻孔深度/m | 14.50 | 10.30 |
| 钻孔间距/m | | 8.40 |

工程地质剖面图
11—11′
水平1:100 垂直1:150

钻孔深度/m	15.30	15.60
钻孔间距/m	10.32	

(d)

工程地质剖面图
14—14′
水平1:100 垂直1:150

钻孔深度/m	12.00	13.60
钻孔间距/m	11.87	

(e)

图 1-12 某工程地质剖面图

(a)2—2′地质剖面图；(b)5—5′地质剖面图；(c)8—8′地质剖面图；

(d)11—11′地质剖面图；(e)14—14′地质剖面图

（2）场地水文地质条件

勘察时为枯水期。共进行 4 次地下水位观测，在钻孔内未观测到地下水。根据区域地质报告显示：场区灰岩中存在有岩溶裂隙水，由于埋藏深度等因素影响，本次勘察未揭露到地下水。（注：场地西部因地势低洼，土层中含少量上层滞水，无稳定的水位）

4. 岩土工程测试试验成果

（1）原位测试试验

本工程中采用标准贯入试验对硬塑红质黏土和可塑红黏土进行原位测试。对地基土原位测试指标进行统计分析计算并提出主要的物理力学指标。原位测试数据统计成果如表 1-13。

表 1-13 地基土标准贯入试验原位测试指标 N（击/30 cm）统计结果

土层编号	地基土名称	统计频数 n	范围值	平均值 ϕ_m	标准差 σ_f	变异系数 δ	统计修正系数 γ_s	击数标准值
①	硬塑红黏土	11	12~14	13	0.89	0.07	0.96	12.51
②	可塑红黏土	12	6~7	6.8	0.51	0.08	0.96	6.31

（2）室内土工试验

本工程中采取土样送试验室检验，以取得土的各种物理力学指标值。室内试验各项成果统计结果如表 1-14。

表 1-14 室内试验成果统计

土层编号	地基土名称	统计项目	统计频数 n	范围值	平均值 ϕ_m	标准差 σ_f	变异系数 δ	统计修正系数 γ_s	岩土参数标准值 ϕ_k	承载力特征值 f_{ak}/kPa
①	硬塑红黏土	天然密度/(g·cm⁻³)	8	1.69~1.76	1.73	0.03	0.02	0.99	1.71	220
		含水率/%	8	34.0~40.4	38.66	2.06	0.05	0.96	37.27	
		土粒比重	8	2.76~2.76	2.76	0	0	1	2.76	
		孔隙比	8	1.10~1.27	1.21	0.06	0.05	0.97	1.17	
		液限/%	8	56.0~62.6	59.94	2.12	0.04	0.98	58.51	
		塑限/%	8	32.8~35.5	33.96	0.96	0.03	0.98	33.32	
		压缩模量/MPa	8	6.3~11.5	9.09	1.99	0.22	0.85	7.74	
		内聚力/kPa	8	40.0~60.4	49.46	7.99	0.16	0.89	44.06	
		内摩擦角/(°)	8	8.1~12.0	9.69	1.37	0.14	0.9	8.76	

续表 1-14

土层编号	地基土名称	统计项目	统计频数 n	范围值	平均值 ϕ_m	标准差 σ_f	变异系数 δ	统计修正系数 γ_s	岩土参数标准值 ϕ_k	承载力特征值 f_{ak}/kPa
②	可塑红黏土	天然密度 /(g·cm⁻³)	6	1.86~1.94	1.9	0.03	0.01	0.99	1.88	240
		含水率/%	6	24.4~28.1	26.55	1.33	0.05	0.96	25.45	
		土粒比重	6	2.73~2.75	2.74	0.01	0.00	1.0	2.73	
		孔隙比	6	0.75~0.87	0.82	0.04	0.05	0.96	0.79	
		液限/%	6	37.5~44.5	40.15	2.61	0.07	0.95	37.99	
		塑限/%	6	21.4~26.3	23.68	1.75	0.07	0.94	22.24	
		压缩模量/MPa	6	4.8~7.1	5.8	0.96	0.17	0.86	5.01	
		内聚力/kPa	6	26.7~52.5	37.93	10.27	0.27	0.78	29.46	
		内摩擦角/(°)	6	10.7~15.3	13.37	1.95	0.15	0.88	11.75	

5. 岩土工程分析与评价

(1)工程环境

工程项目位于××东街旁,地形平坦开阔。交通便捷,地理位置优越。周边建筑物分布情况详见平面图。

(2)场地整体稳定性评价

地区所处位置为稳定地块核心地带,远离构造活动区域,地势平坦,附近无活动构造断裂通过。场区属低丘地貌,为抗震有利地段。市为地震基本烈度6度区,场区无斜坡、滑坡等不良地质现象,场地下部灰岩中岩溶有发育,需对岩溶采取有效处理措施,处理后对拟建建筑物稳定性无影响。综上所述,场地稳定性较好,适宜本工程建设。

(3)地基土物理力学参数建议值

综合本工程各项岩土试验及相关技术规范,对场内各地基土层提出各项物理力学参数取值如表1-15。

表 1-15 地基土物理力学参数取值表

土层号	岩土名称	天然密度 γ /(g·cm⁻³)	承载力特征值 f_{ak}/kPa	压缩模量 E_s/MPa	内聚力 c /kPa	内摩擦角 Φ /(°)
①	硬塑红黏土	17.1	220	7.74	44.06	8.76
②	可塑红黏土	18.8	160	5.01	29.46	11.75
③	灰岩		7000			

表 1 – 16 地基土桩及其他参数取值表

土层号	岩土名称	挖孔桩桩端承载力特征值/kPa	挖孔桩极限侧阻力标准值/kPa	管桩极限端阻力标准值/kPa	管桩极限侧阻力标准值/kPa
①	硬塑粉质黏土		60		70
②	可塑粉质黏土		30		35
③	灰 岩	7000	600	16000	1100

（4）地基土的工程性质及均匀性评价

1）上部硬塑状红黏土，具中等压缩性，标准贯入锤击数击，承载力特征值 220 kPa；下部接近基岩面为可塑状红黏土，承载力特征值 160 kPa。该层就承载力来说可作为多层建筑的持力层，但分别不均匀，在高程 110.8 m 以下，场地东部近一半以上的地段缺失或厚度较薄。红黏土层中发育有网格状裂纹，具有失水收缩，浸水后可产生较大膨胀量的特征。因此红黏土不可作为该综合楼的持力层。

2）灰岩：全场分布，根据区域地质资料，厚度大于 200 m。微风化状态，为硬质岩石，工程地质性能良好，可作为拟建建筑物持力层。根据岩样统计结果，其饱和抗压强度标准值为 50 MPa，岩体完整一般，结合本地区建筑经验，综合考虑其承载力特征值 7000 kPa（见表 1 – 16）。

（5）基础方案的评价与推荐

根据勘察揭露的场地地质情况及拟建物特点，提出基础方案建议如下：该楼第一层室内正负零高程为 110.8 m，东侧部分地段已出露灰岩，建议采用墩基础；向西侧灰岩埋藏逐步变深，建议采用桩（墩）基础，由于本场地无地下水，土层稳定性较好，可采用大口径人工挖孔灌注桩。承载力特征值 7000 kPa。

6. 结论与建议

（1）通过本次勘察，查明了场区的岩土层分布及工程地质特征、构造和水文地质特征，场区地表未发现地裂、塌陷、滑坡、土洞、暗沟及断裂破碎带等不良地质现象。适宜本工程建设。场地稳定性较好，适宜工程建设，但应对岩溶等不良地质现象采取相应措施处理。

（2）《中国地震动参数区划分图》表面：本区为地震烈度Ⅵ设防区，设计基本加速度 0.05 g，设计特征周期为 0.35 s，卓越周期为 0.128 s，场区无液化性地层，属中硬场地，场地类别为Ⅱ类场地，地震分组为一组，拟建场地为建筑抗震有利地段。

（3）综合楼基础采用墩基础，西侧局部采用大口径人工挖孔灌注桩，以微风化灰岩为持力层，桩底完整灰岩不应少于 5 m。

（4）对于本项目工程桩基础，应按规范要求对桩底持力层逐桩进行岩溶勘察，保重桩端下 3 倍桩径且不少于 5 m 范围无溶洞及软弱层。

（5）场区水和土对混凝土结果中钢筋及钢结构的腐蚀性为微。

（6）加强基础验槽工作，若发现异常情况应及时通知设计、监理、业主和我公司，及时采取有效措施。

模块小结

本模块对工程地质的基本知识、土的工程性质及工程地质勘查报告等方面做了较全面阐述,主要内容如下:

(1)地质年代及分类,地质构造特征,岩石和土的类型及形成,水文地质条件。

(2)土一般为三相体系,一般由颗粒(固相)、水(液相)和空气(气相)组成。

(3)土的质量密度、土的含水量和土粒相对密度是土的三个基本指标,由此可得出其他的几个计算指标。砂土的密实度可用标准贯入锤击数、相对密实度和土的孔隙比来判定。

(4)稠度反映黏性土的状态特征,塑性指数是黏性土分类的重要标志之一,液性指数是表示黏性土软硬程度的一个物理指标。

(5)地基土可分为岩石、碎石土、砂土、粉土、黏性土和人工填土六大类。它们是合理选择地基方案的重要依据之一。

(6)根据工程重要性等级、场地复杂程度等级和地基复杂程度等级,岩土工程勘察等级分为甲、乙、丙三个等级,勘察阶段可分为可行性研究勘察、初步勘察和详细勘察,在复杂情况下,还增加施工勘察。

(7)常用的勘察方法包括工程地质测绘与调查、勘探和地球物理勘探等,勘察报告包括两大部分,即文字部分和图表部分。

思考题

1.土由哪几部分组成?土中三相比例的变化对土的性质有什么影响?

2.何谓土的颗粒级配?何谓级配良好?何谓级配不良?

3.土体中的水包括哪几种?结合水有何特性?土中固态水(冰)对工程有何影响?

4.土的物理性质指标有哪些?其中哪几个可以直接测定?常用测定方法是什么?

5.土的密度 ρ 与土的重度 γ 的物理意义和单位有何区别?说明天然重度 γ、饱和重度 γ_{sat}、有效重度 γ' 和干重度 γ_d 之间的相互关系,并比较其数值的大小。

6.无黏性土最主要的物理状态指标是什么?

7.黏性土的物理状态指标是什么?何谓液限?何谓塑限?它们与天然含水量是否有关?

8.何谓塑性指数?其大小与土颗粒粗细有何关系?何谓液性指数?如何应用其大小来评价土的工程性质?

9.地基土(岩)分哪几大类?各类土是如何划分的?

10.为何要进行工程地质勘察?

11.建筑物的岩土工程勘察分哪几阶段进行?各阶段的勘察工作主要有哪些?

12.如何阅读和使用工程地质勘察报告?阅读使用勘察报告重点要注意哪些问题?

13.工程地质勘察报告后,为何还要验槽?验槽包括哪些内容?应注意些什么问题?

习 题

思考题及习题答案

1. 某工程地质勘察中取原状土做试验,用体积为 100 cm^3 的环刀取样试验,用天平测得环刀加湿土的质量为 245.00 g,环刀质量为 55.00 g,烘干后土样质量为 165.00 g,土粒比重为 2.70。计算此土样的天然密度、干密度、饱和密度、天然含水率、孔隙比、孔隙率以及饱和度,并比较各种密度的大小。

2. 某住宅地基土的试验中,已测得土的干密度 $\rho_d = 1.64$ g/cm^3,含水率 $w = 21.3\%$,土粒比重 $d_s = 2.65$。计算土的 e,n 和 S_r。此土样又测得 $w_L = 29.7\%$,$w_P = 17.6\%$,计算 I_P 和 I_L,描述土的物理状态,定出土的名称。

3. 已知土样试验数据为:含水量 31%,液限 38%,塑限 20%,求该土样的塑性指数、液性指数,并确定其状态和名称。

4. 有一砂土样的物理性试验结果,标准贯入试验锤击数 $N = 34$,经筛分后各颗粒粒组含量见下表。试确定该砂土的名称和状态。

粒径/mm	<0.01	0.01~0.05	0.05~0.075	0.075~0.25	0.25~0.5	0.5~2.0
粒组含量/%	3.9	14.3	26.7	28.6	19.1	7.4

自测题

自测题答案

1.1 工程地质基本知识

一、选择题

1. 在土中对土颗粒产生浮力作用的是(　　　)

A. 强结合水　　　　B. 弱结合水　　　　C. 毛细水　　　　D. 重力水

2. 靠近山区坡底的洪积土,具有的特点是(　　　)

A. 颗粒细小、地下水位较深　　　　　　B. 颗粒较粗、地下水位较深

C. 颗粒细小、地下水位较浅　　　　　　D. 颗粒较粗、地下水位较浅

3. 高处的岩石风化产物由于重力作用沉积在较平缓的山坡上的沉积土称为(　　　)

A. 残积土　　　　B. 坡积土　　　　C. 洪积土　　　　D. 冲积土

4. 岩石划分类别不包括(　　　)

A. 岩浆岩　　　　B. 堆积岩　　　　C. 沉积岩　　　　D. 变质岩

5. (　　　)是江河流水的地质作用剥蚀两岸的基岩和沉积物,经搬运与沉积在平缓地带而形成的沉积物。

A. 残积土　　　　B. 坡积土　　　　C. 洪积土　　　　D. 冲击土

二、填空题

1. 在层状岩体中表现最显著，主要有_____构造和_____构造两种基本类型。

2. 岩石按成因分为_____、_____和_____。

3. _____是指残留在原地未被搬运的那一部分原岩风化剥蚀后的产物。

4. _____是雨雪水流的地质作用将高处岩石风化产物缓慢地洗刷剥蚀、沿着斜坡向下逐渐移动、沉积在平缓的山坡上而形成的沉积物。

5. _____是由暂时性山洪急流挟带着大量碎屑物质堆积于山谷冲沟出口或山前倾斜平原而形成的沉积物。

6. _____是江河流水的地质作用剥蚀两岸的基岩和沉积物，经搬运与沉积在平缓地带而形成的沉积物。

7. _____是指在内力、外力地质作用下，不断运动演变，所留下来的各种构造形态。

8. 断裂可分为节理和_____。

9. 岩层发生褶曲时，形状向上凸起者。中间古老，两侧较新的地层排列方式称为_____。

三、判断题

1. 岩石按成因分为岩浆岩、沉积岩和变质岩。（　　　）
2. 土按成因分为残积土、坡积土、洪积土。（　　　）
3. 某一褶曲，核部为老地层，翼部为新地层且对称分布则该褶曲为向斜。（　　　）
4. 岩层发生断裂后，两侧岩块具有明显位移的构造称为节理。（　　　）
5. 断层形成后，上盘相对下降，下盘相对上升的断层称正断层。（　　　）
6. 断层形成后，上盘相对下降，下盘相对上升的断层称逆断层。（　　　）
7. 风积土是岩石经物理和化学风化的产物。（　　　）

1.2　地基土的工程特性

一、选择题

1. 粒径大于 2 mm 的颗粒不超过总质量的 50%，而粒径大于 0.075 mm 的颗粒超过总质量的 50% 的土，称为（　　　）

    A. 砂土　　　　　　　B. 粉土　　　　　　　C. 碎石土　　　　　　D. 黏土

2. 某土样的液限，塑限 $w_L = 21\%$，天然含水量 $w_P = 26\%$，则该土的塑性指数为（　　　）

    A. 0.25　　　　　　　B. 0.50　　　　　　　C. 0.80　　　　　　　D. 25

3. 砂土相对密实度 Dr = 1，则该砂土处于（　　　）

    A. 最密实状态　　　B. 较密实状态　　　C. 中密状态　　　　D. 松散状态

4. 下列土的三相比例指标中，属于试验室直接测得的指标是（　　　）

    A. 土的密度　　　　B. 土的有效密度　　C. 土的孔隙比　　　D. 土的孔隙率

5. （　　　）对黏性土的物理力学性质影响最大。

A. 强结合水　　　　　B. 弱结合水　　　　　C. 重力水　　　　　D. 毛细水

6. 某砂土的相对密度为 $D_r = 0.85$，则该砂土的密实度为（　　　）。

A. 疏松　　　　　B. 中密　　　　　C. 密实　　　　　D. 稍密

7. 测定土天然密度的试验是（　　　）。

A. 酒精燃烧法　　　　　B. 环刀法　　　　　C. 比重瓶法　　　　　D. 烘干法

8. 某砂土的相对密度为 $D_r = 0.21$，则该砂土的密实度为（　　　）。

A. 疏松　　　　　B. 中密　　　　　C. 密实　　　　　D. 稍密

9. 淤泥质土是指（　　　）。

A. $w > w_L$; $1.5 > e \geq 1.0$　　　　　B. $w < w_L$; $1.5 > e \geq 1.0$

C. $w > w_L$; $e \geq 1.5$　　　　　D. $w < w_L$; $e \geq 1.5$

10. 给黏性土命名的指标是（　　　）。

A. 塑性指数　　　　　B. 液性指数　　　　　C. 压缩系数　　　　　D. 压缩指数

11. 关于土的特征描述错误的一项是（　　　）。

A. 土的特征包括散体性、多相性、自然变异性。

B. 土的散体性是指颗粒之间无黏结或弱黏结，存在大量孔隙，可以透水、透气。

C. 土通常是由固体颗粒、水组成的二相体系。

D. 土是多矿物组合体，性质复杂，不均匀，且随时间在不断变化。

12. 在下列指标中，用来评价砂土湿度状态的指标是（　　　）

A. 塑限　　　　　B. 液限　　　　　C. 饱和度　　　　　D. 孔隙比

13. 用以衡量土透水性大小的指标是（　　　）

A. 水头梯度　　　　　B. 渗透系数　　　　　C. 动水力　　　　　D. 相对密实度

14. 在下列指标中，用来评价砂土湿度状态的指标是（　　　）

A. 塑限　　　　　B. 液限　　　　　C. 饱和度　　　　　D. 孔隙比

15. 碎石土和砂土属于（　　　）

A. 无黏性土　　　　　B. 黏性土　　　　　C. 粉土　　　　　D. 都不正确

16. 粉质黏土的塑性指数 I_p 范围是（　　　）

A. $I_p > 10$　　　　　B. $I_p > 17$　　　　　C. $I_p < 17$　　　　　D. $17 > I_p > 10$

17. 黏土的塑性指数 I_p 范围是（　　　）

A. $I_p > 10$　　　　　B. $I_p > 17$　　　　　C. $I_p < 17$　　　　　D. $17 > I_p > 10$

18. 反映黏性土硬塑状态的指标 I_L 范围是（　　　）

A. $I_L < 0$　　　　　B. $0.25 > I_p > 0$

C. $0.75 > I_p > 0.25$　　　　　D. $1 > I_p > 0.75$

19. 反映黏性土软塑状态的指标 I_L 范围是（　　　）

A. $I_L < 0$　　　　　B. $0.25 > I_p > 0$

C. $0.75 > I_p > 0.25$　　　　　D. $1 > I_p > 0.75$

20. 反映黏性土可塑状态的指标 I_L 范围是（　　　）

A. $I_L < 0$　　　　　B. $0.25 > I_p > 0$

C. $0.75 > I_p > 0.25$　　　　　D. $1 > I_p > 0.75$

二、填空题

1. 土的颗粒级配曲线愈平缓，表示土的颗粒级配_____。

2. 黏性土的液性指数 I_L 愈大，其抗剪强度_____。

3. 黏性土主要按_____分类。

4. 粒径大于 2 mm 的颗粒质量超过总质量的 50% 的土，称为_____土。

5. 各粒组的相对含量可通过颗粒分析实验确定，对于粒径小于 0.075 mm 的粒组可用_____测定或移液管法测定。

6. 黏性土的塑性指数 I_p 应大于_____。

7. 颗粒级配指标有不均匀系数和_____。

8. 土的物理状态，对于粗粒土是指土的密实程度，对于细粒土则是指土的软硬程度或称为黏性土的_____。

9. 天然含水量大于液限，天然孔隙比大于或等于 1.5 的黏性土为_____。

10. 颗粒级配指标有曲率系数和_____。不均匀系数

11. 筛分法适合用于粒径_____的颗粒进行筛分。

12. 表示黏性土软硬状态的指标是_____。

13. _____描述土体中孔隙被水冲满的程度。

14. 黏性土的软硬程度取决于土的_____。

15. 土的含水量指标定义为_____。

16. 无黏性土的密实度采用_____试验进行测定。

17. 在土的三相比例指标中，土的密度、土的含水量和_____是通过试验测定的。

18. 无黏性土按_____分类。

19. 黏性土中含有强结合水和弱结合水，其中对黏性土物理性质影响较大的是_____。

三、判断题

1. 结合水是液态水的一种，故能传递静水压力。（   ）

2. 土的天然重度越大，则土的密实性越好。（   ）

3 土的结构最主要的特征是成层性。（   ）

4. 在填方工程施工中，常用土的干密度来评价填土的压实程度。（   ）

5. 无论什么土，都具有可塑性。（   ）

6. 相对密实度主要用于比较不同砂土的密实度大小。（   ）

7. 砂土的分类是按颗粒级配及其形状进行的。（   ）

8. 粉土的塑性指数小于或等于 10、粒径大于 0.075 的颗粒含量不超过全重 55% 的土。（   ）

9. 甲土的饱和度大于乙土的饱和度，则甲土的含水量一定高于乙土的含水量。（   ）

10. 土在最优含水量时，压实密度最大，同一种土的压实能量越大，最优含水量越大。（   ）

11. 两种不同的黏性土，其天然含水量相同，则其软硬程度相同。（   ）

12.地下水位上升时，在浸湿的土层中，其颗粒相对密度和孔隙比将增大。（　　）

13.甲土的饱和度大于乙土的饱和度，则甲土的含水率一定高于乙土的含水率（　　）

14.黏性土的物理状态是用含水率表示的，现有甲、乙两种土，测得它们的含水率 $w_甲 > w_乙$，则可以断定甲土比乙土软。（　　）

15.土的液性指数 I_L 会出现 $I_L > 0$ 或 $I_L < 0$ 的情况。（　　）

16.土的相对密实度 D_r 会出现 $D_r > 1$ 或 $D_r < 1$ 的情况。（　　）

1.3　工程地质勘查

一、选择题

1.（　　）是用钻机在地层中钻孔，以鉴别和划分地层，并可沿孔深取样，用以测定岩石和土层的物理力学性质

A.钻探　　　　　　　B.坑探　　　　　　　C.勘探　　　　　　　D.地球物理勘探

2.勘查报告书主要包括的内容描述不正确的（　　）。

A.任务要求及勘查工作概况。

B.场地位置、地形地貌、地质构造、不良地质现象及地震设计烈度。

C.地下水的埋藏条件和腐蚀性以及土层的冻结深度。

D.场地地层分布分析，建筑场地周边环境评价。

3.工程重要性等级分为（　　）级。

A.三　　　　　　　　B.四　　　　　　　　C.五　　　　　　　　D.六

4.下列地基勘察等级为甲级的是（　　）。

A.工程重要性二级，二级场地，二级地基

B.工程重要性二级，三级场地，二级地基

C.工程重要性三级，二级场地，二级地基

D.工程重要性三级，三级场地，一级地基

5.主要侧重于收集和分析区域地质、地形地貌、地震、矿产和附近地区的工程地质资料及当地的建筑经验是哪个勘查阶段（　　）。

A.可行性研究勘察　　　　　　　　B.初步勘察

C.详细勘察　　　　　　　　　　　D.施工勘察

6.（　　）对场地内建筑地段的稳定性作出岩土工程评价。

A.可行性研究勘察　　　　　　　　B.初步勘察

C.详细勘察　　　　　　　　　　　D.施工勘察

7（　　）的任务在于针对具体建筑物地基或具体的地质问题，为进行施工图设计提供可靠的依据或设计计算参数

A.可行性研究勘察　　　　　　　　B.初步勘察

C.详细勘察　　　　　　　　　　　D.施工勘察

8.工程地质勘察的方法包括（　　）

A.测绘与调查、勘探、原位测试　　　　B.勘探、原位测试、室内试验

C.测绘与调查、原位测试、室内试验　　D.测绘与调查、勘探、原位测试与室内试验

49

二、填空题

1.钻探中,钻机一般分为_____和_____。

2._____是勘察工作的最后一个环节。

3.工程地质勘查阶段分为可行性研究勘察、_____、_____、施工勘察。

4.工程重要性等级根据_____和工程类型进行划分。

5.建筑场地的复杂程度按规定分为_____个等级。

6.目前应用最广泛的地基勘察方法是_____。

三、判断题

1.岩土工程勘察等级一般分为三级:甲级、乙级、丙级。(   )

2.勘查的目的是为查明并评价工程场地岩土技术条件和它们与工程之间的关系。(   )

3.验槽的目的是根据基槽开挖的地质情况,提出处理措施。(   )

4.槽底在地下水位以下不深时,直接挖至设计标高再进行验槽。(   )

5.当持力层下埋藏有下卧砂层而承压水头高于槽底时,不宜进行钎探,以免造成涌砂。(   )

6.勘探是地基勘察过程中查明地质情况的一种必要手段对场地的工程地质条件进行定性的评价。(   )

模块二　地基土的应力与沉降

建筑施工现场专业技术岗位资格考试和技能实践要求

- 熟悉地基土应力与沉降计算及建筑物沉降观测的基本知识。
- 学会地基土室内压缩试验操作及成果整理。
- 学会建筑施工现场沉降观测的基本操作方法。

教学目标

【知识目标】

- 熟悉地基土自重应力、基底压力和地基附加应力计算。
- 熟悉地基土沉降计算与建筑物沉降观测的相关知识。

【能力目标】

- 能正确计算土的自重应力及附加应力，能运用分层总和法及规范法计算一般地基的最终沉降量。
- 能结合建筑工程测量知识，正确进行建筑工程沉降观测。

【素质目标】

- 通过本模块的学习，培养学生理论联系实践的工程素质。
- 通过本模块的学习，培养学生良好的组织、团队协作和沟通能力。

2.1　地基土的应力计算

地基土中的应力按其产生的原因，一般包括由地基土体自重引起的自重应力 σ_{cz} 和由建筑物引起的附加应力 σ_z。

2.1.1　土体自重应力计算

1. 均质地基土的自重应力

在计算土中自重应力时，假定地基土是均匀、连续、各向同性的半无限弹性体，假设天然地面是一个无限大的水平面，因而在任意竖直面和水平面上均无剪应力存在。

如果地面下土质均匀，天然重度为 γ，则在天然地面下任意深度 z 处水平面上的竖向自重应力 σ_{cz}，可取作用于该水平面上任一单位面积的土柱体自重计算，即：

$$\sigma_{cz} = \gamma z \tag{2-1}$$

对于均质地基土中，σ_{cz} 沿水平面均匀分布，且与深度 z 成正比，即随深度线性增加，呈三角形分布图形，如图 2-1。

地基中除有作用于水平面上的竖向自重应力外，在竖直面上还作用有水平向的侧向自重应力。由于 σ_{cz} 沿任一水平面上均匀地无限分布，所以地基土在自重作用下只产生竖向变形，无侧向变形和剪切变形。因此，根据弹性力学，侧向自重应力 σ_{cx} 和 σ_{cy} 应与 σ_{cz} 成正比，即：

$$\sigma_{cx} = \sigma_{cy} = K_0 \sigma_{cz} \qquad (2-2)$$

式中：K_0 称为土的侧压力系数或静止土压力系数，可由试验确定。

必须指出，只有通过土粒接触点传递的粒间应力，才能使土粒彼此挤紧，从而引起土体的变形，所以粒间应力又称为有效应力。因此，土中自重应力可定义为土自身有效重力在土体中引起的应力。土中竖向和侧向的自重应力一般均指有效自重应力。对地下水位以下土层一般情况下以有效重度 γ' 代替天然重度 γ。为了简便起见，把常用的竖向有效自重应力 σ_{cz}，简称为自重应力 σ_c，如图 2-2。

自然界中的天然土层，一般形成至今已有很长的地质年代，它在自重作用下的变形早已稳定。但对于近期沉积或堆积的土层，应考虑它在自重应力作用下的变形。

图 2-1　均质土中竖向自重应力
(a)沿深度分布；(b)任意水平面上的分布

图 2-2　地基土中侧向自重应力 σ_{cx} 和 σ_{cy}

图 2-3　地下水位升降对自重应力的影响
(a)地下水位下降；(b)地下水位上升

此外，地下水位的升降会引起土中自重应力的变化。地下水位下降，浮力消失、自重应力增加，该自重应力相当于大面积附加均布荷载，能引起下部土体产生新的变形，属于附加应力。例如在软土地区，常因大量抽取地下水，以致地下水位长期大幅度下降，使地基中原水位以下的有效自重应力增加，而造成地表大面积下沉的严重后果。至于地下水位的长时期上升，常发生在人工抬高蓄水水位地区或工业用水大量渗入地下的地区，若地下水位长期上升，会引起地基承载力的减小、湿陷性土的陷塌现象等，必须引起注意。

2. 层状分布地基土的自重应力

地基土往往是成层分布的，因而各层土具有不同的重度。天然地面下任意深度 z 范围内各层土的厚度自上而下分别为 h_1，h_2，…，h_i，…，h_n，计算出高度为 z 的土柱体中各层土重的总和后，可得天然地面下任意深度 z 处的竖向自重应力计算公式：

$$\sigma_c = \gamma_1 h_1 + \gamma_2 h_2 + \cdots + \gamma_n h_n = \sum_{i=1}^{n} \gamma_i h_i \qquad (2-3)$$

式中：σ_c——天然地下面任意深度 z 处的竖向有效自重应力，kPa；

n——深度 z 范围内的土层总数；

h_i——第 i 层土的厚度，m；

γ_i——第 i 层土的天然重度，对地下水位以下的土层取有效重度 γ_i'，kN/m³。

应注意，在地下水位以下，如埋藏有不透水层（例如岩层或只含结合水的坚硬黏土层），由于不透水层中不存在水的浮力，所以不透水层及层面以下的自重应力应按上覆土层的水和土的总重计算。如地下水位位于同一土层中，计算自重应力时，地下水位面也应作为分层的界面。由计算结果可知，同一土层自重应力按直线变化，分布线的斜率是该层土容重的倒数；层状分布土的自重应力分布曲线是一条折线，拐点在土层交界处和地下水位处；自重应力随深度的增加而增加。

图 2-4 层状分布地基土的自重应力

【例题 2-1】 某工程场地土层分布如下图所示（其中地下水位在自然地面下 2.0 m），试计算土层的自重应力及作用在基岩顶面的土自重应力和静水压力之和，并绘制自重应力分布图。

【解】

$\sigma_{cz1} = \gamma_1 h_1 = 19 \times 2.0 = 38 (\text{kPa})$

$\sigma_{cz2} = \gamma_1 h_1 + \gamma_1' h_2$

$\quad = 38 + (19.4 - 10) \times 2.5 = 61.5 (\text{kPa})$

$\sigma_{cz3} = \gamma_1 h_1 + \gamma_1' h_2 + \gamma_2' h_3$

$\quad = 61.5 + (17.4 - 10) \times 4.5 = 96.6 (\text{kPa})$

$\sigma_w = \gamma_2 (h_2 + h_3) = 10 \times 7.0 = 70.0 (\text{kPa})$

因此，作用在基岩顶面处的自重应力为 96.6 kPa，静水压力为 70 kPa，总应力为 96.6 + 70 = 166.6 (kPa)。

2.1.2 基底压力计算

建筑物荷载通过基础传递给地基，在基础底面与地基之间便产生了接触应力。它既是基础作用于地基的基底压力，又是地基反作用于基础的基底反力。

1. 基底压力的分布规律

基底压力分布涉及地基与基础的相对刚度、作用于基础上荷载的大小和分布情况、地基土的力学性质以及基础的埋深等许多因素有关。

（1）地基与基础的相对刚度

如果完全柔性基础建筑在弹性地基上[图 $2-5(a)$]，基础抗弯刚度 $EI=0$，基础变形能完全适应地基表面的变形，基底反力的分布与其上部荷载的分布情况相同。

如果绝对刚性基础建筑在弹性地基上[图 $2-5(b)$]，基础抗弯刚度 $EI=\infty$，基础只能保持平面下沉不能弯曲，基底反力的分布特征为基础底面中间小、两端无穷大。

如果有限刚性基础建筑在弹塑性地基上[图 $2-5(c)$]，基础抗弯刚度 $0<EI<\infty$，基底反力分布形式为抛物线、马鞍形。有限刚度基础是工程中最为常见的情况。

图 2-5 地基与基础的相对刚度对基底压力分布的影响

（a）绝对柔性基础；（b）绝对刚性基础；（c）有限刚度基础

（2）作用于基础上荷载的影响

实测资料表明，当荷载较小时，基底反力分布形状[图 $2-6(a)$]，接近于弹性理论解；随着上部荷载逐渐增大，基底反力呈马鞍形[图 $2-6(b)$]；荷载再增大时，边缘塑性破坏区逐渐扩大，所增加的荷载必须靠基底中部力的增大来平衡，基底反力变为抛物线型[图 $2-6(d)$]；当荷载接近地基的破坏荷载时，基底反力呈钟形分布[图 $2-6(c)$]。

2. 基底压力的简化计算方法

从以上分析可知，基底压力分布形式是十分复杂的。但由于基底压力往往是作用在离地面不远的深度，根据弹性力学中圣维南原理，在基底下一定深度处，土中应力分布与基础底面上荷载分布的影响并不显著，而只决定于荷载合力的大小和作用点位置。

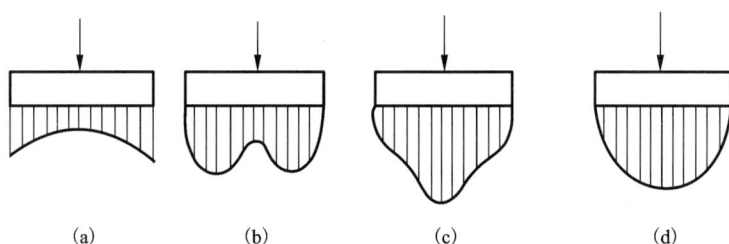

图 2 - 6 荷载对基底压力的影响

因此，目前在工程实践中，对于具有一定刚度以及尺寸较小的柱下单独基础和墙下条形基础等，其基底压力可近似地按直线分布的图形计算，可按材料力学公式进行简化计算。

（1）中心荷载作用下的基底压力计算

中心荷载下的基础，其所受荷载的合力通过基底形心。基底压力假定为均匀分布，其数值按下式计算：

$$p_k = \frac{F_k + G_k}{A} \qquad (2-4)$$

式中：p_k——相应于作用的标准组合时，基础底面处的平均压力值，kPa；

F_k——相应于作用的标准组合时，上部结构传至基础顶面的竖向力值，kN；

G_k——基础自重和基础上的土重，kN，$G_k = \gamma_G A \bar{h}$；

γ_G——基础及以上回填土之平均重度，一般取 20 kN/m³，但在地下水位以下部分应扣除浮力作用，取 10 kN/m³；

$\bar{h}$——基础平均埋深，m，从设计地面或室内外平均设计地面算起；

A——基底面积，m²，对矩形基础 $A = lb$，l 和 b 分别为矩形基底的长度和宽度。

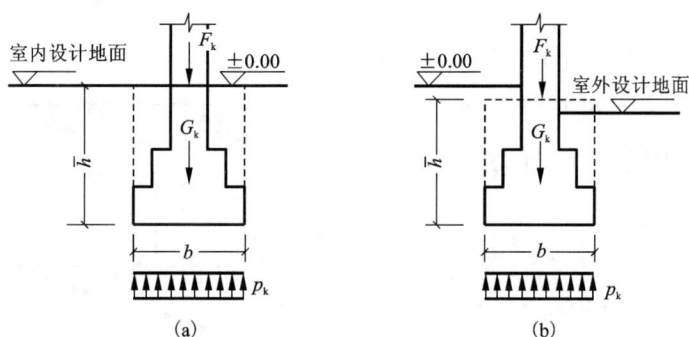

图 2 - 7 中心荷载作用下基底压力

（a）内墙或内柱基础；（b）外墙或外柱基础

对于荷载沿长度方向均匀分布的条形基础，则沿长度方向取单位长度条基作为计算单元，计算基底压力值 p_k（kPa），此时式（2-4）中 A 改为 b（m），而 F_k 及 G_k 则为计算单元内的每延米荷载值（kN/m）。

（2）偏心荷载作用下的基底压力计算

单向偏心荷载下的矩形基础如图 2-8 所示。设计时，通常将基底长边方向 l 取与偏心方向一致，两短边边缘最大压力值 p_{kmax} 与最小压力值 p_{kmin} 的计算公式为：

$$\frac{p_{kmax}}{p_{kmin}} = \frac{F_k + G_k}{bl} \pm \frac{M_k}{W} \tag{2-5}$$

式中：F_k、G_k、l、b 符号意义同式（2-4）；

M_k——相应于作用的标准组合时，作用于基础底面的力矩值，$kN \cdot m$；

W——基础底面的抵抗矩，m^3，对于矩形基础 $W = \dfrac{bl^2}{6}$，把偏心荷载的偏心矩 $e = \dfrac{M_k}{F_k + G_k}$

及 $W = \dfrac{bl^2}{6}$ 代入式（2-5），可得：

$$\frac{p_{kmax}}{p_{kmin}} = \frac{F_k + G_k}{bl}\left(1 \pm \frac{6e}{l}\right) \tag{2-6}$$

由上式可见，当 $e < l/6$ 时，基底压力分布图呈梯形；当 $e = l/6$ 时，则呈三角形；当 $e > l/6$ 时，距偏心荷载较远的基底边缘反力为负值，即 $p_{kmin} < 0$，如图 2-8(c) 中虚线所示。由于基底与地基之间不能承受拉力，此时基底与地基局部脱开，而使基底压力重新分布。因此，根据偏心荷载与基底反力相平衡的条件，偏心荷载合力（$F_k + G_k$）应通过三角形反力分布图的形心 [如图 2-8(c) 中实线分布图形]，由此可得基底边缘的最大压力 p_{kmax} 为：

$$p_{kmax} = \frac{2(F_k + G_k)}{3ba} \tag{2-7}$$

式中：a——单向偏心荷载合力作用点至基底最大压力边缘的距离，m。

2.1.3 地基附加应力计算

1. 基底附加压力计算

建筑物建造前，土中已存在自重应力。一般浅基础总是埋置在天然地面下一定深度处，该处原有的自重应力由于开挖基坑而卸除。因此，由建筑物建造后的基底压力中扣除基底标高处原有的土中自重应力后，即为基底标高处新增加到地基的基底附加压力。

基底附加压力值 p_0，按下式计算：

轴心荷载作用时：

$$p_0 = p_k - \sigma_c = p_k - \gamma_0 d \tag{2-8}$$

图 2-8 偏心荷载作用下的基底压力

图 2 - 9 基底附加压力

（a）挖槽卸载；（b）建造房屋后基底总压力；（c）基底新增加的压力

偏心荷载作用时：

$$\begin{array}{c} p_{0max} \\ p_{0min} \end{array} = \begin{array}{c} p_{kmax} \\ p_{kmin} \end{array} - \sigma_c \qquad (2-9)$$

式中：p_0——基底附加压力值，kPa；

σ_c——基底标高处土的自重应力，kPa，$\sigma_c = \gamma_0 d$；

γ_0——基础底面标高以上天然土层的加权平均重度，kN/m³，$\gamma_0 = (\gamma_1 h_1 + \gamma_2 h_2 + \cdots)/$
$(h_1 + h_2 + \cdots)$，其中地下水位下土的重度一般取有效重度；

d——基础埋深，m。从天然地面算起，对于新填土场地则应从老天然地面起算。

【例题 2 - 2】 某轴心受压基础底面尺寸 $l = b = 2$ m，基础顶面作用 $F_k = 450$ kN，基础平均埋深 $\bar{h} = 1.5$ m。已知场地地质剖面第一层为杂填土，厚 0.5 m，$\gamma_1 = 16.8$ kN/m³；以下为黏土，$\gamma_2 - 18.5$ kN/m³。试计算基底压力标准值和基底附加压力标准值。

【解】 基础自重及基础上回填土重：$G_k = \gamma_G A \bar{h} = 20 \times 2 \times 2 \times 1.5 = 120$（kN）

基地压力标准值：$p_k = \dfrac{F_k + G_k}{A} = \dfrac{450 + 120}{2 \times 2} = 142.5$（kPa）

基底标高处的自重应力值：$\sigma_c = \gamma_1 z_1 + \gamma_2 z_2 = 16.8 \times 0.5 + 18.5 \times 1.0 = 26.9$（kPa）

基底附加压力值：$p_0 = p_k - \sigma_c = 142.5 - 26.9 = 115.6$（kPa）

2. 竖向荷载作用下地基中的附加应力计算

地基附加应力是指由新增加建筑物荷载（p_0）在地基中产生的应力。一般天然土层在自重作用下的变形早已结束，因此，只有基底附加压力才能引起地基的附加应力和变形。

假设地基土是各向同性、均质、连续的半无限（半空间）弹性变形体，把基底附加压力作为作用在弹性半空间表面上的局部荷载，由此根据弹性力学求算地基中的附加应力。实际上，基底附加压力一般作用在地表下一定深度（指浅基础的埋深）处。因此，假设它作用在半空间表面上，而运用弹性力学解答所得的结果只是近似的。不过，对于一般浅基础来说，这种假设所造成的误差可以忽略不计。

（1）竖向集中力作用下的地基附加应力计算

法国学者布辛奈斯克（Boussinesq，1885）根据弹性力学理论推导了在弹性半空间表面上作用一个竖向集中力时（如图 2 - 10），半空间内任意点处所引起的六个应力分量和三个位移分量的解析解。这六个应力分量和三个位移分量的公式中，竖向正应力 σ_z 和竖向位移 w 对地基沉降计算的工程意义最大。

σ_z 的表达式为：

$$\sigma_z = \frac{3P}{2\pi} \cdot \frac{z^3}{R^5} \qquad (2-10)$$

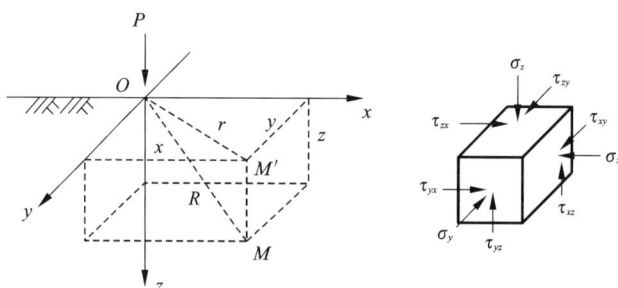

图 2 - 10　集中力作用下地基中 M 点的应力状态

由图 2 - 10 中的几何关系可知 $R = \sqrt{r^2 + z^2}$，将其代入式（2 - 10），可得：

$$\sigma_z = \frac{3P}{2\pi} \frac{z^3}{(r^2 + z^2)^{5/2}} = \frac{3}{2\pi} \frac{1}{[(r/z)^2 + 1]^{5/2}} \frac{P}{z^2} \qquad (2 - 11)$$

令 $\alpha = \frac{3}{2\pi} \cdot \frac{1}{[1 + (r/z)^2]^{5/2}}$，可得：

$$\sigma_z = \alpha \frac{P}{z^2} \qquad (2 - 12)$$

式中：α——集中力作用下竖向附加应力系数，见表 2 - 1。

表 2 - 1　集中荷载下竖向附加应力系数 α

r/z	α	r/z	α	r/z	α	r/z	α	r/z	α
0. 00	0. 4775	0. 40	0. 3294	0. 80	0. 1386	1. 20	0. 0513	1. 60	0. 0200
0. 01	0. 4773	0. 41	0. 3238	0. 81	0. 1353	1. 21	0. 0501	1. 61	0. 0195
0. 02	0. 4770	0. 42	0. 3183	0. 82	0. 1320	1. 22	0. 0489	1. 62	0. 0191
0. 03	0. 4764	0. 43	0. 3124	0. 83	0. 1288	1. 23	0. 0477	1. 63	0. 0187
0. 04	0. 4756	0. 44	0. 3068	0. 84	0. 1257	1. 24	0. 0466	1. 64	0. 0183
0. 05	0. 4745	0. 45	0. 3011	0. 85	0. 1226	1. 25	0. 0454	1. 65	0. 0179
0. 06	0. 4732	0. 46	0. 2955	0. 86	0. 1196	1. 26	0. 0443	1. 66	0. 0175
0. 07	0. 4717	0. 47	0. 2899	0. 87	0. 1166	1. 27	0. 0433	1. 67	0. 0171
0. 08	0. 4699	0. 48	0. 2843	0. 88	0. 1138	1. 28	0. 0422	1. 68	0. 0167
0. 09	0. 4679	0. 49	0. 2788	0. 89	0. 1110	1. 29	0. 0412	1. 69	0. 0163
0. 10	0. 4657	0. 50	0. 2733	0. 90	0. 1083	1. 30	0. 0402	1. 70	0. 0160
0. 11	0. 4633	0. 51	0. 2679	0. 91	0. 1057	1. 31	0. 0393	1. 72	0. 0153
0. 12	0. 4607	0. 52	0. 2625	0. 92	0. 1031	1. 32	0. 0384	1. 74	0. 0147
0. 13	0. 4579	0. 53	0. 2571	0. 93	0. 1005	1. 33	0. 0374	1. 76	0. 0141
0. 14	0. 4548	0. 54	0. 2518	0. 94	0. 0981	1. 34	0. 0365	1. 78	0. 0135
0. 15	0. 4516	0. 55	0. 2466	0. 95	0. 0956	1. 35	0. 0357	1. 80	0. 0129
0. 16	0. 4482	0. 56	0. 2414	0. 96	0. 0933	1. 36	0. 0348	1. 82	0. 0124
0. 17	0. 4446	0. 57	0. 2363	0. 97	0. 0910	1. 37	0. 0340	1. 84	0. 0119
0. 18	0. 4409	0. 58	0. 2313	0. 98	0. 0887	1. 38	0. 0332	1. 86	0. 0114

续表 2 – 1

r/z	α	r/z	α	r/z	α	r/z	α	r/z	α
0.19	0.4370	0.59	0.2263	0.99	0.0865	1.39	0.0324	1.88	0.0109
0.20	0.4329	0.60	0.2214	1.00	0.0844	1.40	0.0317	1.90	0.0105
0.21	0.4286	0.61	0.2165	1.01	0.0823	1.41	0.0309	1.92	0.0101
0.22	0.4242	0.62	0.2117	1.02	0.0803	1.42	0.0302	1.94	0.0097
0.23	0.4197	0.63	0.2070	1.03	0.0783	1.43	0.0295	1.96	0.0093
0.24	0.4151	0.64	0.2024	1.04	0.0764	1.44	0.0288	1.98	0.0089
0.25	0.4103	0.65	0.1998	1.05	0.0744	1.45	0.0282	2.00	0.0085
0.26	0.4054	0.66	0.1934	1.06	0.0727	1.46	0.0275	2.10	0.0070
0.27	0.4004	0.67	0.1889	1.07	0.0709	1.47	0.0269	2.20	0.0058
0.28	0.3954	0.68	0.1846	1.08	0.0691	1.48	0.0263	2.30	0.0048
0.29	0.3902	0.69	0.1804	1.09	0.0674	1.49	0.0257	2.40	0.0040
0.30	0.3849	0.70	0.1762	1.10	0.0658	1.50	0.0251	2.50	0.0034
0.31	0.3796	0.71	0.1721	1.11	0.0641	1.51	0.0245	2.60	0.0029
0.32	0.3742	0.72	0.1681	1.12	0.0626	1.52	0.0240	2.70	0.0024
0.33	0.3687	0.73	0.1641	1.13	0.0610	1.53	0.0234	2.80	0.0021
0.34	0.3632	0.74	0.1603	1.14	0.0595	1.54	0.0229	2.90	0.0017
0.35	0.3577	0.75	0.1565	1.15	0.0581	1.55	0.0224	3.00	0.0015
0.36	0.3521	0.76	0.1527	1.16	0.0567	1.56	0.0219	3.50	0.0007
0.37	0.3465	0.77	0.1491	1.17	0.0553	1.57	0.0214	4.00	0.0004
0.38	0.3408	0.78	0.1455	1.18	0.0359	1.58	0.0209	4.50	0.0002
0.39	0.3351	0.79	0.1420	1.19	0.0526	1.59	0.0204	5.00	0.0001

集中力 P 作用下地基中 σ_z 的分布规律如图 2 – 11 所示,具体描述如下:

图 2 – 11　地基附加应力 σ_z 的分布规律

1)在集中力 P 的作用线上,沿 P 作用线上附加应力 σ_z 的分布随深度增加而递减。

2)在 $r>0$ 的竖直线上,附加应力 σ_z 从零逐渐增大,至一定深度后又随着 z 的增加而逐渐变小。

3)在地基土深度 z 为常数的水平面上,竖直向集中力作用线上的附加应力 σ_z 最大,向两边则逐渐减小。

若在空间将 σ_z 相同的点连成曲面,就可以得到 σ_z 的等值线,其空间曲面的性状如同泡状,所以也称为应力泡。通过上述分析可知,集中荷载在地基中引起的附加应力是向下、向四周无限扩散的,并在扩散的过程中,附加应力逐渐减小。

当地基表面作用有几个集中力时,可以分别算出各集中力在地基中引起的附加应力,然后根据弹性体应力叠加原理,可求出地基附加应力的总和(如图 2-13)。由此可见,相邻荷载距离过近,相互之间附加应力扩散叠加,使地基附加应力增加并重新分布,从而引起相邻建筑产生附加沉降。

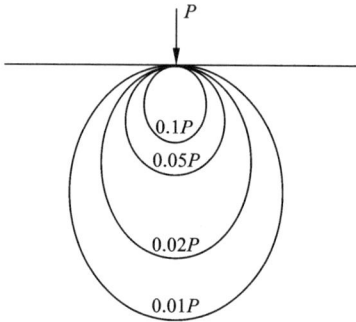

图 2-12　地基附加应力 σ_z 的等值线

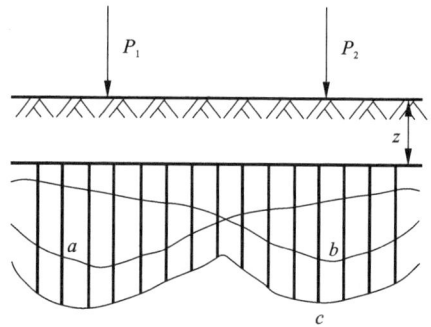

图 2-13　两个竖向集中力作用下
地基附加应力 σ_z 的叠加

【例题 2-3】　土体表面作用集中力 $P=200$ kN,计算地面深度 $z=3$ m 处水平面上的竖向法向应力 σ_z 分布,以及距 P 作用点 $r=1$ m 处竖直面上的竖向法向应力 σ_z 分布。

【解】　列表计算,见表 2-2 和表 2-3,分布规律如图 2-14。

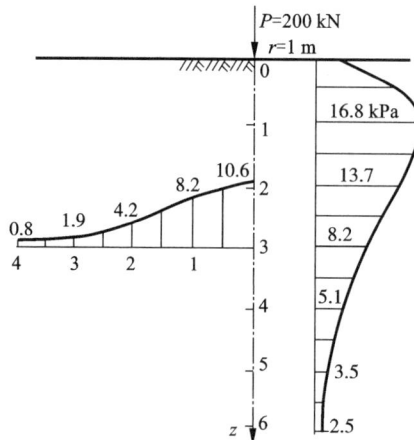

图 2-14　附加应力分布结果

表2-2 z=3 m处水平面上竖向附加应力计算

r/m	0	1	2	3	4	5
r/z	0	0.33	0.67	1	1.33	1.67
α	0.478	0.369	0.189	0.084	0.038	0.017
σ_z/kPa	10.6	8.2	4.2	1.9	0.8	0.4

表2-3 r=1 m处竖直面上竖向附加应力 σ_z 的计算

z/m	0	1	2	3	4	5	6
r/z	∞	1	0.5	0.33	0.25	0.20	0.17
α	0	0.084	0.273	0.369	0.410	0.433	0.444
α_z/kPa	0	16.8	13.7	8.2	5.1	3.5	2.5

(2)矩形均布竖向荷载作用下的地基附加应力计算

建筑物作用于地基上的荷载，总是分布在一定面积上的局部荷载，因此理论上的集中力实际是没有的。但是，根据弹性力学的叠加原理利用布辛奈斯克解答，可以通过积分或等代荷载法求得各种局部荷载下地基中的附加应力。

假定地基表面作用矩形均布竖向荷载，矩形荷载作用面积宽度为 b，长度为 l，荷载强度为 p_0。若要求地基内各点的附加应力 σ_z，通常的求解方法是：先以积分法求矩形荷载面角点下的地基附加应力，然后运用"角点法"求得矩形荷载下任意点的地基附加应力。

1)角点下的附加应力

角点下的附加应力是指图2-15中矩形荷载作用面四个角点下任意深度 z 处的附加应力。以矩形荷载面角点为坐标原点 O，在荷载面内点 (x,y) 处取面积微元 $dxdy$，并将其上的分布荷载以集中力 p_0dxdy 来代替，则在角点 O 下任意深度 z 的 M 点处由该集中力引起的竖向附加应力 $d\sigma_z$ 为：

$$d\sigma_z = \frac{3dp}{2\pi} \frac{z^3}{(r^2+z^2)^{5/2}} = \frac{3p_0}{2\pi} \frac{z^3}{(x^2+y^2+z^2)^{5/2}}dxdy$$

(2-13)

将它对整个矩形荷载面进行积分，可求出矩形均布竖向荷载在点 M 处的附加应力为：

$$\sigma_z = \int_0^l \int_0^b \frac{3p_0}{2\pi} \frac{z^3}{(x^2+y^2+z^2)^{5/2}}dxdy$$

$$= \left[\arctan \frac{m}{n\sqrt{m^2+n^2+1}} + \frac{mn}{\sqrt{m^2+n^2+1}} \left(\frac{1}{m^2+n^2} + \frac{1}{n^2+1} \right) \right] \cdot \frac{p_0}{2\pi}$$

(2-14)

图2-15 矩形均布荷载角点下的地基附加应力

61

式中：$m=\dfrac{l}{b}$，$n=\dfrac{z}{b}$，b 为矩形荷载作用面的短边宽度。

令 $\alpha_c = \arctan\dfrac{m}{n\sqrt{m^2+n^2+1}} + \dfrac{mn}{\sqrt{m^2+n^2+1}}\left(\dfrac{1}{m^2+n^2}+\dfrac{1}{n^2+1}\right)$

可得：

$$\sigma_z = \alpha_c p_0 \qquad\qquad (2-15)$$

α_c 为矩形均布荷载角点下的竖向附加应力系数，简称角点应力系数，可按 m 及 n 值由公式计算或表 2-4 查取。

表 2-4　矩形面积受竖直均布荷载作用时角点下的应力系数 α_c

$n=z/b$	$m=l/b$										
	1.0	1.2	1.4	1.6	1.8	2.0	3.0	4.0	5.0	6.0	10.0
0.0	0.2500	0.2500	0.2500	0.2500	0.2500	0.2500	0.2500	0.2500	0.2500	0.2500	0.2500
0.2	0.2486	0.2489	0.2490	0.2491	0.2491	0.2491	0.2492	0.2492	0.2492	0.2492	0.2492
0.4	0.2401	0.2420	0.2429	0.2434	0.2437	0.2439	0.2442	0.2443	0.2443	0.2443	0.2443
0.6	0.2229	0.2275	0.2300	0.2351	0.2324	0.2329	0.2339	0.2341	0.2342	0.2342	0.2342
0.8	0.1999	0.2075	0.2120	0.2147	0.2165	0.2176	0.2196	0.2200	0.2202	0.2202	0.2202
1.0	0.1752	0.1851	0.1911	0.1955	0.1981	0.1999	0.2034	0.2042	0.2044	0.2045	0.2046
1.2	0.1516	0.1626	0.1705	0.1758	0.1793	0.1818	0.1870	0.1882	0.1885	0.1887	0.1888
1.4	0.1308	0.1423	0.1508	0.1569	0.1613	0.1644	0.1712	0.1730	0.1735	0.1738	0.1740
1.6	0.1123	0.1241	0.1329	0.1436	0.1445	0.1482	0.1567	0.1590	0.1598	0.1601	0.1604
1.8	0.0969	0.1083	0.1172	0.1241	0.1294	0.1334	0.1434	0.1463	0.1474	0.1478	0.1482
2.0	0.0840	0.0947	0.1034	0.1103	0.1158	0.1202	0.1314	0.1350	0.1363	0.1368	0.1374
2.2	0.0732	0.0832	0.0917	0.0984	0.1039	0.1084	0.1205	0.1248	0.1264	0.1271	0.1277
2.4	0.0642	0.0734	0.0812	0.0879	0.0934	0.0979	0.1108	0.1156	0.1175	0.1184	0.1192
2.6	0.0566	0.0651	0.0725	0.0788	0.0842	0.0887	0.1020	0.1073	0.1095	0.1106	0.1116
2.8	0.0502	0.0580	0.0649	0.0709	0.0761	0.0805	0.0942	0.0999	0.1024	0.1036	0.1048
3.0	0.0447	0.0519	0.0583	0.0640	0.0690	0.0732	0.0870	0.0931	0.0959	0.0973	0.0987
3.2	0.0401	0.0467	0.0526	0.0580	0.0627	0.0668	0.0806	0.0870	0.0900	0.0916	0.0933
3.4	0.0361	0.0421	0.0477	0.0527	0.0571	0.0611	0.0747	0.0814	0.0847	0.0864	0.0882
3.6	0.0326	0.0382	0.0433	0.0480	0.0523	0.0561	0.0694	0.0763	0.0799	0.0816	0.0837
3.8	0.0296	0.0348	0.0395	0.0439	0.0479	0.0516	0.0645	0.0717	0.0753	0.0773	0.0796
4.0	0.0270	0.0318	0.0362	0.0403	0.0441	0.0474	0.0603	0.0674	0.0712	0.0733	0.0758
4.2	0.0247	0.0291	0.0333	0.0371	0.0407	0.0439	0.0563	0.0634	0.0674	0.0696	0.0724
4.4	0.0227	0.0268	0.0306	0.0343	0.0376	0.0407	0.0527	0.0597	0.0639	0.0662	0.0696
4.6	0.0209	0.0247	0.0283	0.0317	0.0348	0.0378	0.0493	0.0564	0.0606	0.0630	0.0663
4.8	0.0193	0.0229	0.0262	0.0294	0.0324	0.0352	0.0463	0.0533	0.0576	0.0601	0.0635
5.0	0.0179	0.0212	0.0243	0.0274	0.0302	0.0328	0.0435	0.0504	0.0547	0.0573	0.0610
6.0	0.0127	0.0151	0.0174	0.0196	0.0218	0.0233	0.0325	0.0388	0.0431	0.0460	0.0506
7.0	0.0094	0.0112	0.0130	0.0147	0.0164	0.0180	0.0251	0.0306	0.0346	0.0376	0.0428
8.0	0.0073	0.0087	0.0101	0.0114	0.0127	0.0140	0.0198	0.0246	0.0283	0.0311	0.0367
9.0	0.0058	0.0069	0.0080	0.0091	0.0102	0.0112	0.0161	0.0202	0.0235	0.0262	0.0319
10.0	0.0047	0.0056	0.0065	0.0074	0.0083	0.0092	0.0132	0.0167	0.0198	0.0222	0.0280

2）矩形均布荷载面下任意点地基土的附加应力

矩形均布竖向荷载作用下地基内任意点的附加应力，可利用式（2－15）和叠加原理求得，此方法称为"角点法"。角点法的应用可以分下列四种情况（如图2－16）：①计算点 O 在荷载面边缘［图2－16（a）］；②计算点 O 在荷载面内［图2－16（b）］；③计算点 O 在荷载面边缘外侧［图2－16（c）］；④计算点 O 在荷载面角点外侧［图2－16（d）］。

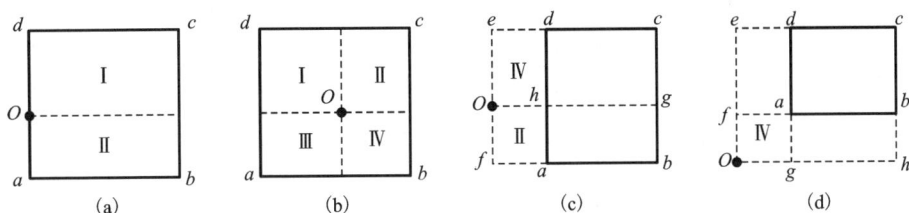

图2－16 角点法应用分类图示

(a)情况①；(b)情况②；(c)情况③；(d)情况④

四种情况的地基附加应力计算式分别如下：

①计算点 O 在荷载面边缘

$$\sigma_z = (\alpha_{cI} + \alpha_{cII})p_0 \qquad (2-16)$$

式中：α_{cI} 和 α_{cII} 分别表示相应于面积 I 和 II 的角点应力系数。

②计算点 O 在荷载面内

$$\sigma_z = (\alpha_{cI} + \alpha_{cII} + \alpha_{cIII} + \alpha_{cIV})p_0 \qquad (2-17)$$

式中：α_{cI}、α_{cII}、α_{cIII} 和 α_{cIV} 分别表示相应于面积 I、II、III 和 IV 的角点应力系数。

③计算点 O 在荷载面边缘外侧

此时荷载面 $abcd$ 可看成是由 I（$ofbg$）与 II（$ofah$）之差及 IV（$oecg$）与 III（$oedh$）之差合成的，所以：

$$\sigma_z = (\alpha_{cI} - \alpha_{cII} - \alpha_{cIII} + \alpha_{cIV})p_0 \qquad (2-18)$$

④计算点 O 在荷载面角点外侧

把荷载面看成由 I（$ohce$）、IV（$ogaf$）两个面积中扣除 II（$ohbf$）和 III（$ogde$）而成的，所以：

$$\sigma_z = (\alpha_{cI} - \alpha_{cII} - \alpha_{cIII} + \alpha_{cIV})p_0 \qquad (2-19)$$

在应用上述求解矩形均布荷载面下任意点地基土的附加应力时，应注意：所求点位于矩形公共角点下，原受荷面积不能变；查表求角点应力系数时，长边总是 l，短边总是 b。

3）竖向条形均布荷载面下任意点地基土的附加应力

条形均布荷载下土中应力计算属于平面应变问题，对路堤、堤坝以及长宽比 l/b ≥10 的条形基础均可视作平面应变问题进行处理。如图2－17所示，当宽度为 B 的条形基础上作用均布荷载 p 时，取基础横断面的基

图2－17 条形均布荷载作用下地基土中某点的附加应力

底宽度 B 的中点作为坐标原点，地基土中任一点 $M(x, z)$ 的竖向附加应力 σ_z 可按下式求解：

$$\sigma_z = \alpha_{sz} p_0 \tag{2-20}$$

式中：α_{sz}——条形均布荷载作用下竖向附加应力分布系数，可由表 2-5 查取。

表 2-5　条形均布荷载作用下竖向附加应力分布系数

z/B	x/B				
	0.00	0.25	0.50	1.00	2.00
0.00	1.00	1.00	0.50	0.00	0.00
0.25	0.96	0.90	0.50	0.02	0.00
0.50	0.82	0.74	0.48	0.08	0.00
0.75	0.67	0.61	0.45	0.15	0.02
1.00	0.55	0.51	0.41	0.19	0.03
1.50	0.40	0.38	0.33	0.21	0.06
2.00	0.31	0.31	0.28	0.20	0.08
3.00	0.21	0.21	0.20	0.17	0.10
4.00	0.16	0.16	0.15	0.14	0.10
5.00	0.13	0.13	0.12	0.12	0.09

【例题 2-4】　如图 2-18 所示，某工程独立柱基础基底均布附加压力 $p_0 = 100 \text{ kN/m}^2$，基底面积为 $2 \text{ m} \times 1 \text{ m}$。求基底角点 A、边点 E、中心点 O 以及基底外 F 点和 G 点等各点下 $z = 1 \text{ m}$ 深度处的附加应力。并利用计算结果说明附加应力的扩散规律。

图 2-18　例题 2-4 附图

【解】　(1) A 点下 1 m 深度的附加应力

A 点是矩形 $ABCD$ 的角点，且 $m = L/B = 2/1 = 2$；$n = z/B = 1$，查表 2-4 得 $\alpha_{cA} = 0.1999$，故 A 点下 1 m 深度的地基附加应力为：$\sigma_{zA} = \alpha_{cA} \cdot p_0 = 0.1999 \times 100 = 19.99 (\text{kPa})$。

(2) E 点下 1 m 深度的附加应力

通过 E 点将矩形荷载面积划分为两个相等的矩形 $EADI$ 和 $EBCI$。求 $EADI$ 的角点应力系数 α_{cA}。$m = \dfrac{L}{B} = \dfrac{1}{1} = 1$；$n = \dfrac{Z}{B} = \dfrac{1}{1} = 1$，查表 2-4 得 $\alpha_{cE} = 0.1752$，故 E 点下 1 m 深度的地基

附加应力为：$\sigma_{zE} = 2\alpha_{cE} \cdot p_0 = 2 \times 0.1752 \times 100 = 35.04(\text{kPa})$。

（3）O 点下 1 m 深度的附加应力

通过 O 点将原矩形面积分为 4 个相等的矩形 $OEAJ$，$OJDI$，$OICK$ 和 $OKBE$。求 $OEAJ$ 角点的附加应力系数 α_{cO}：$m = \dfrac{L}{B} = \dfrac{1}{0.5} = 2$；$n = \dfrac{Z}{B} = \dfrac{1}{0.5} = 2$，查表 2 – 4 得 $\alpha_{cO} = 0.1202$，故 O 点下 1 m 深度的地基附加应力为：$\sigma_{zO} = 4\alpha_{cE} \cdot p_0 = 4 \times 0.1202 \times 100 = 48.08(\text{kPa})$。

（4）F 点下 1 m 深度的附加应力

过 F 点作矩形 $FGAJ$，$FJDH$，$FGBK$ 和 $FKCH$。假设 α_{cI} 为矩形 $FGAJ$ 和 $FJDH$ 的角点应力系数，α_{cII} 为矩形 $FGBK$ 和 $FKCH$ 的角点应力系数。

求 α_{cI}：$m = \dfrac{L}{B} = \dfrac{2.5}{0.5} = 5$；$n = \dfrac{Z}{B} = \dfrac{1}{0.5} = 2$，查表 2 – 4 得 $\alpha_{cI} = 0.1363$；

求 α_{cII}：$m = \dfrac{L}{B} = \dfrac{0.5}{0.5} = 1$；$n = \dfrac{Z}{B} = \dfrac{1}{0.5} = 2$，查表 2 – 4 得 $\alpha_{cII} = 0.0840$；

故 F 点下 1 m 深度的地基附加应力为：

$\sigma_{zF} = 2(\alpha_{cI} - \alpha_{cII})p_0 = 2 \times (0.1363 - 0.0840) \times 100 = 10.46(\text{kPa})$。

（5）G 点下 1 m 深度的附加应力

通过 G 点作矩形 $GADH$ 和 $GBCH$，分别求出它们的角点应力系数 α_{cI} 和 α_{cII}。

求 α_{cI}：$m = \dfrac{L}{B} = \dfrac{2.5}{1} = 2.5$；$n = \dfrac{Z}{B} = \dfrac{1}{1} = 1$，查表 2 – 4 得 $\alpha_{cI} = 0.2016$；

求 α_{cII}：$m = \dfrac{L}{B} = \dfrac{1}{0.5} = 2$；$n = \dfrac{Z}{B} = \dfrac{1}{0.5} = 2$，查表 2 – 4 得 $\alpha_{cII} = 0.1202$；

故 G 点下 1 m 深度的地基附加应力为：

$\sigma_{zF} = (\alpha_{cI} - \alpha_{cII})p_0 = (0.2016 - 0.1202) \times 100 = 8.14(\text{kPa})$。

将计算结果绘成图 2 – 19(a)，可以看出，在矩形面积受均布荷载作用时，不仅在受荷面积垂直下方的范围内产生附加应力，而且在荷载面积以外的地基土中（F、G 点下方）也会产生附加应力。另外，在地基中同一深度处（例如 $z = 1$ m），离受荷面积中线愈远的点，其附加应力值愈小，矩形面积中点处附加应力最大。将中点 O 下和 F 点下不同深度的附加应力求出并绘成曲线，如图 2 – 19(b)所示，可看出地基中附加应力的扩散规律。

图 2 – 19　例题 2 – 4 中的地基附加应力扩散规律

2.2 地基沉降计算与建筑物沉降观测

2.2.1 地基土的压缩与固结

1. 土体压缩与固结的本质

土在压力作用下体积缩小的特性称为土的压缩性。试验研究表明，在一般压力（100～600 kPa）作用下，土粒和水的压缩与土的总压缩量之比是很微小的，可以忽略不计。因此，土的压缩变形主要是由于土体孔隙中水和气体被挤出，土粒相互移动靠拢，致使土的孔隙体积减小而引起的。对于饱和土来说，孔隙中充满着水，土的压缩主要是由于孔隙中的水被挤出引起孔隙体积减小，压缩过程与排水过程一致，含水量逐渐减小。

孔隙水排出，土的压缩随时间而增长的过程，称为土的固结。在荷载作用下，透水性大的饱和无黏性土，其压缩过程在短时间内就可以结束。相反地，黏性土的透水性低，饱和黏性土中的水分只能慢慢排出，因此，其压缩稳定所需的时间要比砂土长得多。随着固结时间的增长，土的物理力学性质会不断地改善。

2. 土的室内压缩试验及压缩指标

（1）室内压缩试验

土的室内压缩试验是取原状土样放入单向固结仪或压缩仪（如图 2-20 所示）内进行试验。由于土样受到环刀和护环等刚性护壁的约束，在压缩过程中只能发生垂向压缩，不能发生侧向膨胀，所以又称为侧限压缩试验。

室内压缩试验时，用金属环刀切取保持天然结构的原状土样，并置于圆筒形压缩容器的刚性护环内，土样上下各垫有一块透水石，土样受压后土中水可以自由排出。土样在天然状态下或

图 2-20 土的压缩仪构造示意

经人工饱和后，进行逐级加压固结，以便测定各级压力 P 作用下土样压缩稳定后的孔隙比变化。由于地基沉降主要与土竖直方向的压缩性有关，且土是各向异性的，所以切土方向应与土天然状态时的竖直方向一致。

试验时，逐级对土样施加分布压力，常规加荷等级 p 分为 50 kPa、100 kPa、200 kPa、300 kPa、400 kPa 等五级加载。每一级荷载要求恒压 24 h 或当在 1 h 内的压缩量不超过 0.005 mm 时，认为变形已经稳定，并测定稳定时的总压缩量 ΔH（可用孔隙比的变化表示），这称为慢速压缩试验法。

（2）压缩曲线

压缩曲线是室内土的压缩试验成果，它是土的孔隙比与所受压力的关系曲线。设土样的初始高度为 H_0，受压后土样高度为 H_1，则 $H_1 = H_0 - \Delta H$，ΔH 为外压力 p 作用下土样压缩稳定后的变形量（如图 2-21）。假设土粒体积 $V_s = 1$（不变），土

图 2-21 土样侧限压缩孔隙体积变化示意图

样孔隙体积 V_v 在受压前相应于初始孔隙比 e_0，在受压后相应于孔隙比 e。

为求土样压缩稳定后的孔隙比 e，利用受压前后土粒体积不变和土样横截面积不变的两个条件，得出：

$$\frac{H_0}{1+e_0} = \frac{H}{1+e} = \frac{H_0 - \Delta H}{1+e} \qquad (2-21)$$

因此：

$$e = e_0 - \frac{\Delta H}{H_0}(1+e_0) \qquad (2-22)$$

式中：$e_0 = \dfrac{d_s(1+w_0)\gamma_w}{\gamma_0} - 1$，其中 d_s、w_0、γ_0 分别为土粒比重、土样的初始含水量和初始重度。

只要测定土样在各级压力 p 作用下的稳定压缩量 ΔH 后，就可按式（2-22）算出相应的孔隙比 e，从而绘制 $e-p$ 关系曲线，此曲线称为土的压缩曲线（如图 2-22）。

图 2-22 土样的压缩曲线

（3）压缩系数

压缩性不同的土，其压缩曲线的形状是不一样的。曲线愈陡，说明随着压力的增加，土孔隙比的减小愈显著，因而土的压缩性愈高。如图 2-22 所示，设压力由 p_1 增至 p_2，相应的孔隙比由 e_1 减小到 e_2，则与应力增量 $\Delta p = p_2 - p_1$ 对应的孔隙比变化为 $\Delta e = e_1 - e_2$。因此，单位压力增量引起的孔隙比的变化可以用图中割线 M_1M_2 的斜率 a 表示，称 a 为土的压缩系数，即：

$$a = -\frac{\Delta e}{\Delta p} = \frac{e_1 - e_2}{p_2 - p_1} \qquad (2-23)$$

从图 2-22 可以看出，同一种土的压缩系数并不是常数，而是随所取压力变化范围的不同而改变的。为了便于应用和比较，工程实践中通常采用压力间隔由 $p_1 = 100$ kPa 增加到 $p_2 = 200$ kPa 时，所得的压缩系数 a_{1-2} 来评定土的压缩性。按压缩系数 a_{1-2} 的大小将地基土的压缩性分为以下三类：

当 $a_{1-2} < 0.1$ MPa^{-1} 时，属低压缩性土；

当 $0.1 \leqslant a_{1-2} < 0.5$ MPa^{-1} 时，属中压缩性土；

当 $a_{1-2} \geqslant 0.5$ MPa^{-1} 时，属高压缩性土。

（4）压缩模量

根据土的压缩曲线，可以求算另一个压缩性指标——压缩模量 E_s。压缩模量 E_s 是指土在完全侧限条件下竖向应力增量 Δp 与相应的应变增量 $\Delta \varepsilon$ 的比值，即：

$$E_s = \frac{\Delta p}{\Delta \varepsilon} = \frac{\Delta p}{\Delta H / H_0} \qquad (2-24)$$

联立式（2-21），可得：

$$E_s = \frac{1+e_1}{a} \qquad (2-25)$$

式中：e_1——相应于压力 p_1 时的孔隙比；

$\quad\quad a$——相应于压力 p_1 增至 p_2 时的压缩系数。工程实践中，p_1 相当于地基土的自重应力，p_2 相当于土的自重应力与建筑物荷载在地基中产生的应力之和。

可见，压缩模量也不是常数，而是随着压力大小而变化。土的压缩模量 E_s 与土的压缩系数 a 成反比。

3. 土的变形模量

土的变形模量是指土在无侧限压缩条件下，压应力与相应的压缩应变的比值，它是通过现场载荷试验求得的压缩性指标，能较真实地反映天然土层的变形特性。

现场载荷试验是在工程现场通过千斤顶逐级对置于地基土上的载荷板施加荷载，观测记录地基土沉降随时间的发展以及稳定时的沉降量 s（如图 2 - 23）。根据承压载荷板的形式和设置深度不同，可以将试验分成三种：

图 2 - 23 堆重平台反力法载荷试验装置示意
1—承压板；2—千斤顶；3—百分表；
4—平台；5—枕木；6—堆重

浅层平板载荷试验，适用于浅层地基土；深层平板载荷试验，适用于埋深大于 3 m 和地下水位以上的地基土；螺旋板载荷试验，适用于深层地基或地下水位以下的地基土。试验装置一般包括三部分：加荷装置、提供反力装置和沉降量测置装置。根据提供反力装置不同分类，载荷试验主要有地锚反力架法及堆重平台反力法两类。试验方法可参见模块六第 6.2.3 小节。

将现场载荷试验的各级荷载 p 与相应的稳定沉降量 s 绘制成 p - s 曲线，如图 2 - 24 所示。设地基土压密阶段为弹性变形体，由 p - s 曲线，可求地基的变形模量 E_0：

$$E_0 = w(1 - \mu^2)\frac{p_0 b}{s_1} \times 10^{-3} \qquad (2 - 26)$$

式中：s_1——相应于比例界限 p_0 对应的承压板下沉量，mm；

$\quad\quad b$——承压板的宽度或直径，mm；

$\quad\quad \mu$——土的泊松比，砂土可取 $0.2 \sim 0.25$，黏性土可取 $0.25 \sim 0.45$；

$\quad\quad w$——与承压板有关的系数，对刚性载荷板取 $w = 0.88$（方形板），$w = 0.79$（圆形板）。

$\quad\quad p_0$——p - s 曲线的比例界限。

比例界限 p_0 的确定方法有以下几种：

（1）当 p - s 曲线上有较明显的直线段和拐点时，直接取直线段的终点为比例界限压力 p_0，并取该比例界限压力所对应的荷载作为地基土的承载力特征值。

（2）当 p - s 曲线上无明显直线段时，可用下述方法确定：

1）在某一荷载下，其沉降量超过前一级荷载下沉降量的 2 倍，即 $\Delta s_n > 2\Delta s_{n-1}$ 时所对应的压力即为比例界限；

2）绘制 $\lg p$ - $\lg s$ 曲线，曲线上的转折点所对应的压力即为比例界限；

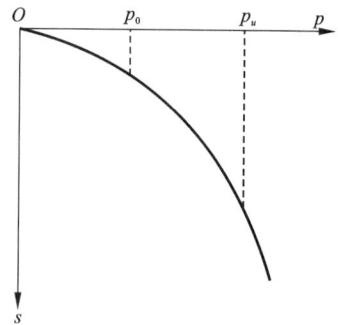

图 2 - 24 现场载荷试验 p - s 曲线

3)绘制 $p - \Delta s / \Delta p$ 曲线,曲线上的转折点所对应的压力即为比例界限。

地基土的压缩模量与变形模量之间存在如下的换算关系:

$$E_0 = \beta E_s = E_s \left(1 - \frac{2\mu^2}{1-\mu} \right) \tag{2-27}$$

上式给出了变形模量与压缩模量之间的理论关系,由于 $0 \leqslant \mu \leqslant 0.5$,所以 $0 \leqslant \beta \leqslant 1$。

【**例题 2 – 5**】　某工程地基钻孔取样,进行室内压缩试验,试样高为 $h_0 = 20$ mm。在 $p_1 = 100$ kPa 作用下测得压缩量 $s_1 = 1.1$ mm,在 $p_2 = 200$ kPa 作用下的压缩量为 $s_2 = 0.64$ mm。土样初始孔隙比为 $e_0 = 1.4$。试计算压力 $p = 100 \sim 200$ kPa 范围内土的压缩系数、压缩模量,并评价土的压缩性。

【**解**】　(1)$p_1 = 100$ kPa 作用下的孔隙比

$$e_1 = e_0 - \frac{s_1}{h_0}(1 + e_0) = 1.4 - \frac{1.1}{20}(1 + 1.4) = 1.27$$

(2)$p_2 = 200$ kPa 作用下的孔隙比

$$e_2 = e_0 - \frac{s_1 + s_2}{h_0}(1 + e_0) = 1.4 - \frac{1.1 + 0.64}{20}(1 + 1.4) = 1.19$$

(3)压缩系数、压缩模量,并评价土的压缩性

压缩系数:$a_{1-2} = \dfrac{e_1 - e_2}{p_2 - p_1} = \dfrac{1.27 - 1.19}{200 - 100} = 0.8 (\text{MPa}^{-1})$

压缩模量:$E_{s_1 - s_2} = \dfrac{1 + e_1}{a_{1-2}} = \dfrac{1 + 1.27}{0.8} = 2.84 (\text{MPa})$

评价土的压缩性:$a_{1-2} = 0.8 (\text{MPa}^{-1}) > 0.5 (\text{MPa}^{-1})$,属于高压缩性土。

2.2.2　地基最终沉降量计算

地基变形在其表面形成的垂直变形量称为建筑物的沉降量。在外荷载作用下地基土层被压缩达到稳定时基础底面的沉降量称为地基最终沉降量。计算地基最终沉降量的方法有多种,目前一般采用分层总和法和《建筑地基基础设计规范》(GB 50007—2011)推荐的方法。

1. 分层总和法

分层总和法是指将地基沉降计算深度内的土层按土质和应力变化情况划分为若干分层,分别计算各分层的压缩量,然后求其总和得出地基最终沉降量。

(1)基本假定

1)一般取基底中心点下地基附加应力来计算各分层土的竖向压缩量;

2)地基是均质、各向同性的半无限线性变形体,可按弹性理论计算土中附加应力;

3)在压力作用下,地基土不产生侧向变形,可采用侧限条件下的压缩性指标;

4)只计算固结沉降,不计瞬时沉降和次固结沉降。

(2)计算步骤

1)地基土分层

成层土的层面(不同土层的压缩性及重度不同)及地下水面(水面上、下土的有效重度不同)是通常的分层界面,分层厚度一般不宜大于 $0.4b$(b 为基底宽度)。

2)计算各分层界面处土自重应力

土自重应力应从天然地面起算。

3)计算各分层界面处基底中心下竖向附加应力

4)确定地基沉降计算深度(或压缩层厚度)

一般取地基附加应力等于自重应力的20%(即$\sigma_z = 0.2\sigma_{cz}$)深度处作为沉降计算深度的限值;若在该深度以下为高压缩性土,则应取地基附加应力等于自重应力的10%(即$\sigma_z = 0.1\sigma_{cz}$)深度处作为沉降计算深度的限值。

5)计算各分层土的压缩量

$$\Delta s_i = \varepsilon_i H_i = \frac{\Delta e_i}{1 + e_{1i}} H_i = \frac{e_{1i} - e_{2i}}{1 + e_{1i}} H_i \qquad (2-28)$$

或联立公式(2-23),可得:

$$\Delta s_i = \frac{a_i(p_{2i} - p_{1i})}{1 + e_{1i}} H_i \qquad (2-29)$$

式中:H_i——第i分层土的厚度;

e_{1i}——第i层土在建筑物建造前,土的压缩曲线上第i分层土顶面、底面自重应力平均值p_{1i}对应的孔隙比,其中p_{1i}可按下式计算:

$$p_{1i} = \frac{\sigma_{c(i-1)} + \sigma_{ci}}{2} \qquad (2-30)$$

e_{2i}——第i层土在建筑物建造后,土的压缩曲线上第i分层土自重应力平均值p_{1i}与第i分层土附加应力平均值Δp_i之和p_{2i}对应的孔隙比,其中Δp_i和p_{2i}分别按计算如下:

$$\Delta p_i = \frac{\sigma_{z(i-1)} + \sigma_{zi}}{2} \qquad (2-31)$$

$$p_{2i} = p_{1i} + \Delta p_i \qquad (2-32)$$

6)叠加计算基础的平均沉降量

$$s = \sum_{i=1}^{n} \Delta s_i \qquad (2-33)$$

式中:n为沉降计算深度范围内的分层数。

图2-25 分层总和法计算地基最终沉降量

【例题 2-6】 墙下条形基础宽度为 2.0 m，传至地面的荷载为 100 kN/m，基础埋置深度为 1.2 m，地下水位在基底以下 0.6 m，如图 2-26 所示，地基土的室内压缩试验 $e-p$ 数据如表 2-6 所示。用分层总和法求基础中点的沉降量。

表 2-6 地基土的室内压缩试验 $e-p$ 数据

竖向压力 p/kPa		0	50	100	200	300
孔隙比 e	黏土①	0.651	0.625	0.608	0.587	0.570
	粉质黏土②	0.978	0.889	0.855	0.809	0.773

图 2-26 例题 2-6 的示意图

(a)$e-P$ 曲线图；(b)地基与基础剖面图

【解】 (1)地基分层

考虑分层厚度不超过 $0.4b = 0.8$ m 以及地下水位，基底以下厚 1.2 m 的黏土层分成两层，层厚均为 0.6 m，其下粉质黏土层分层厚度均取为 0.8 m。

(2)计算自重应力

计算分层处的自重应力，地下水位以下取有效重度进行计算。

计算各分层上下界面处自重应力的平均值，作为该分层受压前所受侧限竖向应力 p_{1i}，各分层点的自重应力值及各分层的平均自重应力值，结果见图 2-26 及表 2-7。

(3)计算竖向附加应力

基底平均附加应力为：

$$p_0 = \frac{100 + 20 \times 1.0 \times 1.2 \times 2.0}{2.0 \times 1.0} - 1.2 \times 17.6 = 52.9(\text{kPa})$$

查条形基础竖向应力系数表 2-5，可得应力系数 K_{sz} 及计算各分层点的竖向附加应力，并计算各分层上、下界面处附加应力的平均值 Δp_i，结果见图 2-26 及表 2-7。

(4)将各分层自重应力平均值和附加应力平均值之和作为该分层受压后的总应力 p_{2i}。

(5)确定压缩层计算深度

一般可按 $\sigma_z/\sigma_c = 0.2$ 来确定压缩层深度，在 $z = 4.4$ m 处，$\sigma_z/\sigma_c = 14.8/62.5 = 0.237 >$

0.2，在 $z = 5.2$ m 处，$\sigma_z/\sigma_c = 12.7/69.0 = 0.184 < 0.2$，所以压缩层深度可取为基底以下5.2 m。

（6）计算各分层的压缩量

以第③层计算为例：

$$\Delta s_3 = \frac{e_{1i} - e_{2i}}{1 + e_{1i}} H_i = \frac{0.901 - 0.872}{1 + 0.901} \times 800 = 11.8（mm）$$

其余各分层的压缩量列于表2-7中。

（7）计算基础平均最终沉降量

$$s = \sum_{i=1}^{7} s_i = 7.7 + 6.6 + 11.8 + 9.3 + 5.5 + 4.7 + 3.8$$
$$= 49.4（mm）$$

表2-7　分层总和法计算地基最终沉降

分层点	深度 z_i /m	自重应力 σ_c /kPa	附加应力 σ_z /kPa	层号	层厚 H_i /m	自重应力平均值（即 P_{1i}）/kPa	附加应力平均值（即 ΔP_i）/kPa	总应力平均值（即 P_{2i}）/kPa	受压前孔隙比 e_{1i}（对应 P_{1i}）	受压后孔隙比 e_{2i}（对应 P_{2i}）	分层压缩量 Δs_i /mm
0	0	21.1	52.9	—	—	—	—	—	—	—	—
1	0.6	31.7	49.5	①	0.6	26.4	51.2	77.6	0.637	0.616	7.7
2	1.2	36.4	40.0	②	0.6	34.1	44.8	78.9	0.633	0.615	6.6
3	2.0	42.9	29.0	③	0.8	39.7	34.5	74.2	0.901	0.873	11.8
4	2.8	49.5	22.2	④	0.8	46.2	25.6	71.8	0.896	0.874	9.3
5	3.6	56.0	17.8	⑤	0.8	52.8	20.0	72.8	0.887	0.874	5.5
6	4.4	62.6	14.8	⑥	0.8	59.3	16.3	75.6	0.883	0.872	4.7
7	5.2	68.8	12.7	⑦	0.8	65.7	13.8	79.4	0.878	0.869	3.8

2. 规范法

规范法，又称为应力面积法，是《建筑地基基础设计规范》（GB 50007—2011）中推荐使用的一种计算地基最终沉降量的方法。

同分层总和法相比，应力面积法主要有以下三个特点：应力面积法可以减少划分的层数，一般可以按地基土的天然层面划分，使得计算工作得以简化；地基沉降计算深度 z_n 的确定方法较分层总和法更合理；沉降计算经验系数 ψ_s 综合反映了许多因素的影响，使计算值更接近于实际。

（1）计算公式

计算地基变形时，地基内的应力分布，可采用各向同性均质线性变形体理论。其最终变形量可按下式进行计算：

$$s = \psi_s s' = \psi_s \sum_{i=1}^{n} \frac{p_0}{E_{si}}(z_i \overline{\alpha}_i - z_{i-1} \overline{\alpha}_{i-1}) \tag{2-34}$$

式中：s——地基最终变形量，mm；

s'——理论计算的地基变形量，mm；

ψ_s——沉降计算经验系数，根据地区沉降观测资料及经验确定，无地区经验时可根据变形计算深度范围内压缩模量的当量值($\bar{E}_s$)、基底附加压力按表2-8取值；

n——地基变形计算深度范围内所划分的土层数(图2-27)；

p_0——相应于作用的准永久组合时基础底面处的附加压力，kPa；

E_{si}——基础底面下第 i 层土的压缩模量，MPa，应取土的自重压力至土的自重压力与附加压力之和的压力段计算；

z_i、z_{i-1}——基础底面至第 i 层土、第 $i-1$ 层土底面的距离，m；

$\bar{\alpha}_i$、$\bar{\alpha}_{i-1}$——基础底面计算点至第 i 层土、第 $i-1$ 层土底面范围内平均附加应力系数，可按表2-9采用。

表2-8 沉降计算经验系数 ψ_s

$\bar{E}_s$/MPa 基底附加压力	2.5	4.0	7.0	15.0	20.0
$p_0 \geqslant f_{ak}$	1.4	1.3	1.0	0.4	0.2
$p_0 \leqslant 0.75 f_{ak}$	1.1	1.0	0.7	0.4	0.2

注：f_{ak} 为地基承载力特征值；$\bar{E}_s$ 为变形计算深度范围内压缩模量的当量值，应按下式计算：

$$\bar{E}_s = \frac{\sum A_i}{\sum \dfrac{A_i}{E_{si}}} \tag{2-35}$$

式中：A_i——第 i 层土附加应力系数沿土层厚度的积分值，$A_i = z_i \bar{\alpha}_i - z_{i-1} \bar{\alpha}_{i-1}$。

图2-27 基础沉降计算的分层示意

1—天然地面标高；2—基底标高；3—平均附加应力系数 $\bar{\alpha}$ 曲线；4—$i-1$ 层；5—i 层

表 2 - 9 均布矩形荷载角点下的平均竖向附加应力系数

z/b	l/b												
	1.0	1.2	1.4	1.6	1.8	2.0	2.4	2.8	3.2	3.6	4.0	5.0	10.0
0.0	0.2500	0.2500	0.2500	0.2500	0.2500	0.2500	0.2500	0.2500	0.2500	0.2500	0.2500	0.2500	0.2500
0.2	0.2496	0.2497	0.2497	0.2498	0.2498	0.2498	0.2498	0.2498	0.2498	0.2498	0.2498	0.2498	0.2498
0.4	0.2474	0.2479	0.2481	0.2483	0.2483	0.2484	0.2485	0.2485	0.2485	0.2485	0.2485	0.2485	0.2485
0.6	0.2423	0.2437	0.2444	0.2448	0.2451	0.2452	0.2454	0.2455	0.2455	0.2455	0.2455	0.2455	0.2455
0.8	0.2346	0.2472	0.2387	0.2395	0.2400	0.2403	0.2407	0.2408	0.2409	0.2409	0.2410	0.2410	0.2410
1.0	0.2252	0.2291	0.2313	0.2326	0.2335	0.2340	0.2346	0.2349	0.2351	0.2352	0.2352	0.2353	0.2353
1.2	0.2149	0.2199	0.2229	0.2248	0.2260	0.2268	0.2278	0.2282	0.2285	0.2286	0.2287	0.2288	0.2289
1.4	0.2043	0.2102	0.2140	0.2164	0.2190	0.2191	0.2204	0.2211	0.2215	0.2217	0.2218	0.2220	0.2210
1.6	0.1939	0.2006	0.2049	0.2079	0.2099	0.3113	0.2130	0.2138	0.2143	0.2146	0.2148	0.2150	0.2152
1.8	0.1840	0.1912	0.1960	0.1994	0.2018	0.2034	0.2055	0.2066	0.2073	0.2077	0.2079	0.2082	0.2084
2.0	0.1746	0.1822	0.1875	0.1912	0.1938	0.1958	0.1982	0.2996	0.2004	0.2009	0.2012	0.2015	0.2018
2.2	0.1659	0.1737	0.1793	0.1833	0.1862	0.1883	0.1911	0.1927	0.1937	0.1943	0.1947	0.1952	0.1955
2.4	0.1578	0.1657	0.1715	0.1757	0.1789	0.1812	0.1843	0.1862	0.1873	0.1880	0.1885	0.1890	0.1895
2.6	0.1503	0.1583	0.1642	0.1686	0.1719	0.1745	0.1779	0.1799	0.1812	0.1820	0.1825	0.1832	0.1838
2.8	0.1433	0.1514	0.1574	0.1619	0.1654	0.1680	0.1717	0.1739	0.1753	0.1763	0.1769	0.1777	0.1784
3.0	0.1369	0.1449	0.1510	0.1556	0.1592	0.1619	0.1658	0.1682	0.1698	0.1708	0.1715	0.1725	0.1733
3.2	0.1310	0.1390	0.1450	0.1497	0.1533	0.1562	0.1602	0.1628	0.1645	0.1657	0.1664	0.1675	0.1685
3.4	0.1256	0.1334	0.1394	0.1441	0.1478	0.1508	0.1550	0.1577	0.1595	0.1607	0.1616	0.1628	0.1639
3.6	0.1205	0.1282	0.1342	0.1389	0.1427	0.1456	0.1500	0.1528	0.1548	0.1561	0.1570	0.1583	0.1595
3.8	0.1158	0.1234	0.1293	0.1340	0.1378	0.1408	0.1452	0.1482	0.1502	0.1516	0.1526	0.1541	0.1554
4.0	0.1114	0.1189	0.1248	0.1294	0.1332	0.1362	0.1408	0.1438	0.1459	0.1474	0.1485	0.1500	0.1516
4.2	0.1073	0.1147	0.1205	0.1251	0.1289	0.1319	0.1365	0.1396	0.1418	0.1434	0.1445	0.1462	0.1479
4.4	0.1035	0.1107	0.1164	0.1210	0.1248	0.1279	0.1325	0.1357	0.1379	0.1396	0.1407	0.1425	0.1444
4.6	0.1000	0.1070	0.1127	0.1172	0.1209	0.1240	0.1287	0.1319	0.1342	0.1359	0.1371	0.1390	0.1410
4.8	0.0967	0.1036	0.1091	0.1136	0.1173	0.1204	0.1250	0.1283	0.1307	0.1324	0.1337	0.1357	0.1379
5.2	0.0906	0.0972	0.026	0.1070	0.1106	0.1136	0.1183	0.1217	0.1241	0.1259	0.1273	0.1295	0.1320
5.6	0.0852	0.0916	0.0968	0.1010	0.1046	0.1076	0.1122	0.1156	0.1181	0.1200	0.1215	0.1238	0.1266
6.4	0.0762	0.0820	0.0869	0.0909	0.0942	0.0971	0.1016	0.1050	0.1076	0.1096	0.1111	0.1137	0.1171
7.2	0.0688	0.0742	0.0787	0.0825	0.0857	0.0884	0.0928	0.0962	0.0987	0.1008	0.1023	0.1051	0.1090
8.0	0.0627	0.0678	0.0720	0.0755	0.0785	0.0811	0.0853	0.0886	0.0912	0.0932	0.0948	0.0976	0.1020
8.8	0.0576	0.0623	0.0663	0.0696	0.0724	0.0749	0.0790	0.0821	0.0846	0.0866	0.0882	0.0912	0.0959
9.6	0.0533	0.0577	0.0614	0.0645	0.0672	0.0696	0.0734	0.0765	0.0789	0.0809	0.0825	0.0855	0.0905
10.4	0.0496	0.0537	0.0572	0.0601	0.0627	0.0649	0.0686	0.0716	0.0739	0.0759	0.0775	0.0804	0.0857
11.2	0.0463	0.0502	0.0535	0.0563	0.0587	0.0609	0.0644	0.0672	0.0695	0.0714	0.0730	0.0759	0.0813
12.0	0.0435	0.0471	0.0502	0.0529	0.0552	0.0573	0.0606	0.0634	0.0656	0.0674	0.0690	0.0719	0.0774
12.8	0.0409	0.0444	0.0474	0.0499	0.0521	0.0541	0.0573	0.0599	0.0621	0.0639	0.0654	0.0682	0.0739
13.6	0.0387	0.0420	0.0448	0.0472	0.0493	0.0512	0.0543	0.0568	0.0589	0.0607	0.0621	0.0649	0.0707
14.4	0.0367	0.0398	0.0425	0.0448	0.0468	0.0486	0.0516	0.0540	0.0561	0.0577	0.0592	0.0619	0.0677
16.0	0.0332	0.0361	0.0385	0.0407	0.0425	0.0442	0.0469	0.0492	0.0511	0.0527	0.0540	0.0567	0.0625
18.0	0.0297	0.0323	0.0345	0.0364	0.0381	0.0396	0.0422	0.0442	0.0460	0.0475	0.0487	0.0512	0.0570
20.0	0.0269	0.0292	0.0312	0.0330	0.0345	0.0359	0.0383	0.0402	0.0418	0.0432	0.0444	0.0468	0.0524

注：l 为基础长度，m；b 为基础宽度，m；z 为计算点离基础底面的垂直距离，m。

（2）计算深度

地基变形计算深度 z_n（图2-27），应符合式（2-36）的规定。当计算深度下部仍有较软土层时，应继续计算。

$$\Delta s'_n \leq 0.025 \sum_{i=1}^{n} \Delta s'_i \tag{2-36}$$

式中：$\Delta s'_i$——在计算深度范围内，第 i 层土的计算变形值，mm；

　　　$\Delta s'_n$——在由计算深度向上取厚度为 Δz 的土层计算变形值，mm，Δz 见图2-27并按表2-10确定。

表2-10　Δz

b/m	≤ 2	$2 < b \leq 4$	$4 < b \leq 8$	$b > 8$
$\Delta z/m$	0.3	0.6	0.8	1.0

当无相邻荷载影响，基础宽度在 1~30 m 范围内时，基础中点的地基变形计算深度也可按简化公式（2-37）进行计算。

$$z_n = b(2.5 - 0.4\ln b) \tag{2-37}$$

式中：b——基础宽度，m。

在计算深度范围内存在基岩时，z_n 可取至基岩表面；当存在较厚的坚硬黏性土层，其孔隙比小于0.5、压缩模量大于50 MPa，或存在较厚的密实砂卵石层，其压缩模量大于80 MPa 时，z_n 可取至该层土表面。

当存在相邻荷载时，应计算相邻荷载引起的地基变形，其值可按应力叠加原理，采用角点法计算。

图2-28　例题2-7的地基与基础剖面示意

【例题2-7】　设基础底面尺寸为 4.8 m² × 3.2 m²，埋深为 1.5 m，传至地面的中心荷载 $F = 1800$ kN，地基的土层分层及各层土的侧限压缩模量（相应于自重应力至自重应力加附加应力段）如图2-28所示，持力层的地基承载力为 $f_k = 180$ kPa，用应力面积法（规范法）计算基础中点的最终沉降。

【解】　（1）基底附加压力

$$p_0 = \frac{1800 \text{ kN} + 4.8 \text{ m} \times 3.2 \text{ m} \times 1.5 \text{ m} \times 20 \text{ kN/m}^3}{4.8 \text{ m} \times 3.2 \text{ m}} - 18 \text{ kN/m}^3 \times 1.5 \text{ m} = 120 \text{ kPa}$$

（2）取计算深度为 8 m，计算过程见表2-11，计算沉降量为 123.4 mm。

（3）确定沉降计算深度 z_n

根据 $b = 3.2$ m，查表2-10可得 $\Delta z = 0.6$ m。相应于往上取 Δz 厚度范围（即7.4~8.0 m深度范围）的土层计算沉降量为 1.3 mm ≤ 0.025 × 123.4 mm = 3.08 mm，满足要求，故沉降计算深度可取为 8 m。

（4）确定修正系数 ψ_s

$$\overline{E}_s = \frac{\sum\limits_1^n A_i}{\sum\limits_1^n A_i/E_{si}}$$

$$= \frac{3.456}{\dfrac{2.024}{3.66} + \dfrac{1.904}{2.6} + \dfrac{0.271}{6.2} + \dfrac{0.067}{6.2}}$$

$$= 3.36 (\text{MPa})$$

由于 $p_0 \leqslant 0.75 f_k = 135 \text{ kPa}$，查表 2－8 得：$\psi_s = 1.04$。

（5）计算基础中点最终沉降量 s

$$s = \psi_s s' = \psi_s \sum_1^4 \frac{p_0}{E_{si}} (z_i \overline{\alpha}_i - z_{i-1} \overline{\alpha}_{i-1}) = 1.04 \times 123.4 = 128.3 (\text{mm})$$

表 2－11 应力面积法计算地基最终沉降

z_i /m	l/b	z_i/b	$\overline{\alpha}_i$ $=4\overline{\alpha}_{i1}$	$z_i\overline{\alpha}_i$	$z_i\overline{\alpha}_i -$ $z_{i-1}\overline{\alpha}_{i-1}$	E_{si} /MPa	$\Delta s'_i$ /mm	$\sum \Delta s'_i$ /mm
0.0	2.4/1.6 = 1.5	0/1.6 = 0.0	4×0.2500 $= 1.0000$	0.000				
2.4	1.5	2.4/1.6 = 1.5	4×0.2108 $= 0.8432$	2.024	2.204	3.66	66.3	66.3
5.6	1.5	5.6/1.6 = 3.5	4×0.1392 $= 0.5568$	3.118	1.094	2.60	50.5	116.8
7.4	1.5	7.4/1.6 = 4.6	4×0.1145 $= 0.4580$	3.389	0.271	6.20	5.3	122.1
8.0	1.5	8.0/1.6 = 5.0	4×0.1080 $= 0.4320$	3.456	0.067	6.20	$1.3 \leqslant$ $0.025 \times$ 123.4	123.4

2.2.3 建筑物的沉降观测

建筑物受地下水位升降、荷载的作用及地震等的影响，会使其产生高程上的位移。一般说来，在没有其他外力作用时，多数呈下沉现象，对它的观测称沉降观测。沉降观测在建筑物的施工、竣工验收以及竣工后的监测等过程中，具有安全预报、科学评价及检验施工质量等作用。通过现场沉降监测数据的反馈信息，可以及时做出较合理的技术决策和现场的应变决定。

建筑沉降观测应测定建筑及地基的沉降量、沉降差及沉降速度，并根据需要计算基础倾斜、局部倾斜、相对弯曲及构件倾斜。目前，关于建筑物沉降观测的主要技术标准有：《工程测量规范》（GB50026—2007）和《建筑变形测量规范》（JGJ 8—2007）。沉降观测通常采取水准测量的方法。沉降观测的高程依据是水准基点，即在水准基点高程不变的前提下，定期地测出变形点相对于水准基点的高差，并求出其高程，将不同周期的高程加以比较，即可得出变形点高程变化的大小及规律。

1. 沉降观测对象及观测精度

《建筑变形测量规范》（JGJ 8—2007）规定，下列建筑在施工和使用期间应进行变形测量：

（1）地基基础设计等级为甲级的建筑；

（2）复合地基或软弱地基上的设计等级为乙级的建筑；

（3）加层、扩建建筑；

（4）受邻近深基坑开挖施工影响或受场地地下水等环境因素变化影响的建筑；

（5）需要积累经验或进行设计反分析的建筑。

建筑变形测量工作开始前，应根据建筑地基基础设计的等级和要求、变形类型、测量目的、任务要求以及测区条件进行施测方案设计，确定变形测量的内容、精度级别、基准点与变形点布设方案、观测周期、仪器设备及检定要求、观测与数据处理方法、提交成果内容等，编写技术设计书或施测方案。建筑变形测量的级别、精度指标及其适用范围应符合表 2 – 12 的规定。

表 2 – 12　建筑变形测量的级别、精度指标及其适用范围

变形测量级别	沉降观测	位移观测	主要适用范围
	观测点测站高差中误差/mm	观测点坐标中误差/mm	
特级	±0.05	±0.3	特高精度要求的特种精密工程的变形测量
一级	±0.15	±1.0	地基基础设计为甲级的建筑的变形测量；重要的古建筑和特大型市政桥梁等变形测量等
二级	±0.5	±3.0	地基基础设计为甲、乙级的建筑的变形测量；场地滑坡测量；重要管线的变形测量；地下工程施工及运营中变形测量；大型市政桥梁变形测量等
三级	±1.5	±10.0	地基基础设计为乙、丙级的建筑的变形测量；地表、道路及一般管线的变形测量；中小型市政桥梁变形测量等

注：①观测点测站高差中误差，系指水准测量的测站高差中误差或静力水准测量、电磁波测距三角高程测量中相邻观测点相应测段间等价的相对高差中误差；②观测点坐标中误差，系指观测点相对测站点（如工作基点）的坐标中误差、坐标差中误差以及等价的观测点相对基准线的偏差值中误差、建筑或构件相对底部固定点的水平位移分量中误差；③观测点点位中误差为观测点坐标中误差$\sqrt{2}$倍；④本规范以中误差作为衡量精度的标准，并以两倍中误差作为极限误差。

2. 水准基点布设

直接用来测定沉降观测点的参考点称为工作基点，工作基点可埋设在变形建筑附近、便于引测和观测沉降观测点的地方。用来定期检查工作基点的稳定的参考点称为基准点，基

⊗基准点　◎工作基点

图 2 – 29　基准点和工作基点布置示意

准点应埋设在变形区域以外、地质条件良好的地方，且无论变形区域的大小，基准点不宜少于三个。基准点和工作基点应连成水准路线，构成沉降观测的高程控制网，如图2-29所示。

（1）基准点的布设

基准点是沉降观测的基准。因此，基准点的布设应满足以下要求：

1）要有足够的稳定性：基准点必须设置在沉降影响范围以外，冰冻地区基准点应埋设在冰冻线以下0.5 m；

2）要具备检核条件：为了保证基准点高程的正确性，基准点最少应布设三个，以便相互检核。

3）要满足一定的观测精度：基准点和观测及基点之间的距离应适中，相距太远会影响观测精度，一般应在100 m范围内。

3. 沉降观测点布设

布设在建筑上部结构的敏感位置上、能反映其沉降变形特征的测量点，称为沉降观测点。沉降观测点的布设应能全面反映建筑及地基变形特征，并顾及地质情况及建筑结构特点。点位宜选设在下列位置：

1）建筑的四角、核心筒四角、大转角处及沿外墙每10~20 m处或每隔2~3根柱基上；

2）高低层建筑、新旧建筑、纵横墙等交接处的两侧；

3）建筑裂缝、后浇带和沉降缝两侧、基础埋深相差悬殊处、人工地基与天然地基接壤处、不同结构的分界处及填挖方分界处；

4）对于宽度大于等于15 m或小于15 m而地质复杂以及膨胀土地区的建筑，应在承重内隔墙中部设内墙点，并在室内地面中心及四周设地面点；

5）邻近堆置重物处、受振动有显著影响的部位及基础下的暗浜（沟）处；

6）框架结构建筑的每个或部分柱基上或沿纵横轴线上；

7）筏形基础、箱形基础底板或接近基础的结构部分之四角处及其中部位置，重型设备基础和动力设备基础的四角、基础形式或埋深改变处以及地质条件变化处两侧，对于电视塔、烟囱、水塔、油罐、炼油塔、高炉等高耸建筑，应设在沿周边与基础轴线相交的对称位置上，点数不少于4个。

沉降观测的标志可根据不同的建筑结构类型和建筑材料，采用墙（柱）标志、基础标志和隐蔽式标志等形式，并符合下列规定：

图2-30 几种沉降观测标志示意

1）各类标志的立尺部位应加工成半球形或有明显的突出点，并涂上防腐剂；

2）标志的埋设位置应避开雨水管、窗台线、散热器、暖水管、电气开关等有碍设标与观测的障碍物，并应视立尺需要离开墙(柱)面和地面一定距离。

3)当应用静力水准测量方法进行沉降观测时，观测标志的形式及其埋设，应根据采用的静力水准仪的型号、结构、读数方式以及现场条件确定。标志的规格尺寸设计，应符合仪器安置的要求。

4. 沉降观测

(1)观测周期和观测时间

沉降观测的周期和观测时间应按下列要求并结合实际情况确定。

1)建筑施工阶段的观测

普通建筑可在基础完工后或地下室砌完后开始观测，大型、高层建筑可在基础垫层或基础底部完成后开始观测。

观测次数与间隔时间应视地基与加荷情况而定。民用高层建筑可每加高 1~5 层观测一次，工业建筑可按回填基坑、安装柱子和屋架、砌筑墙体、设备安装等不同施工阶段分别进行观测。若建筑施工均匀增高，应至少在增加荷载的 25%、50%、75% 和 100% 时各测一次。

施工过程中若暂停工，在停工时及重新开工时应各观测一次。停工期间可每隔 2~3 个月观测一次。

2)建筑使用阶段

建筑使用阶段的观测次数，应视地基土类型和沉降速率大小而定。除有特殊要求外，可在第一年观测 3~4 次，第二年观测 2~3 次，第三年后每年观测 1 次，直至稳定为止。

3)观测过程的特殊情况处理

在观测过程中，若有基础附近地面荷载突然增减、基础口周大量积水、长时间连续降雨等情况，均应及时增加观测次数。当建筑突然发生大量沉降、不均匀沉降或严重裂缝时，应立即进行逐日或 2~3 d 一次的连续观测。

4)建筑沉降稳定阶段判断

建筑沉降是否进入稳定阶段，应由沉降量与时间关系曲线判定。当最后 100 d 的沉降速率小于 0.01~0.04 mm/d 时可认为已进入稳定阶段。具体取值宜根据各地区地基土的压缩性能确定。

(2)观测方法

观测时先后视水准基点，接着依次前视各沉降观测点，最后再次后视该水准基点，两次后视读数之差不应超过 ±1 mm。沉降观测的水准路线(从一个水准基点到另一个水准基点)应为闭合水准路线。

图 2-31　沉降观测方法示意

沉降观测的作业方法和技术要求应符合下列规定：

1)对特级、一级沉降观测，应按《建筑变形测量规范》(JGJ 8—2007)第 4.4 节的规定执行，限于篇幅不陈述；

2)对二级、三级沉降观测，除建筑转角点、交接点、分界点等主要变形特征点外，允许使用间视法进行观测，但视线长度不得大于相应等级规定的长度；

3)观测时，仪器应避免安置在有空压机、搅拌机、卷扬机、起重机等振动影响的范围内；

4）每次观测应记载施工进度、荷载量变动、建筑倾斜裂缝等各种影响沉降变化和异常的情况。

沉降观测是一项长期、连续的工作，为了保证观测成果的正确性，应尽可能做到"四定"：固定观测人员、使用固定的水准仪和水准尺、使用固定的水准基点及按固定的实测路线和测站进行。

5. 沉降观测的成果整理

每周期观测后，应及时对观测资料进行整理，计算观测点的沉降量、沉降差以及本周期平均沉降量、沉降速率和累计沉降量。沉降观测应提交下列图表：工程平面位置图及基准点分布图、沉降观测点位分布图、沉降观测成果表、时间－荷载－沉降量曲线图及等沉降曲线图。

（1）整理原始记录

每次观测结束后应检查记录的数据和计算是否正确，精度是否合格，然后调整高差闭合差，推算出各沉降观测点的高程，并填入"沉降观测成果表"中（表2－13）。

（2）计算沉降量

按（2－38）计算各沉降观测点的本次沉降量：

$$沉降观测点的本次沉降量 = 本次观测所得的高程 - 上次观测所得的高程 \quad (2-38)$$

按（2－39）计算累积沉降量：

$$累积沉降量 = 本次沉降量 + 上次累积沉降量 \quad (2-39)$$

将各沉降观测点的本次沉降量、累积沉降量和观测日期、荷载等情况填入"沉降观测成果表"中。

表2－13　沉降观测成果样表

工程名称：某大学教学楼　　　　　　　　　　　　记录：　　　　　　　计算：

观测次数	观测时间	各观测点的沉降情况						3…	施工进展情况	荷载情况 $/(t \cdot m^{-2})$
		1			2			…		
		高程/m	本次下沉/mm	累积下沉/mm	高程/m	本次下沉/mm	累积下沉/mm	…		
1	2012.03.10	40.354	0	0	40.373	0	0	…	上一层楼板	
2	04.22	40.350	-4	-4	40.368	-5	-5	…	上三层楼板	45
3	05.17	40.345	-5	-9	40.365	-3	-8	…	上五层楼板	65
4	06.12	40.341	-4	-13	40.361	-4	-12	…	上七层楼板	75
5	07.06	40.338	-3	-16	40.357	-4	-16	…	上九层楼板	85
6	08.31	40.334	-4	-20	40.352	-5	-21	…	主体完	115
7	10.30	40.331	-3	-23	40.348	-4	-25	…	竣工	
8	12.06	40.329	-2	-25	40.347	-1	-26	…	使用	
9	2013.03.16	40.327	-2	-27	40.346	-1	-27	…		
10	05.10	40.326	-1	-28	40.344	-2	-29	…		
11	08.12	40.325	-1	-29	40.343	-1	-30	…		
12	12.20	40.325	0	-29	40.343	0	-30	…		

注：此栏应说明点位草图、水准点号码及高程、其他。

（3）绘制沉降曲线

为了更清楚地表示沉降、荷重、时间三者的关系，还要画出各观测点的时间–荷载–沉降量曲线图及等沉降曲线图。

图 2 – 32　某建筑等沉降曲线图

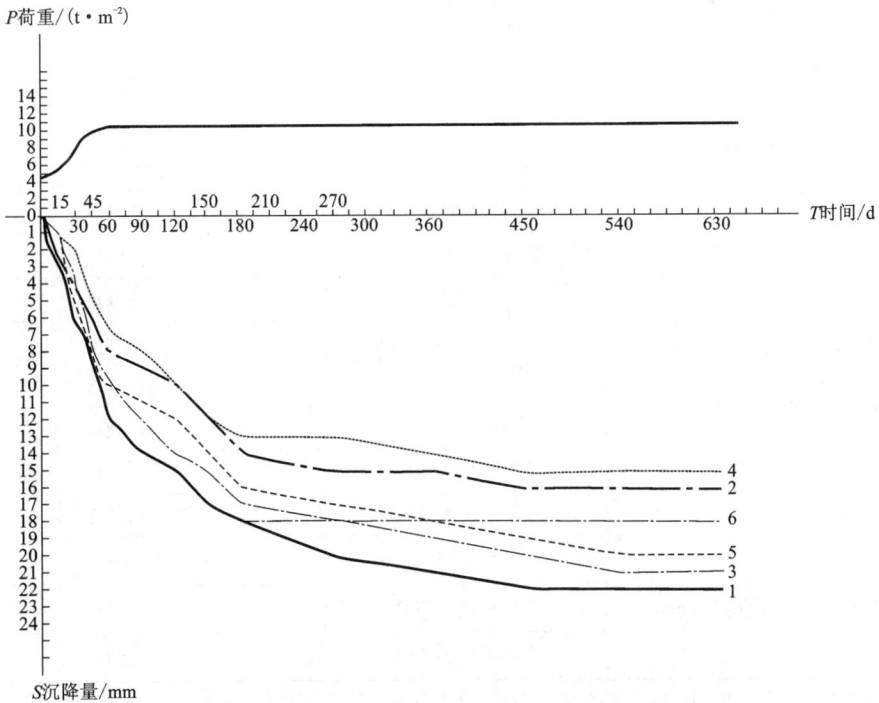

图 2 – 33　某建筑物时间 – 荷载 – 沉降量曲线图

6. 地基变形允许值

建筑物的地基变形计算值，不应大于地基变形允许值。地基变形特征可分为沉降量、沉降差、倾斜、局部倾斜。在计算地基变形时，应符合下列规定：①由于建筑地基不均匀、荷载差异很大、体型复杂等因素引起的地基变形，对于砌体承重结构应由局部倾斜值控制；对于框架结构和单层排架结构应由相邻柱基的沉降差控制；对于多层或高层建筑和高耸结构应由倾斜值控制；必要时应控制平均沉降量。②在必要情况下，需要分别预估建筑物在施工期间和使用期间的地基变形值，以便预留建筑物有关部分之间的净空，选择连接方法和施工顺序。

建筑物的地基变形允许值应按表 2 – 14 规定采用。对表中未包括的建筑物，其地基变形允许值应根据上部结构对地基变形的适应能力和使用上的要求确定。

表 2 – 14   建筑物的地基变形允许值

变 形 特 征		地基土类别	
		中、低压缩性土	高压缩性土
砌体承重结构基础的局部倾斜		0.002	0.003
工业与民用建筑相邻柱基的沉降差	框架结构	0.002l	0.003l
	砌体墙填充的边排柱	0.0007l	0.001l
	当基础不均匀沉降时不产生附加应力的结构	0.005l	0.005l
单层排架结构(柱距为 6 m)柱基的沉降量/mm		(120)	200
桥式吊车轨面的倾斜(按不调整轨道考虑)	纵　向	0.004	
	横　向	0.003	
多层和高层建筑的整体倾斜	$H_g \leqslant 24$	0.004	
	$24 < H_g \leqslant 60$	0.003	
	$60 < H_g \leqslant 100$	0.0025	
	$H_g > 100$	0.002	
体型简单的高层建筑基础的平均沉降量/mm		200	
高耸结构基础的倾斜	$H_g \leqslant 20$	0.008	
	$20 < H_g \leqslant 50$	0.006	
	$50 < H_g \leqslant 100$	0.005	
	$100 < H_g \leqslant 150$	0.004	
	$150 < H_g \leqslant 200$	0.003	
	$200 < H_g \leqslant 250$	0.002	
高耸结构基础的沉降量/mm	$H_g \leqslant 100$	400	
	$100 < H_g \leqslant 200$	300	
	$200 < H_g \leqslant 250$	200	

注：①本表数值为建筑物地基实际最终变形允许值；②有括号者仅适用于中压缩性土；③l 为相邻柱基的中心距离，mm；H_g 为自室外地面起算的建筑物高度，m；④倾斜指基础倾斜方向两端点的沉降差与其距离的比值；⑤局部倾斜指砌体承重结构沿纵向 6 ~ 10 m 内基础两点的沉降差与其距离的比值。

2.3 实训项目：土的压缩（固结）试验

土的压缩是土体在荷重作用下产生变形的过程。压缩试验的目的是测定试样在侧限与轴向排水条件下的变形和压力或孔隙比和压力的关系曲线。并根据孔隙比和压力关系曲线（$e-P$ 曲线）计算出压缩系数和压缩模量等土的压缩性指标，以使判断土的压缩性和计算基础沉降时用。此外由饱和黏性土的压缩试验也可得到在某一压力下变形与时间的关系曲线，从而估算土的固结系数和渗透系数。

压缩试验通常只用于黏性土，由于砂土的压缩性较小，且压缩过程需要也很短，故一般不在实验室里进行砂土的压缩试验。

压缩试验可根据工程要求用原状土或制备成所需要状态的扰动土。可采用常速法或快速法。本试验主要采用非饱和的扰动土样、并按常速法步骤进行，但为了能在实验课的规定时间内完成试验，所以要适当缩短加荷间隔（具体时间间隔由教师决定）。

A 实验要求

（1）实验室提供土样一块，要求学生在侧限压缩仪中测定土的压缩性，绘制该土的压缩曲线（$e-p$ 曲线）。

（2）求出 α_{1-2} 和 E_{s1-2}. 并判断该土样的压缩性。

（3）仔细观察土变形与时间关系这一重要特征。（可以绘制出每一级荷载作用下的 $S-t$ 曲线）

B 实验方法

压缩固结试验（视频）

黏性土的压缩试验。

（一）仪器设备

1. 小型固结仪（图 2-34）；

2. 百分表：量程 10 mm，精度 0.01 mm；

3. 容重试验和含水量试验所需要的仪器设备；

4. 秒表和仪器变形量校正表等。

（二）试验步骤

1. 由实验室提供制备好的扰动土样一个。

2. 从压缩仪容器中取出环刀，按容重试验方法切取试样，并取土留作测含水量。如系原状土样、切土的方向应与天然地层中的上下方向一致。称环刀和试样合重，扣除环刀重后即得湿试样重（g）并计算出土的容重 ρ_0。

3. 用切取试样时修下的土测定含水量（w_0），平行作两次试验，取算术平均值；

4. 在压缩仪容器底座内，放置一块略大于环刀的洁净而湿润的透水石，将切取的试样连同环刀一起（注意：

图 2-34 固结仪

刀口向下)放在透水石上,再在试样上按图依次放上护环以及与试样面积相同的洁净而湿润的透水石、传压活塞和钢珠。安装好后待用。

5. 检查加压设备是否灵活。然后平衡加压部分(此项工作由实验室代做)。

6. 将安装好的压缩仪容器放在框架内横梁下,使横梁与球柱接触后,插入活塞杆,再装上百分表使其接触活塞杆顶面,并调节其伸长距离不小于 8 mm(注意检查百分表是否灵活和垂直,百分表外圈读数归零)。读百分表读数(为初读数 R)后即可进行试验。

7. 轻轻施加第一级荷载 0.05 MPa,并开动秒表,开始计时;

8. 可按下列时间测记读数:0.25、1、2、10、20、60、120、23 小时直至试样沉降稳定为止。稳定的标准为百分表读数每小时变化不超过 0.01 mm。因时间关系可按教师指定的时间读数。读数精确到 0.01 mm;

9. 记下稳定读数后,用同样的方法施加第二、三、四、五级荷载(分别为 0.1 MPa、0.2 MPa、0.3 MPa、0.4 MPa),记录各级压力下试样变形稳定的百分表读数(R、R、R、R、R);

10. 试验结束后,必须先卸除百分表,然后卸掉砝码,升起加压框,移出压缩仪容器,取出试样等各部件。最后擦洗干净仪器设备。

(三)成果整理

1. 按下式计算试验前孔隙比 e

$$e_0 = d_s (1 + w_0) \frac{\rho_w}{\rho_0} - 1$$

式中:d_s——土粒比重;

ρ_w——水的密度,一般所取 = 1 g/cm³;

w_0——试验开始时试样的含水量%;

ρ_0——试验开始时试样的密度,g/cm³。

2. 计算试样在任一级压力 P 作用下变形稳定后的试样总变形量,S_i
$$S_i = R_i - S_{ie}$$

式中:R_i——试样在任一级压力 P_i 作用下变形稳定后的试样总变形量(mm);

S_{ie}——各级荷载下仪器变形量(mm)。

3. 按下式计算各级压力下试样变形稳定时的孔隙比 e_i

$$e_i = e_0 - \frac{s_i}{h_0}(1 + e_0)$$

式中:s_i——试样在任一级压力 P 作用下变形稳定后的试样总变形量;

e_0——试样在试验前的孔隙比;

h_0——试样在试验前的初始高度。

4. 以 P 为横坐标,e 为纵坐标,绘制压缩曲线(e - p 曲线)

5. 计算压缩系数 α_{1-2}

$$\alpha_{1-2} = (e_1 - e_2)/(P_2 - P_1)$$

(四)有关问题说明:

1. 试样的土粒比重、含水量、密度由实验室测定后提供。

2. 试验前练习百分表的读数方法,防止读数错误而无法获得试验结果。

3. 每组做一个试样,每人独立完成试验报告,不得抄袭,可以相互校核。

（五）试验记录：

含水量 $w/\%$	试验前	试验后	试样面积 A/mm^2	
密度 $\rho/(\text{g}\cdot\text{cm}^{-3})$			试样起始高度 h_0/mm	
土粒比重 d_s			试样起始孔隙比 e_0	
垂直荷载/MPa	0.1	0.2	0.3	0.4
初读数/百分表				
1′				
2′				
8′				
10′				
总变形量/mm				
仪器变形量/mm				
试样总变形量/mm				
试样孔隙比 e_i				
1~2级压力范围内的压缩系数 $\alpha_{1\sim2}$				

压力 P_i	孔隙比 e_i
0.1	
0.2	
0.3	
0.4	

$e-p$ 压缩曲线

模块小结

本模块主要介绍了地基土应力和沉降等方面的内容。通过本模块的学习，应掌握地基土应力与沉降计算及建筑物沉降观测的基本知识，能进行地基土自重应力、基底压力和地基附加应力的计算，能运用分层总和法及"规范法"计算一般地基的最终沉降量，并学会利用室内压缩试验和现场试验测定土的压缩指标，学会建筑施工现场沉降观测的基本操作方法。

思考题

思考题答案

1. 说明基底压力、基底附加压力、地基附加应力的含义及它们之间的关系。
2. 说明集中荷载作用下地基中附加应力的分布规律。
3. 地下水位的升、降对土自重应力有何影响？
4. 用所学知识解释抽吸地下水引起地面沉降的原因。
5. 什么是"角点法"？如何应用它计算地基中任意点的附加应力？
6. 土的压缩系数的含义是什么？为什么可以说土的压缩变形实际上是土的孔隙体积的减小？
7. 何谓土压缩模量和变形模量？它们的关系是什么？
8. 计算地基最终沉降量的分层总和法与《规范》法的主要区别有哪些？两者的实用性如何？
9. 建筑物沉降观测的水准基点和沉降观测点如何布设？

习 题

习题答案

1. 某地基土层物理力学性质指标如图 2-35，试计算下述两种情况下土的自重应力。(1)没有地下水；(2)地下水在天然地面下 1 m 位置。

图 2-35 习题 1 附图

(a)无地下水；(b)有地下水

2. 某条形基础(见图 2-36)，宽度为 3 m，求中点下 0.75 m、1.5 m、3.0 m、6.0 m 以及深 0.75 m 处水平线上 A、B、O、B'、A' 点的竖向附加应力 σ_z(均要求列表计算)，并绘出两个方向的竖向附加应力分布图。

3. 已知某均布受荷面积如图 2 - 37 所示，求地基下深度 10 m 处 A 点与 O 点的竖向附加应力比值。（用符号表示）

图 2 - 36　习题 2 附图

图 2 - 37　习题 3 附图

4. 已知原状土样高 $h = 2$ cm，截面积 $A = 30$ cm^2，重度 $\gamma = 19.1$ kN/m^3，颗粒比重 $d_s = 2.72$，含水量 $w = 25\%$，进行压缩试验，试验结果见下表。试绘制压缩曲线，并求土的压缩系数 a_{1-2}、压缩模量值，判断其压缩性。

表 2 - 16　习题 4 附表

压力 p/kPa	0	50	100	200	400
稳定时的压缩量 Δh/mm	0	0.480	0.808	1.232	1.735

5. 某厂房柱下单独方形基础，已知基础底面积尺寸为 4 m×4 m，埋深 $d = 1.0$ m，地基为粉质黏土，地下水位距天然地面 3.4 m。上部荷重传至基础顶面 $F = 1440$ kN，土的天然重度 $\gamma = 16.0$ kN/m^3，饱和重度 $\gamma_{sat} = 17.2$ kN/m^3，有关计算资料如图 2 - 38。试分别用分层总和法和规范法计算基础最终沉降（已知 $f_{ak} = 94$ kPa）设 $Z_n = 8.8$ m

图 2 - 38　习题 5 附图

（a）地基与基础剖面；（b）压缩曲线

6. 某基础底面尺寸 $l=3$ m, $b=2$ m, 基础顶面作用轴心力 $F_k=550$ kN, 弯矩 $M_k=250$ kN·m, 基础埋深 $d=1.0$ m, 试计算基底压力并绘出分布图。

7. 某轴心受压基础底面尺寸 $l=b=2$ m, 基础顶面作用 $F_k=400$ kN, 基础埋深 $d=1.2$ m。已知地质剖面第一层为杂填土, 厚 0.8 m, $\gamma_1=16.8$ kN/m³; 以下为黏土, $\gamma_2=18.5$ kN/m³。试计算基底压力和基底附加应力。

自测题

2.1　地基土的应力计算

2.1.1　土体自重应力计算

一、填空题

1. 地基中的应力一般包括由土体自重引起的和由建筑物引起的_____

_____。

2. 地基中侧向自重应力 σ_{cx}、σ_{cy} 和竖向自重应力 σ_{cz} 的关系表达式为: _____

_____。

3. 粒间应力又称为_____。

4. 在计算竖向有效自重应力时, 地下水位以下的土层, 一般情况下以_____代替天然重度。

5. 地下水位升降会引起土中自重应力的变化, 地下水位升高则引起土体中的有效自重应力_____, 地下水位下降引起土体中的有效自重应力。

二、选择题

1. 由建筑物荷载或其它外载在地基内产生的应力称为(　　　　)。
A. 自重应力　　　　　　B. 附加应力　　　　　　C. 基底压力　　　　　　D. 基底附加压力

2. 自重应力在均质土中呈(　　　)分布。
A. 折线分布　　　　B. 曲线分布　　　　C. 直线分布　　　　D. 均匀分布

3. 自重应力在层状分布的土中呈(　　　)分布。
A. 折线分布　　　　B. 曲线分布　　　　C. 直线分布　　　　D. 均匀分布

4. 地基中, 地下水位的下降, 会引起地基中的自重应力(　　　)。
A. 增大
B. 减小
C. 不变
D. 可能增大, 也可能减小

5. 下面有关自重应力的描述不正确的是:(　　　)
A. 在求地下水位以下的自重应力时, 应取其有效重度计算
B. 自重应力随深度的增加而增大
C. 地下水位以下的同一土的自重应力按直线变化, 或按折线变化
D. 土的自重应力分布曲线是一条折线, 拐点在土层交界处和地下水位处

6.某场地自上而下的土层分布为：第一层粉土，厚 3 m，重度 $\gamma = 18$ kN/m³；第二层黏土，厚 5 m，重度 $\gamma = 18.4$ kN/m³，饱和重度 $\gamma_{sat} = 19$ kN/m³，地下水位距地表 5 m，试求地表下 6 m 处土的竖向自重应力。（　　）

A. 99.8 kPa　　　　　B. 109.8 kPa　　　　　C. 111 kPa　　　　　D. 109.2 kPa

三、判断题

1.除了新近沉积或堆积的土层外，自重应力会引起地基的变形。

2.导致地基变形的主要原因是附加应力。

3.自重应力是由土体自身的有效重量产生的应力，分竖向自重应力和水平自重应力。

4.对于均质地基土中，竖向自重应力沿水平面均匀分布，且与深度 Z 成反比。

5.地下水位的升降不会引起土中自重应力的变化。

2.1.2　基底压力计算

一、填空题

1.绝对柔性基础的抗弯刚度 EI 值为 _____。

2.建筑荷载在基础底面上产生的压应力，即基础底面与地基接触面上的压应力称为 _____。

3.在中心荷载作用下，基底压力近似呈 _____ 分布；在单向偏心荷载作用下，当偏心距 $e < l/6$ 时，基底压力呈 _____ 分布；当 $e = l/6$ 时，基底压力呈 _____ 分布。

4.基础及回填土的平均重度值一般取 _____ kN/m³，在地下水以下部位一般取 _____ kN/m3。

5.基础和其上回填土重的计算公式 $G_k = $ _____。

6.计算条形基础的基底压力时，在基础的长边方向通常取 $L = $ _____ 计算。

7.在设计偏心受压基础时，一般令偏心距 e 不大于 _____。

8.基础底面抵抗矩 $W = bl^2/6$，其中 b、l 分别表示基础底板 _____、_____ 的尺寸。

二、选择题

1.下列哪项不是影响基底压力分布规律的因素？（　　）

A.地基与基础的相对刚度

B.作用于基础上荷载的大小和分布情况

C.基础的埋置深度

D.基础的形状

2.当基础受竖向中心荷载作用时，基底压力的计算公式是：（　　）

A. $q = \dfrac{F_k + G_k}{A}$　　　　B. $q = \dfrac{F_k}{A}$　　　　C. $q = \dfrac{G_k}{A}$　　　　D. $q = \dfrac{F_k + G_k}{A} - \gamma_0 d$

3.对于荷载沿长度方向均匀分布的条形基础，其基底面积 A 为（　　）

A. $A = lb$　　　　B. $A = l$　　　　C. $A = b$　　　　D. $A = b^2$

4.某柱下方形基础边长 2 m，埋深 $d = 1.5$ m，柱传给基础的竖向力 $F = 800$ kN，地下水位在地表下 0.5 m 处，则基底压力 P 为（　　）。

A. 220 kPa   B. 215 kPa   C. 210 kPa   D. 205 kPa

5. 在偏心荷载作用下，进行基底压力简化计算，当偏心距 $e < \dfrac{l}{6}$ 时，则基底压力呈(   )。

A. 均匀分布   B. 梯形分布

C. 三角形分布   D. 应力重分布的三角形

6. 有两个不同的基础，其基础总压力相同，问在同一深度处，哪一个基础产生的附加应力大？(   )

A. 宽度小的基础产生的附加应力大   B. 宽度小的基础产生的附加应力小

C. 宽度大的基础产生的附加应力大   D. 两个基础产生的附加应力相等

7. 在单向偏心荷载作用下，矩形基础最大和最小基底压力计算公式为，$p = \dfrac{F_k + G_k}{A} \pm \dfrac{M_k}{W}$

$= \dfrac{F_k + G_k}{A}(1 \pm \dfrac{6e}{L})$，式中的 L 是指(   )

A. 偏心方向矩形基础边长   B. 无偏心方向矩形基础边长

C. 基础长边边长   D. 基础短边边长

三、判断题

1. 基础及其回填土的平均重度一般取 25 kN/m³。

2. 轴心荷载作用下，基底压力呈矩形分布。

3. 偏心荷载作用下，基底压力是呈三角形分布的。

4. 基地压力和地基反力是一对作用力和反作用力。

5. 计算中心荷载作用下基底压应力时基础埋深是室外地面到基底的距离。

2.1.3 地基附加应力计算

一、填空题

1. 地基中附加应力是在地基中引起的应力。

2. 矩形分布荷载作用下地基附加应力常用法求解。

3. 基底附加压力计算式为 $p_0 = \dfrac{F + G}{A} - \gamma_0 d$，式中 γ_0 为基础底面标高以下天然土层的。

二、选择题

1. 基底附加压力计算式为 $p_0 = \dfrac{F + G}{A} - \gamma_0 d$，式中 d 表示(   )

A. 室外基底埋深   B. 室内基底埋深

C. 天然地面下的基底埋深   D. 室内外埋深平均值

2. 矩形均布荷载中心点下土中附加应力为(   )。

A. $\sigma_z = 2K_c p_0$ B. $\sigma_z = 3K_c p_0$ C. $\sigma_z = 4K_c p_0$ D. $\sigma_z = 5K_c p_0$

3. 条形分布荷载下土中应力状计算属于平面应力问题，对路堤、堤坝以及长宽比 l/b(   )的条形基础均可视作平面应力问题进行处理。

A. $\geqslant 10$ B. $\leqslant 10$ C. $\geqslant 8$ D. $\leqslant 8$

4.利用角点法及角点下的附加应力系数表仅可求得(　　　)。

A.基础投影范围内地基中的附加应力　　B.基础投影范围外地基中的附加应力

C.基础中任意点的附加应力　　D.基础中心点下地基中的附加应力

三、判断题

1.地基附加应力就是地基土自重引起的应力。

2.一般情况下,建筑物建造前天然土层在自重作用下的变形早已结束。因此,只有基底附加压力才能引起地基的附加应力和变形。

3.基底附加压力是建筑物建造后基底处新增加的应力

4.土的附加应力随土层加深其值逐渐变小,到下限土层时可以忽略不计。

5.集中荷载作用下土中任意点的应力常用角点法来计算。

6.相邻荷载距离过近相互之间压力扩散叠加使附加压力增加并重新分布,从而引起相邻建筑产生附加沉降。

2.2　地基沉降计算与建筑物沉降观测

2.2.1　地基土的压缩与固结

一、填空题

1.工程土的压缩变形主要是由于孔隙中的_____和_____被挤出,致使土孔隙减小。

2.土的压缩系数 a_{1-2} 时,_____是低压缩性土; a_{1-2} 时,_____是高压缩性土。

3.土的压缩随时间增长的过程称为土的_____。

4.良好的地基应具有较高的承载力和较低的_____。

5.压缩曲线的坡度越陡,说明随着压力的增加,土的孔隙比的减小愈,因而土的压缩性愈。反之,压缩曲线的坡度越缓,说明随着压力的增加,土孔隙比的减小愈,因而土的压缩性愈。《规范》采用 a_{1-2} 时,属低压缩性土;当 a_{1-2} 时,属中压缩性土;当 a_{1-2} 时,属高压缩性土。

6.土体在侧限条件下孔隙比减少量与竖向压应力增量的比值,称为_____。

7.土在侧限条件下竖向压应力与竖向总应变的比值,称为_____。

8.土在无侧限条件下竖向压应力与竖向总应变的比值,称为_____。

二、选择题

1.下列说法正确的是(　　　)

A.压缩系数越大,土的压缩性越高　　B.压缩指数越大,土的压缩性越低

C.压缩模量越大,土的压缩性越高　　D.上述说法都不对

2.下列说法正确的是(　　　)

A.土体的压缩是由于土体中孔隙体积减小

B.土体的压缩是由于土体中土颗粒体积减小

C.土体的压缩是由于土体中水和气体体积减小

D. 土体的压缩是由于动水压力的作用

3. 室内测定土的压缩性指标的试验为(　　)

A. 剪切试验　　　　　B. 侧限压缩试验　　　C. 无侧限压缩试验　　D. 静载试验

4. 下列哪项不是土的压缩性指标(　　)

A. 压缩系数　　　　　B. 压缩模量　　　　　C. 变形模量　　　　　D. 弹性模量

5. 某工程取原状土进行压缩试验,试验结果如下表所示。此试样的压缩系数 a_{1-2} 为(　　)

压应力/kPa	50	100	200	300
孔隙比 e	0.965	0.952	0.936	0.925

A. 0.14 MPa^{-1}　　　B. 0.21 MPa^{-1}　　　C. 0.16 MPa^{-1}　　　D. 0.18MPa^{-1}

6. 在土的压缩性指标中,(　　)。

A. 压缩系数 a 与压缩模量 E_s 成正比　　　B. 压缩系数 a 与压缩模量 E_s 成反比

C. 压缩系数越大,土的压缩性越低　　　　　D. 压缩模量越小,土的压缩性越低

7. 室内侧限压缩试验的 $e-p$ 曲线平缓,说明土的(　　)。

A. 压缩性大　　　　　B. 压缩性小　　　　　C. 压缩性均匀　　　　D. 压缩性不均匀

三、判断题

1. 在荷载作用下,透水性大的饱和无黏性土,其压缩稳定所需的时间要很长。

2. 研究土的压缩性大小及其特征的室内试验方法,亦称抗剪试验。

3. 土样在竖直压力作用下,由于环刀和刚性护环的限制,只产生竖向压缩,不产生侧向变形。

4. 土的压缩模量 E_s 与土的的压缩系数 a 成反比,E_s 愈大,a 愈小,土的压缩性愈低。

5. 同一种土的压缩系数不是常数,而是随所取压力变化范围的不同而变化。

6. 渗透性强的砂土变形量完成的较快,而高压缩性土完成较慢。

7. 压缩系数 ≥ 0.5 MPa^{-1} 的土是高压缩性土。

8. 某土样的压缩系数为 0.09 MPa^{-1},则其为低压缩性土。

2.2.2　地基最终沉降量计算

一、填空题

1. 在外荷载作用下地基土层被压缩达到稳定时基础底面的沉降量称为_____地基。

2. 基地最终沉降量的计算方法一般有:_____和_____。

3. 分层总和法中,土的分层厚度壁板不宜大于_____。

二、选择题

1. 按分层总和法计算地基变形时,确定压缩层下限的标准是(　　)

A. $\sigma_z \leqslant 0.1 p_0$　　　B. $\sigma_z \leqslant 0.2 p_0$　　　C. $\sigma_z \leqslant 0.2 \sigma_{cz}$　　　D. $\sigma_z \leqslant 0.3 \sigma_{cz}$

2. 采用分层总和法计算基础沉降时,确定地基沉降计算深度的条件应满足(　　)

A. $\sigma_{cz}/\sigma_z \le 0.2$　　　B. $\sigma_z/\sigma_{cz} \le 0.2$　　　C. $\dfrac{\sigma_{cz}}{\sigma_{cz}+\sigma_z} \le 0.2$　　　D. $\dfrac{\sigma_z}{\sigma_z+\sigma_{cz}} \le 0.2$

3. 采用规范法计算基础沉降时,地基沉降计算深度的 z_n 应满足(　　)要求。

A. $\Delta s'_n / \sum\limits_{i=1}^{n} \Delta s'_i \le 0.025$　　　　　　B. $\sum\limits_{i=1}^{n} \Delta s'_i / \Delta s'_n \le 0.025$

C. $\Delta s'_n / \sum\limits_{i=1}^{n} \Delta s'_i \le 0.25$　　　　　　D. $\sum\limits_{i=1}^{n} \Delta s'_i / \Delta s'_n \le 0.25$

三、判断题

1. 规范法计算土的变形量是一种简化修正后的分层总和法。
2. 地基变形在其表面形成的垂直变形量称为建筑物的沉降量。

2.2.3　建筑物的沉降观测

一、填空题

1. 地基变形特征可分为沉降量、_____、_____和_____。

二、选择题

1. 对于砌体承重结构应以(　　)值控制地基变形。
A. 沉降量　　　　　B. 沉降差　　　　　C. 局部倾斜　　　　　D. 倾斜
2. 对于多层、高层建筑及高耸结构由(　　)值控制地基变形。
A. 沉降量　　　　　B. 沉降差　　　　　C. 局部倾斜　　　　　D. 倾斜

三、判断题

1. 建筑物沉降观测时,水准点的设置应以保证其稳定可靠为原则。
2. 建筑物的沉降观测可以反映地基的实际变形以及地基变形对建筑物的影响程度。
3. 基准点的设置不能少于 2 个。

模块三　土的抗剪强度和地基承载力

建筑施工现场专业技术岗位资格考试和技能实践要求

- 掌握土的抗剪强度相关知识，并能测定土的抗剪强度指标。
- 熟悉地基破坏和地基承载力相关知识。

教学目标

【知识目标】

- 理解土的极限平衡条件及确定地基承载力的各种理论公式和方法。
- 熟悉地基破坏的基本形式和特点。
- 掌握土的抗剪强度、破坏准则及土的抗剪强度指标测定方法。

【能力目标】

- 工程实践中能够运用土的极限平衡条件判别地基的受力状态。
- 能够运用实验仪器进行土的抗剪强度试验。
- 能够根据原位试验、室内土工试验和地基基础规范确定地基承载力。

【素质目标】

- 通过本模块的学习，培养学生理论联系实践的工程素质。
- 通过学习土的抗剪强度理论及土的破坏准则，培养学生分析和解决问题的能力。
- 通过学习土的抗剪强度试验，培养学生动手操作能力和团队协作的精神，提高学生的综合素质。

3.1　土的抗剪强度

土的抗剪强度是指土体抵抗剪切破坏的极限能力，是土的重要力学性质之一。用 τ_f 表示，当 $\tau < \tau_f$ 时，土体处于稳定状态；$\tau = \tau_f$ 时，土体处于极限平衡状态；当 $\tau > \tau_f$ 时，土体已被破坏。在工程建设实践中，由于土的抗剪强度不够导致土体失稳的工程实例很多，如路基、道路边坡、建筑物地基等。为了保证工程实践中建筑物或构筑物的稳定，就必须重视对土的抗剪强度和土的极限平衡问题研究。

土体在外荷载作用下，土中将会同时产生法向应力和剪应力，其中法向应力将会使土体密实状态增加，这是有利因素；而外荷载作用下产生剪应力和剪切变形，这是不利因素；土具有抵抗这种剪应力的能力，当这种剪应力达到某一极限值时，土就要发生剪切破坏，这个极限值就是土的抗剪强度。如果土体内某一部分的剪应力达到土的抗剪强度，在该部分就开始出现剪切破坏，随着荷载的增加，剪切破坏的范围逐渐扩大，最终在土体中形成连续的滑动面,地基发生整体剪切破坏而丧失稳定性。

土的抗剪强度主要由黏聚力 c 和内摩擦角 φ 反映,土的黏聚力 c 和内摩擦角 φ 称为土的抗剪强度指标。土的抗剪强度指标主要通过土的直接剪切实验、三轴剪切试验、十字板剪切试验来确定。

3.1.1　土的抗剪强度与极限平衡条件

1. 土的抗剪强度

(1)莫尔－库伦定律

土的强度理论研究早于"土力学"学科的建立,亦即早于太沙基(Terzaghi)1925 年出版其著作《土力学与基础工程》之前。1776 年,库伦(Coulomb)基于砂土剪切试验的基础上提出了著名的库伦公式,即抗剪强度的表达式。

无黏性土(砂土)的抗剪强度 τ_f 与作用在剪切面上的法向压力 σ 成正比,比例系数为内摩擦系数,即:

$$\tau_f = \sigma\tan\varphi \tag{3-1}$$

黏性土的抗剪强度 τ_f 比砂土的抗剪强度增加一项土的黏聚力,即:

$$\tau_f = \sigma\tan\varphi + c \tag{3-2}$$

式中:τ_f——土的抗剪强度,kPa;

　　　σ——破坏面垂直压应力,kPa;

　　　φ——土的内摩擦角,度;

　　　c——土的黏聚力,kPa。

1900 年莫尔(Mohr)提出,在土的破坏面上的抗剪强度是作用在该面上的正应力的单值函数,即:

$$\tau_f = f(\sigma_f) \tag{3-3}$$

式(3-1)与式(3-2)为著名的库伦定律,如图 3-1 所示。实际上,库伦定律是莫尔强度理论的特例。此时莫尔破坏包线为一条直线,即:黏聚力 c 和内摩擦角 φ 为土的主要抗剪强度指标,由库伦定律可以知道,土的抗剪强度除与土体本身强度参数有关外,还与破坏面上正压力有关。

(2)土的抗剪强度影响因素

从式(3-2)可见土的强度由两部分组成,即黏聚力 c 和 $\sigma\tan\varphi$,前者为黏聚强度,

图 3-1　砂土与黏性土的抗剪强度 τ_f 与法向应力 σ 的关系曲线

后者为摩擦强度。这两部分强度大小就决定着土的抗剪强度,然而影响这两部分强度大小的因素很多,具体可从如下几方面分析。

1)土的颗粒级配

土颗粒级配越好,土的内摩擦角 φ 越大,因而土的摩擦强度越大;反之,土颗粒级配不良,土的内摩察角越小,土的摩擦强度越小。

2）土颗粒的几何性质

当粗粒土孔隙比相同及级配相似时，土颗粒尺寸的大小对土的强度主要存在如下两个方面影响：一方面土颗粒尺寸越大，颗粒之间的咬合能力越强，从而土的抗剪强度越大；另一方面，土颗粒越大，颗粒之间接触面上的应力也越大，颗粒更容易破碎。

3）土的状态

土的孔隙比或者相对密实度是影响土抗剪强度的重要因素。孔隙比小或者相对密实度大的土，抗剪强度较高。

4）土的结构

土的结构对土的抗剪强度存在很大的影响，尤其是对于黏性土，如特殊土，可以认为是控制性因素。一般来说，在相同孔隙比下，絮状结构的黏土抗剪强度较高。

5）含水率

随着土的含水率增加，土的内摩擦角变小，土的抗剪强度降低。在工程实践中，经常发生暴雨导致山体和边坡的失稳，其原因之一就是由土的抗剪强度降低。

6）土的结构受到扰动

黏性土的结构受到扰动，土的黏聚力 c 降低。因此在开挖基础或者基槽时应保持基层的原状土不受扰动。

总之，不同的土抗剪强度指标不同，即便是同一种土在不同条件下，抗剪强度指标也不相同。黏聚力 c 和内摩擦角 φ 并不是常数，而是随土的结构、含水率、孔隙比和土样的排水条件等不同而有较大的差异。

【例题 3 – 1】 某土体的抗剪强度指标内摩擦角 $\varphi = 15°$，黏聚力 $c = 9.8$ kPa，当该土某点的正应力 $\sigma = 250$ kPa、剪应力 $\tau = 70$ kPa 时，问该土体是否达到极限平衡状态？

【解】 土的抗剪强度

$\tau_f = c + \sigma \tan\varphi = 9.8 + 250\tan15° = 76.7 (kPa)$

因为 76.7 kPa > 70 kPa，所以该点土体处于弹性平衡状态。

2. 土的极限平衡理论

在荷载作用下，地基内任一点都将产生应力。根据土体抗剪强度的库伦定律，当土中任意点在某一方向的平面上所受的剪应力达到土体的抗剪强度，即：

$$\tau = \tau_f \qquad (3-4)$$

就称该点处于极限平衡状态。式（3-4）称为土体的极限平衡条件。所以，土体的极限平衡条件也就是土体的剪切破坏条件。

（1）土中一点的应力状态

在地基土中任意点取出一个微分单元体，其面积为 dxdz，设作用在该微元体上的最大主应力为 σ_1 和最小主应力为 σ_3。而且，微元体内与最大主应力 σ_1 作用平面成任意角度 α 的平面 mn 上有正应力 σ 和剪应力 τ［图 3 – 2（a）］。为了建立 σ、τ 与 σ_1、σ_3 之间的关系，取三角形斜面体 abc 为隔离体［图 3 – 2（b）］。将各个应力分别在水平方向和垂直方向上投影，根据静力平衡条件得：

$$\sum x = 0, \quad \sigma_3 \cdot ds \cdot \sin\alpha \cdot 1 - \sigma \cdot ds \cdot \sin\alpha \cdot 1 + \tau ds \cdot \cos\alpha \cdot 1 = 0 \qquad (3-5)$$

$$\sum y = 0, \quad \sigma_1 \cdot ds \cdot \cos\alpha \cdot 1 - \sigma \cdot ds \cdot \cos\alpha \cdot 1 - \tau ds \cdot \sin\alpha \cdot 1 = 0 \qquad (3-6)$$

联立方程(3-6)、(3-7)求解,即得平面 mn 上的应力为:

$$\begin{cases} \sigma = \dfrac{1}{2}(\sigma_1 + \sigma_3) + \dfrac{1}{2}(\sigma_1 - \sigma_3)\cos 2\alpha \\ \tau = \dfrac{1}{2}(\sigma_1 - \sigma_3)\sin 2\alpha \end{cases} \tag{3-7}$$

式中: σ——任一截面 mn 上的法向应力;

τ——任一截面 mn 上的剪应力;

σ_1——最大主应力;

σ_3——最小主应力;

a——截面 mn 与最大主应力作用面的夹角。

由式(3-8)中两式平方和,即可得如下关系式:

$$\left(\sigma - \frac{\sigma_1 + \sigma_3}{2}\right)^2 + \tau^2 = \left(\frac{\sigma_1 - \sigma_3}{2}\right)^2 \tag{3-8}$$

由材料力学可知,以上 σ, τ 与 σ_1、σ_3 之间的关系也可以用莫尔应力圆的图解法表示,见图3-3,以 σ 为横坐标轴,以 τ 为纵坐标轴,圆心为$[1/2(\sigma_1 + \sigma_3), 0]$,以 $1/2(\sigma_1 - \sigma_3)$ 为半径,绘制出一个应力圆。并从 O_1C 开始逆时针旋转 2α 角,在圆周上得到点 A。

图3-2 土中任一点的应力

(a)微分体上的应力;(b)隔离体上的应力

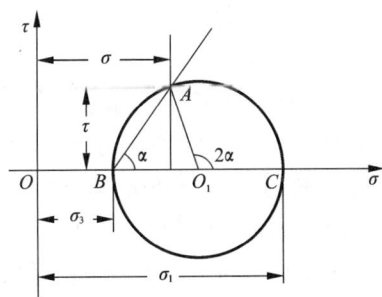

图3-3 用莫尔应力圆求正应力和剪应力

由图3-3可得,A 点的横坐标为:

$$\overline{OB} + \overline{BO_1} + \overline{O_1A}\cos 2\alpha = \sigma_3 + \frac{1}{2}(\sigma_1 - \sigma_3) + \frac{1}{2}(\sigma_1 - \sigma_3)\cos 2\alpha$$

$$= \frac{1}{2}(\sigma_1 + \sigma_3) + \frac{1}{2}(\sigma_1 - \sigma_3)\cos 2\alpha = \sigma$$

而 A 点的纵坐标为:

$$\overline{O_1A}\sin 2\alpha = \frac{1}{2}(\sigma_1 - \sigma_3)\sin 2\alpha = \tau$$

上述用图解法求应力所采用的圆通常称为莫尔应力圆。莫尔应力圆上点的横坐标表示土中某点在相应斜面上的正应力,纵坐标表示该斜面上的剪应力,所以,我们可以用莫尔应力圆来研究土中任一点的应力状态。

【例题3-2】 已知土体中某点所受的最大主应力 $\sigma_1 = 500$ kN/m^2,最小主应力 $\sigma_3 = 200$ kN/m^2。试分别用解析法和图解法计算与最大主应力 σ_1 作用平面成 $30°$ 角的平面上的正

应力 σ 和剪应力 τ。

【解】 1)解析法

由公式(3-7)计算,得:

$$\sigma = \frac{1}{2}(\sigma_1 + \sigma_3) + \frac{1}{2}(\sigma_1 - \sigma_3)\cos 2\alpha$$

$$= \frac{1}{2}(500 + 200) + \frac{1}{2}(500 - 200)\cos 2 \cdot 30° = 425(\text{kN/m}^2)$$

$$\tau = \frac{1}{2}(\sigma_1 - \sigma_3)\sin 2\alpha = \frac{1}{2}(500 - 200)\sin 2 \cdot 30° = 130(\text{kN/m}^2)$$

2)图解法

按照莫尔应力圆确定其正应力
σ 和剪应力 τ。绘制直角坐标系,在
横坐标上标出 $\sigma_1 = 500$ kN/m²,$\sigma_3 =$
200 kN/m²,以 $\sigma_1 - \sigma_3 = 300$ kN/m²
为直径绘圆,从横坐标轴开始,逆时
针旋转 $2\alpha = 60°$,在圆周上得到 A 点
(图3-4)。以相同的比例尺量得 A
的横坐标,即 $\sigma = 425$ kN/m²,纵坐
标即 $\tau = 130$ kN/m²。

可见,两种方法得到了相同的正
应力 σ 和剪应力 τ,但用解析法计算
较为准确,用图解法计算则较为直观。

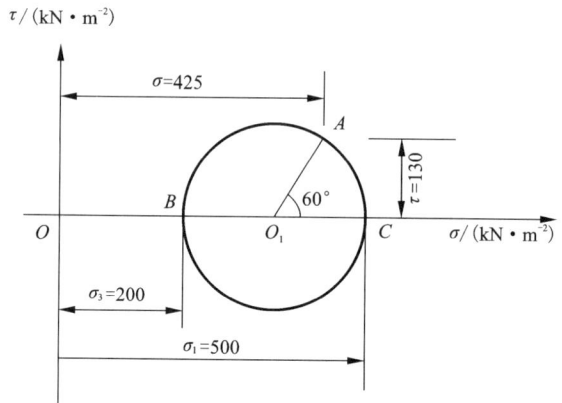

图3-4 莫尔应力圆

(2)土的极限平衡条件

为了建立实用的土体极限平衡条件,将代表土体某点应力状态的莫尔应力圆和土体的抗
剪强度与法向应力关系曲线画在同一个直角坐标系中(图3-5),这样,就可以判断土体在这
一点上是否达到极限平衡状态。

可知,莫尔应力圆上的每一点的
横坐标和纵坐标分别表示土体中某点
在相应平面上的正应力 σ 和剪应力 τ,
如果莫尔应力圆位于抗剪强度包线的
下方(图3-5中半圆 I),即通过该点
任一方向的剪应力 τ 都小于土体的抗
剪强度 τ_f,故土不会发生剪切破坏,
该点处于弹性平衡状态。若莫尔应力

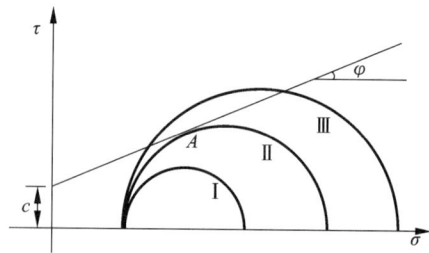

图3-5 莫尔应力圆与土的抗剪强度之间的关系

圆恰好与抗剪强度线相切(图3-5中半圆 II),切点为 A,则表明切点 A 所代表的平面上的剪
应力 τ 与抗剪强度 τ_f 相等,此时,该点土体处于极限平衡状态,与强度线相切的应力圆叫极
限应力圆,切点 A 的坐标是代表通过土中一点的某一截面处极限平衡状态时的应力条件。也
就是说,通过库伦定律与摩尔应力圆原理结合可以推导出表示土体极限平衡状态时主应力之
间的相互关系。

根据莫尔应力圆与抗剪强度线相切的几何关系,就可以建立起土体的极限平衡条件。下面,通过图 3-6 中的几何关系,建立黏性土的极限平衡条件。

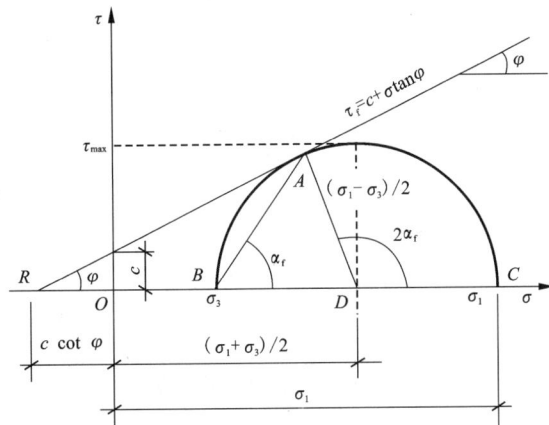

图 3-6　无黏性土极限平衡条件示意图

$$\sin\varphi = \frac{(\sigma_1 - \sigma_3)/2}{c \cdot \cot\varphi + (\sigma_1 + \sigma_3)/2} \tag{3-9}$$

经整理后得:

$$\sigma_1 = \sigma_3 \tan^2\left(45° + \frac{\varphi}{2}\right) + 2c \cdot \tan\left(45° + \frac{\varphi}{2}\right) \tag{3-10a}$$

或

$$\sigma_3 = \sigma_1 \tan^2\left(45° - \frac{\varphi}{2}\right) - 2c \cdot \tan\left(45° - \frac{\varphi}{2}\right) \tag{3-10b}$$

土处于极限平衡状态时,破坏面与大主应力作用面间的夹角为 α_f,则

$$\alpha_f = \frac{1}{2}(90° + \varphi) = 45° + \frac{\varphi}{2}$$

式(3-9)、式(3-10)即为土的极限平衡条件。当为无黏性土时,$c = 0$ 则

$$\sigma_1 = \sigma_3 \tan^2\left(45° + \frac{\varphi}{2}\right) \tag{3-11a}$$

或

$$\sigma_3 = \sigma_1 \tan^2\left(45° - \frac{\varphi}{2}\right) \tag{3-11b}$$

由此可见,土与一般连续性材料(如钢、混凝土等)不同,是一种具有内摩擦强度的材料。其剪切破裂面不产生于最大剪应力面,而是与最大剪应力面成 $\varphi/2$ 的夹角。如果土质均匀,且试验中能保证试件内部的应力、应变均匀分布,则试件内将会出现两组完全对称的破裂面(图 3-7 所示)。

式(3-9)至式(3-11)都是表示土单元体达到极限平衡时(破坏时)主应力的关系,这就是莫尔-库伦理论的破坏准则,也是土体达到极限平衡状态的条件,故而,我们也称之为极限平衡条件。

理论分析和试验研究表明,在各种破坏理论中,对土最适合的是莫尔-库伦强度理论。归纳总结莫尔-库伦强度理论,可以表述为如下三个要点:

图 3-7　土的破裂面确定

1)剪切破裂面上,材料的抗剪强度是法向应力的函数,可表达为:

$$\tau_{\mathrm{f}} = f(\sigma)$$

2)当法向应力不很大时,抗剪强度可以简化为法向应力的线性函数,即表示为库伦公式:

$$\tau_{\mathrm{f}} = c + \sigma \tan\varphi$$

3)土单元体中,任何一个面上的剪应力大于该面上土体的抗剪强度,土单元体即发生剪切破坏,用莫尔-库伦理论的破坏准则表示,即为式(3-9)至式(3-11)的极限平衡条件。

【例题 3-3】　设砂土地基中一点的最大主应力 $\sigma_1 = 400$ kPa,最小主应力 $\sigma_3 = 200$ kPa,砂土的内摩擦角 $\varphi = 25°$,黏聚力 $c = 0$,试判断该点是否破坏。

【解】　为加深对本节内容的理解,以下用多种方法解题。

(1)按某一平面上的剪应力 τ 和抗剪强度 τ_{f} 的对比判断:

根据破坏时土单元中可能出现的破裂面与最大主应力 σ_1 作用面的夹角 $\alpha_{\mathrm{f}} = 45° + \dfrac{\varphi}{2}$。因此,作用在与 σ_1 作用面成 $45° + \dfrac{\varphi}{2}$ 平面上的法向应力 σ 和剪应力 τ,可按式(3-7)计算;抗剪强度 τ_{f} 可按式(3-1)计算:

$$
\begin{aligned}
\sigma &= \frac{1}{2}(\sigma_1 + \sigma_3) + \frac{1}{2}(\sigma_1 - \sigma_3)\cos2\left(45° + \frac{\varphi}{2}\right) \\
&= \frac{1}{2}(400 + 200) + \frac{1}{2}(400 - 200)\cos2\left(45° + \frac{25°}{2}\right) = 257.7(\mathrm{kPa})
\end{aligned}
$$

$$
\begin{aligned}
\tau &= \frac{1}{2}(\sigma_1 - \sigma_3)\sin2\left(45° + \frac{\varphi}{2}\right) \\
&= \frac{1}{2}(400 - 200)\sin2\left(45° + \frac{25°}{2}\right) = 90.6(\mathrm{kPa})
\end{aligned}
$$

$\tau_{\mathrm{f}} = \sigma\tan\varphi = 257.7 \times \tan25° = 120.2(\mathrm{kPa}) > \tau = 90.6$ kPa

故可判断该点未发生剪切破坏。

(2)按式(3-9)判断:

$$\sigma_{1\mathrm{f}} = \sigma_{3\mathrm{m}}\tan^2\left(45° + \frac{\varphi}{2}\right) = 200 \cdot \tan^2\left(45° + \frac{25°}{2}\right) = 492.8(\mathrm{kPa})$$

由于 $\sigma_{1f} = 492.8 \text{ kPa} > \sigma_{1m} = 400 \text{ kPa}$,

故该点未发生剪切破坏。

(3) 按式(3-11)判断：

$$\sigma_{3f} = \sigma_{1m} \tan^2\left(45° - \frac{\varphi}{2}\right) = 400 \cdot \tan^2\left(45° - \frac{25°}{2}\right) = 162.8 (\text{kPa})$$

由于 $\sigma_{3f} = 162.8 \text{ kPa} < \sigma_{3m} = 200 \text{ kPa}$,

故该点未发生剪切破坏。

另外，还可以用图解法，比较莫尔应力圆与抗剪切强度包线的相对位置关系来判断，可以得出同样的结论。

3.1.2 抗剪强度指标的测定方法

抗剪强度指标 c、φ 值，是土体的重要力学性质指标，在确定地基土的承载力、挡土墙的土压力以及验算土坡稳定性等工程问题中，都要用到土体的抗剪强度指标。因此，正确地测定和选择土的抗剪强度指标是土工计算中十分重要的问题。土体的抗剪强度指标是通过土工试验确定的。室内试验常用方法有直接剪切试验、三轴剪切试验和无侧限抗压强度试验。现场原位测试的方法有十字板剪切试验和大型直剪试验。

1. 直接剪切试验

直接剪切试验是室内测定土的抗剪强度指标最常用和简便的方法，所用的仪器是直剪仪，直剪仪构造简单，试验试样制备简单，试验步骤容易掌握，所以在工程中被广泛应用。直剪仪分应变控制式直剪仪和应力控制式直剪仪两种。图 3-8 为应变控制式直剪仪的示意图。

图 3-8 应变控制式直剪仪

1—轮轴；2—底座；3—透水石；4—垂直变形量表；5—活塞；
6—上盒；7—土样；8—水平位移量表；9—量力环；10—下盒

垂直压力由杠杆系统通过加压活塞和透水石传给土样，水平剪应力则由轮轴推动活动的下盒施加给土样。土体的抗剪强度可由量力环测定，剪切变形由百分表测定。在施加每一级法向应力后，匀速增加剪切面上的剪应力，直至试件剪切破坏。通常取四个试样，分别在不同竖向应力 σ（一般取 100 kPa、200 kPa、300 kPa、400 kPa）下进行剪切，求得剪切应力为 τ_f，绘制 $\tau_f - \sigma$ 曲线，如图 3-9 所示。$\tau_f - \sigma$ 曲线与横坐标的夹角为土的内摩擦角 φ，在纵坐标上的截距为黏聚力 c。曲线即为土的抗剪强度曲线，也就是莫尔-库仑破坏包线，如图 3-9

所示。

直剪试验虽然直剪仪构造简单，操作方便。但也存在以下主要缺点：①剪切面限定在上下层之间的平面，而不是沿土样最薄弱面剪切破坏；②剪切面上剪应力分布不均匀，土样剪切破坏先从边缘开始，在边缘发生应力集中现象；③剪切过程中，土样剪切面逐渐缩小，而计算抗剪强度时却按土样的原截面积计算的；④试验时不能严格控制排水条件，不能测量孔隙水压力。因此，直剪试验所得

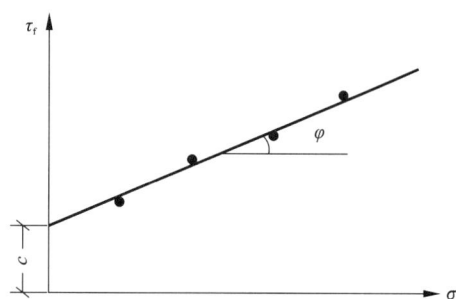

图 3 - 9　$\tau_f - \sigma$ 关系曲线

的抗剪强度指标通常偏大，对高等级建筑物安全无法保证，只适用于二、三级建筑物地基可塑状态黏性土及饱和度不大于 50% 的粉土。

2. 三轴剪切试验

三轴剪切试验是测定土抗剪强度的一种较为完善的方法。三轴剪切仪由压力室、轴向加荷系统，周围压力控制系统，孔隙水压力量测系统及试样体积变化量测系统等组成，如图（3 - 10）所示。

图 3 - 10　应变控制式三轴剪切仪

1—调压筒；2—周围压力表；3—周围压力阀；4—排水阀；5—体变管；6—排水管；7—变形量表；
8—量力环；9—排气孔；10—轴向加压设备；11—压力室；12—量管阀；13—零位指示器；14—孔隙压力表；
15—量管；16—孔隙压力阀；17—离合器；18—手轮；19—马达；20—变速箱

试验时，将圆柱体土样用乳胶膜包裹，固定在压力室内的底座上。先向压力室内注入液体（一般为水），使试样受到周围压力 σ_3，并使 σ_3 在试验过程中保持不变。然后在压力室上端的活塞杆上施加垂直压力直至土样受剪破坏。设土样破坏时由活塞杆加在土样上的垂直压力为 $\Delta\sigma_1$，则土样上的最大主应力为 $\sigma_{1f} = \sigma_3 + \Delta\sigma_1$，而最小主应力为 σ_{3f}。由 σ_{3f} 和 σ_{3f} 可绘制

出一个莫尔圆。用同一种土制成3~4个土样,按上述方法进行试验,对每个土样施加不同的周围压力 σ_3,可分别求得剪切破坏时对应的最大主应力 σ_1,将这些结果绘成一组莫尔圆。根据土的极限平衡条件可知,通过这些莫尔圆的切点的直线就是土的抗剪强度线,由此可得抗剪强度指标 c、φ 值(图3-11)。

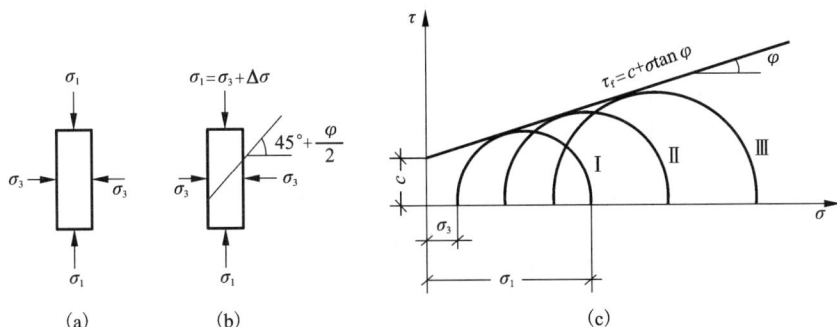

图3-11　三轴压缩试验原理

(a)试件受周围压力;(b)破坏时试件上的主应力;(c)摩尔破坏包线

对应于直接剪切试验的快剪、固结快剪和慢剪试验,三轴剪切试验按剪切前的固结程度和剪切时的排水条件,分为以下三种试验方法:

(1)不固结不排水试验UU

试样在施加周围压力后,随后施加竖向压力直至剪切破坏的整个过程中都不允许排水,使土样含水率不变的试验方法,又称不排水剪。

(2)固结不排水试验CU

试样在施加周围压应力 σ_3 打开排水阀门,允许排水固结,待固结稳定后,关闭阀门,再施加竖向压力,使试样在不排水的条件下剪切破坏。

(3)固结排水试验CD

试样在施加周围压应力 σ_3 时允许排水固结,待固结稳定后,再在排水条件下施加竖向压力至试件剪切破坏。

三轴剪切的突出优点是能较为严格地控制排水条件以及可以量测试件中孔隙水压力的变化。此外,试件中的应力状态也比较明确,破裂面是在最弱处,而不象直接剪切仪那样限定在上下盒之间。一般说来,三轴剪切试验的结果比较可靠,三轴剪切仪还用以测定土的其他力学性质,因此,它是土工试验不可缺少的设备。三轴剪切试验的缺点是试件的中主应力 $\sigma_2 = \sigma_3$,而实际上土体的受力状态未必都属于这类轴对称情况。已经问世的真三轴仪中的试件可在不同的三个主应力($\sigma_1 \neq \sigma_2 \neq \sigma_3$)作用下进行试验。

3. 无侧限抗压强度试验

无侧限抗压强度试验是测定饱和土黏性土的不排水抗剪强度、测定土灵敏度的试验。所用仪器为无侧限抗压试验仪,仪器构造简单,操作方便,可代替三轴试验测定饱和黏性土的不排水强度。

三轴试验时,如果对土样不施加周围压力,而只施加轴向压力,则土样剪切破坏的最小主应力 $\sigma_{3f} = 0$,最大主应力 $\sigma_{3f} = q_u$,此时绘出的莫尔极限应力圆如图3-12所示。q_u 称为土的无侧限抗压强度。对于饱和软黏土，可以认为 $\varphi = 0$，此时其抗剪强度线与 σ 轴平行，且有 $c_u = q_u/2$。所以，可用无侧限抗压试验测定饱和软黏土的强度，该试验多在无侧限抗压仪上进行。

(a)　　　　　　　　　　　　(b)

图 3 – 12　无侧限试验极限应力圆

4. 十字板剪切试验

十字板剪切仪如图 3 – 13 所示。在现场试验时，先钻孔至需要试验的土层深度以上 750 mm 处，然后将装有十字板的钻杆放入钻孔底部，并插入土中 750 mm，施加扭矩使钻杆旋转直至土体剪切破坏。土体的剪切破坏面为十字板旋转所形成的圆柱面。土的抗剪强度可按下式计算：

$$\tau_f = k_c(p_c - f_c) \qquad (3 - 12)$$

式中：k_c——十字板常数，按下式计算：

$$k_c = \frac{2R}{\pi D^2 h\left(1 + \dfrac{D}{3h}\right)} \qquad (3 - 13)$$

式中：p_c——土发生剪切破坏时的总作用力，由弹簧秤读数求得，N；

f_c——轴杆及设备的机械阻力，在空载时由弹簧秤事先测得，N；

h、D——十字板的高度和直径，mm；

R——转盘的半径，mm。

十字板剪切试验的优点是不需钻取原状土样，对土的结构扰动较小。它适用于软塑状态的黏性土。

图 3 – 13　十字板剪切仪示意图

1—转盘；2—摇柄；3—滑轮；4—弹簧秤；
5—槽钢；6—套管；7—钻杆；8—十字板

5. 大型直剪试验

该试验方法适用于测定边坡和滑坡的岩体软弱结合面、岩石和土的接触面、滑动面和黏性土、砂土、碎石土的混合层及其他粗颗粒土层的抗剪强度。由于大型直剪试验土样的剪切面面积较室内试验大得多，又在现场测试，因此它更能符合实际情况。有关大型直剪试验的设备及试验方法可参见有关土工试验专著。

3.1.3　实训项目：直接剪切试验

剪切试验的目的是测定土的抗剪强度指标，即土的内摩擦角 φ 和黏聚力 C。

目前测定抗剪强度的方法和相应的仪器种类很多，现将常用的几种简述如下：

直接剪切试验(视频)

1. 直接剪切试验：它是一种测定土抗剪强度的一种常用方法。通常采用四个试样，在直接剪切仪上分别在不同的垂直压力 P 作用下，施加水平剪切力，试样在规定的受剪面上进行剪切，求得土样破坏时的剪应力 τ_f，然后绘制剪应力 τ_f 和垂直压力 P 的关系曲线即抗剪强度曲线。直接剪切仪又分为应变控制式和应力控制式。本次实验是用应变控制式直剪仪进行快剪试验。

2. 三轴剪切试验：通常用 3~4 个圆柱形试样，分别在三轴剪力仪上施加不同的恒定周围压力(即小主应力 σ_3)，然后再施加轴向压力[即主应力差 $(\sigma_1 - \sigma_3)$]，使土样中的剪应力逐渐增大，直至试样剪切破坏。然后根据摩尔—库仑理论求得该土的抗剪强度曲线。

A　试验要求

1. 由学生取土制备土样，要求用快剪法在直接剪切仪中测定该土的抗剪强度指标，内摩擦角 φ 和黏聚力 C。

2. 参观三轴剪切仪。

B　试验方法

应变控制式直剪仪快剪法。

(一)仪器设备

图 3-14　应变控制式直剪仪

1. 应变控制式直剪仪(图3-14);

2. 百分表:量程10 mm;精度0.1 mm;

3. 切试样的用具等。

应变控制式直接剪切仪,它的主要特点是剪切力(水平力)是通过转动手轮,使轴向前移动而推动底座施加给下盒,剪力的数值是利用测力环测出(测力环是一个钢环,事先已知每单位变形时所受的压力,故在试验时用百分表测得测力环径向变形数值即可算出所受的应力值)。本仪器对黏性土和砂性土均适用(图3-15)。

(二)试验步骤

1. 试样制备:根据工程需要,从原状土或制备成所需状态的扰动土中用环刀切四个试样。如系原状土样,切试样方向应与土在天然地层中的上下方向一致。为了检验四个试样土质的不均匀性,应分别测定四个试样的密度和含水量。四个试样的密度差值不宜大于0.03 g/cm³。(本次试验中,此项检验工作省略)

2. 在下剪切盒内顺次放入透水石和蜡纸(或塑料纸),然后用插销将上、下剪切盒固定好。

图3-15 测力环细部

3. 将带试样的环刀刃口向上,对准剪切盒口,将试样从环刀内推入剪切盒中,顺次放上蜡纸和透水石各一。然后放上活塞、钢球、装上垂直加压设备(暂勿加砝码)。

4. 在测力环上安装百分表。百分表的测杆应平行于测力环受力的直径方向,调整百分表使其指针在某一整数上(即长针指零,并作为起始零读数)。

5. 慢慢转动手轮,至上剪切盒支腿与测力环钢球之间恰好接触时(即测力环中百分表指针刚开始触动时)为止。

6. 在试样上施加垂直荷载。按第一个试样上应加的垂直压力(0.1 MPa)施加垂直荷载。

7. 拔出固定插销。开动秒表,同时以每分钟3~12转的速度均匀地转动手轮,进行剪切。当测力环中百分表指针不再前进而出现后退或剪切变形量达试样直径的1/15~1/10时,认为试样已经剪损,记录百分表指针最大读数(代表峰值抗剪强度),用0.01 mm作单位,估读至0.001 mm。(即百分表上大度盘的格做单位,估读至0.1格)。

8. 反转手轮,卸除垂直荷载和加压设备,取出已剪损的试样,刷净剪切盒,装入第二个试样。

9. 第二、三、四个试样分别施加0.2、0.3、0.4MPa垂直压力后按同样步骤进行试验。

(三)成果整理

1. 计算每个试样在一定的垂直压力下的抗剪强度(τ_f)(表3-1):

$$\tau_f = CR$$

式中:R——该试样在剪损时的百分表最大读数(单位:0.01 mm);

C——测力环校正系数,MPa/0.01 mm。(由实验室提供);

τ_f——抗剪强度,MPa。

2.绘制抗剪强度曲线

以垂直压力 P 为横坐标，抗剪强度 τ_f 为纵坐标，将四个实测点绘在图上，画一视测的平均直线，若各点不在一条近似的直线上，可按相邻的三点连接成两个三角形，分别求出两个三角形的重心，然后将两重心点连成一直线，即为抗剪强度曲线(图 3 – 16)。

3.确定抗剪强度指标

抗剪强度曲线在 τ_f 轴上的截距即为黏聚力 C，精确至 0.1 MPa，用量角器量取其倾角即为内摩擦角 φ，精确至 0.1°。

表 3 – 1　抗剪强度计算表

仪器编号				
试样面积/cm^2				
垂直压力 P/MPa	0.1	0.2	0.3	0.4
百分表最大读数 R/0.01 mm				
测力环校正系数 C/MPa · (0.01 mm)$^{-1}$				
峰值抗剪强度 $\tau_f = C \cdot R$/MPa				

$\sigma - \tau_f$ 关系曲线

图 3 – 16　抗剪强度曲线图

结论：　　　　　$\varphi =$　　　　　　　　　　$C =$

(四)有关问题说明

1.开始剪切之前，千万不能忘记必须先拔去插销。否则，测力环被压断，插销被剪弯，仪器即损坏。

2.加砝码时，应将砝码上的缺口彼此错开，防止砝码一齐倒下压伤脚。

3.2 地基承载力

3.2.1 地基的常见破坏形式

天然地基在外荷载作用下，土的内部应力将发生变化，主要表现在两个方面：一方面是作用在地基土上的外荷载超过了基础下持力层所能承受的荷载能力而使地基产生滑动破坏，另一方面是由于地基土在外荷载的作用下使地基土产生压缩变形，引起基础的沉降量过大或者不均匀沉降而造成地基的失稳。

1. 地基破坏形态

在竖向荷载作用下，建筑物地基的破坏通常是由于承载力不足而引起的剪切破坏，地基剪切破坏的形式可分为整体剪切破坏、局部剪切破坏和冲剪破坏三种。

（1）整体剪切破坏

整体剪切破坏的特征是随着荷载增加，基础下塑性区发展到地面，形成连续滑动面，两侧挤出并隆起，有明显的两个拐点（如图3-17）。

（2）局部剪切破坏

局部剪切破坏的特征是随着荷载增加，基础下塑性区仅发展到地基某一范围内，土中滑动面并不延伸到地面，基础两侧地面微微隆起，没有出现明显的裂缝（如图3-18）。

图3-17　整体剪切破坏

图3-18　局部剪切破坏

（3）冲切破坏

冲切破坏又称刺入剪切破坏，其特征是随着荷载的增加，基础下土层发生压缩变形，基础随之下沉，当荷载继续增加，基础周围附近土体发生竖向剪切破坏，使基础刺入土中，而基础两边的土体并没有明显移动（如图3-19）。

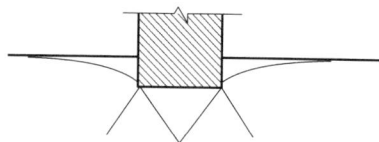

图3-19　冲切破坏

一般来说，密实砂土和坚硬黏土将出现整体剪切破坏；而压缩性比较大的松砂和软黏土，将可能出现局部剪切或冲剪破坏。当基础埋深较浅、荷载为缓慢施工的恒载时，将趋向发生整体剪切破坏；若基础埋深较大，荷载为快速施加的或是冲击荷载，则可能形成局部剪切或冲剪破坏。实际工程中，浅地基础（包括独立基础、条形基础、筏基、箱形基础等）的地基一般为较好的土层，荷载也是根据施工缓慢施加的，所以工程中的地基破坏一般均为整体剪切破坏。

2. 地基变形阶段

发生整体剪切破坏的地基，从开始承受荷载到破坏经历一个变形发展过程，这个过程一般可分为三个阶段。

（1）线性变形阶段（压密阶段）

当基底压力 $p \leqslant p_{cr}$，压力与变形近似于直线关系（图 3 - 20 中的 oa 段）。在 oa 段，地基中的剪应力较小，小于地基土的抗剪强度，地基土处于稳定状态，地基土仅有小量的弹性压缩变形，地基处于弹性平衡状态。把地基土中即将出现剪切破坏（塑性变形）时的基底压力称为临塑压力 p_{cr}。

（2）弹塑性变形阶段（局部剪切阶段）

当 $p_{cr} < p < p_u$（图 3 - 20 中的 ab 段），地基变形不再是线形变化，地基土的变形速率随着荷载的增加而增大，$p - S$ 曲线逐渐向下弯曲。在 ab 段，地基土的局部区域（一般从基础边缘开始）发生剪切破坏，该区为塑性变形区，随着荷载的增加，塑性变形区的范围逐渐扩大，直至剪切破坏，ab 阶段是地基由稳定状态逐步向不稳定状态过度的阶段。

（3）破坏阶段（失稳阶段）

当 $p \geqslant p_u$（图 3 - 20 中的 bc 段），随着基底压力少许增加，地基变形将急剧增大，塑性区扩大，形成连续的滑动面，地基土向基础的一侧或者两侧挤出，地面隆起，地基整体失稳，基础也随之下沉。将地基刚出现整体滑裂破坏面时的基底压力称为极限荷载 p_u。

从以上地基破坏过程可知，在地基变形过程中，作用在地基上的荷载有两个特征点。一是地基开始出现剪切破坏（即弹性变形阶段转变为弹塑性变形阶段）时，地基所承受的基底压力称为临塑荷载 p_{cr}；另一个是地基濒临破坏（即弹塑性变形阶段转变为破坏阶段）时，地基所

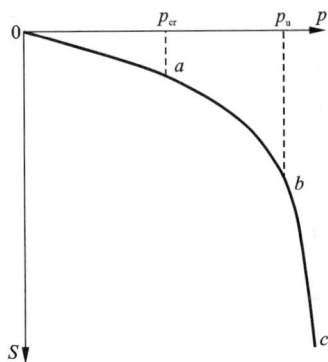

图 3 - 20 地基载荷试验 $p - S$ 曲线

承受的基底压力称为极限荷载 p_u。总之，以极限荷载作为地基承载力设计是不安全的，然而以临塑荷载作为地基承载力又过于保守。所以地基的容许承载力应该比极限荷载小、比临塑荷载大。

3.2.2 地基承载力的确定

地基承载力是指地基单位面积上承受荷载的能力，确定地基承载力是工程实践中需要解决的基本问题之一。在不同的状态下，地基承载力具有不同的承载力值，如极限承载力、临塑承载力等。为了保证建筑物的安全和正常使用，既保证地基稳定性不受破坏，而且具有一定的安全度，同时还满足建筑物的变形要求，常将基底压力限制在某一特定的范围之内，该容许值即地基的容许承载力，常以 $[P]$ 表示。现行《建筑地基基础设计规范（GB 5007 - 2011）》采用地基承载力特征值 f_{ak} 表示，即在保证地基稳定条件下，地基单位面积上所能承受的最大应力。

地基承载力的大小不仅取决于地基土的性质，还受到诸多因素的影响，如基础的形状与尺寸，地基土覆盖层的抗剪强度，地下水位，持力层下的软卧层，地基土的压缩性，临近构筑物的基础以及加载的速率等因素都对地基的承载力有不同程度的影响。

地基承载力的确定方法，目前常用的有理论计算、现场原位测试及承载力经验数据表等三大类。地基承载力直接影响建筑物的安全和正常使用。因而在选用确定地基承载力方法

时，应本着准确而又合理的方法综合确定，做到既安全可靠，又经济合理。

1. 理论计算公式确定地基承载力

（1）临塑荷载计算公式

目前，临塑荷载公式是基于条形基础受均布荷载和均质地基而得到。如图 3-21，在均布条形荷载作用下，利用材料力学中的主应力公式可求得地表下任一深度点 M 处产生的大、小主应力：

$$\left.\begin{array}{c}\sigma_1\\\sigma_3\end{array}\right\} = \frac{p_0}{\pi}(\beta_0 \pm \sin\beta_0) \qquad (3-14)$$

在竖向荷载公式推导中，假设土的自重应力各向相等。地基土下任一点 M 由外荷载及土的自重所产生的主应力 σ_1 和 σ_3 可以用下式表示：

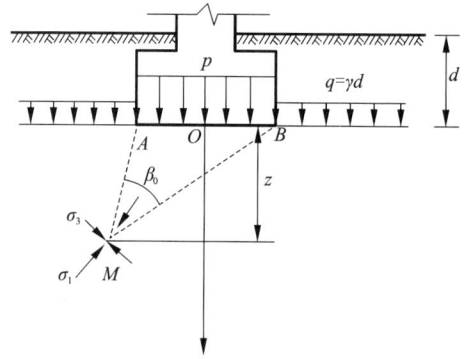

图 3-21　条形均布荷载作用下地基中的主应力

$$\left.\begin{array}{c}\sigma_1\\\sigma_3\end{array}\right\} = \frac{p-\gamma d}{\pi}(\beta_0 \pm \sin\beta_0) + \gamma_0 d + \gamma z \qquad (3-15)$$

M 点处于极限平衡状态，即：

$$\sin\varphi = \frac{\sigma_1 - \sigma_3}{\sigma_1 + \sigma_3 + 2c\cot\varphi} \qquad (3-16)$$

由上式可得：

$$z = \frac{p-\gamma_0 d}{\pi\gamma}\left(\frac{\sin\beta_0}{\sin\varphi} - \beta_0\right) - \frac{c}{\gamma\tan\varphi} - \frac{\gamma_0}{\gamma}d \qquad (3-17)$$

塑性区最大深度 z_{max} 由 $\dfrac{\mathrm{d}z}{\mathrm{d}\beta_0} = 0$ 条件可得：

$$\cos\beta_0 = \sin\varphi \qquad (3-18)$$

即：

$$\beta_0 = \frac{\pi}{2} - \varphi \qquad (3-19)$$

将 β_0 代入式（3-18）可得 z_{max} 的表达式如下：

$$z_{max} = \frac{p-\gamma_0 d}{\pi\gamma}\left[\cot\varphi - \left(\frac{\pi}{2} - \varphi\right)\right] - \frac{c}{\gamma\tan\varphi} - \frac{\gamma_0}{\gamma}d \qquad (3-20)$$

当塑性变形区最大深度 $z_{max} = 0$ 时，则地基土处于恰要出现塑性变形区的状态，此时作用在地基上的荷载，成为临塑荷载 p_{cr}，即临塑荷载的表达式：

$$p_{cr} = \frac{\cot\varphi + \dfrac{\pi}{2} + \varphi}{\cot\varphi - \dfrac{\pi}{2} + \varphi}\gamma_0 d + \frac{\pi\cot\varphi}{\cot\varphi - \dfrac{\pi}{2} + \varphi}c = A\gamma_0 d + Bc \qquad (3-21)$$

式中：p——条形均布荷载；

　　　h——基础的埋深；

　　　r——基地土的重度；

φ——地基土的内摩擦角；

c——地基土的黏聚力；

γ_0——基底标高以上土的加权平均重度；

A、B——承载力系数，$A = \dfrac{\cot\varphi + \dfrac{\pi}{2} + \varphi}{\cot\varphi - \dfrac{\pi}{2} + \varphi}$，$B = \dfrac{\pi\cot\varphi}{\cot\varphi - \dfrac{\pi}{2} + \varphi}$

（2）临界荷载计算公式

地基是一个体积无限的土体，当地基在临塑荷载作用时，只有基础底面的两边达到极限平衡，即在基础两边一定范围和一定大小的塑性变形区，此时大部分土体还是处于稳定状态，地基基本还是处于稳定状态。大量工程实践表明，地基中塑性变形区的深度为基础宽度 $1/4 - 1/3$ 时，地基仍然处于稳定状态，此时对应的荷载为临界荷载，记为 $p_{1/4}$ 和 $p_{1/3}$，作为地基的容许承载力。

将 $z_{\max} = 1/4b$ 代入（3-14）式可得 $p_{1/4}$ 的计算公式为：

$$p_{1/4} = \frac{\pi(\gamma_0 d + c\cot\varphi + \gamma b/4)}{\cot\varphi + \varphi - \dfrac{\pi}{2}} + \gamma_0 d \qquad (3-22)$$

式（3-22）也可以用下式表示：

$$p_{1/4} = N_b \gamma b + N_d \gamma_0 d + N_c c \qquad (3-23)$$

式中：b，d——基底宽及埋深，m；

c——土的黏聚力，kPa；

N_b、N_d、N_c——承载力系数，只与土的内摩察角有关，即：

$$N_b = \frac{\pi}{4\left(\cot\varphi - \dfrac{\pi}{2} + \varphi\right)}; \quad N_d = \frac{\cot\varphi + \dfrac{\pi}{2} + \varphi}{\cot\varphi - \dfrac{\pi}{2} + \varphi}; \quad N_c = \frac{\pi\cot\varphi}{\cot\varphi - \dfrac{\pi}{2} + \varphi}$$

对于偏心荷载作用的基础，把 $z_{\max} = 1/3b$ 代入式（3-15）可得 $p_{1/3}$ 的计算公式为：

$$p_{1/3} = \frac{\pi(\gamma_0 d + c\cot\varphi + \gamma b/3)}{\cot\varphi + \varphi - \dfrac{\pi}{2}} + \gamma_0 d \qquad (3-24)$$

式（3-22）和式（3-24）都是在均布条形荷载作用下导出的，对于圆形和矩形基础，其结果偏于安全。

（3）极限荷载计算公式

地基极限荷载即地基受基础荷载的极限压力。其求解方法一般有如下两种方法。方法一：依据土的极限平衡理论和已知的边界条件，求解出地基中各点达到极限平衡时应力及滑动方向，从而求出基底极限承载力；方法二：通过模型试验，研究地基滑动面形状并进行简化，再根据滑动土体的静力平衡条件求解极限承载力，下面是几种常见的地基极限承载力公式。

1）太沙基公式

太沙基（K. Terzaghi）提出条形基础极限荷载公式。太沙基假定基础是条形基础，均布荷载作用，而且基础底面是粗糙的。当地基发生滑动时，滑动面形状如图3-22，将基底以上的地基土看作均布荷载 $q = \gamma d$，不考虑其强度，地基破坏时沿着 CDF 曲面滑动，出现连续的滑动面。滑动面 DF 面与水平面的夹角为 $45° - \varphi/2$。

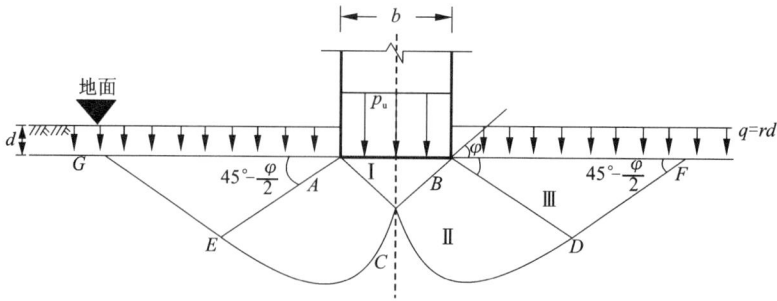

图 3 - 22　条形均布荷载作用下太沙基公式地基滑动面形状

条形基础极限荷载的太沙基公式如下：

$$p_{\mathrm{u}} = \frac{1}{2}\gamma b N_{\gamma} + \gamma d N_{\mathrm{q}} + c N_{\mathrm{c}} \tag{3-25}$$

式中：N_{γ}、N_{q}、N_{c}——太沙基地基承载力系数，只与土的内摩察角有关，可查图 3 - 23 中的地
　　　　　　　　　　　基承载力系数图确定。

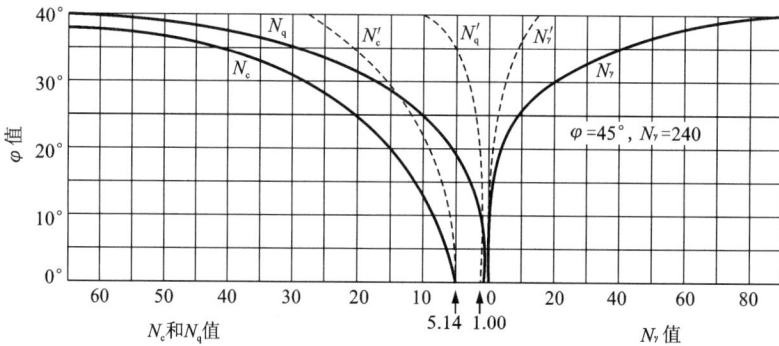

图 3 - 23　太沙基极限承载力系数图

2）汉森（Hansen J. B.）极限承载力公式

汉森（Hansen J. B.）在地基极限承载力计算方面的主要成果是对太沙基承载力公式进行
了几方面的修正：条形荷载的基础形状修正；埋深范围内考虑土抗剪强度的修正；基底存在
水平荷载时倾斜修正；地面有倾角时地面修正，每项修正只需在承载力系数前乘上一个相应
的修正系数。

修正后的汉森极限承载力公式为：

$$p_{\mathrm{u}} = \frac{1}{2}\gamma b N_{\gamma} S_{\gamma} d_{\gamma} i_{\gamma} + \gamma d N_{\mathrm{q}} S_{\mathrm{q}} d_{\mathrm{q}} i_{\mathrm{q}} + c N_{\mathrm{c}} S_{\mathrm{c}} d_{\mathrm{c}} i_{\mathrm{c}} \tag{3-26}$$

式中：N_{γ}、N_{q}、N_{c}——汉森承载力系数，查表 3 - 2 确定；

　　　S_{γ}、S_{q}、S_{c}——基础形状修正系数，查表 3 - 3 确定；

　　　i_{γ}、i_{q}、i_{c}——荷载倾斜修正系数，查表 3 - 4 确定；

d_γ、d_q、d_c——基础埋深修正系数，查表3-5确定。

表3-2　汉森承载力系数 N_c、N_q、N_r 值

φ	N_c	N_q	N_r	φ	N_c	N_q	N_r
0	5.14	1.00	0.00	24	19.32	9.60	6.90
2	5.63	1.20	0.01	26	22.25	11.85	9.53
4	6.19	1.43	0.05	28	25.80	14.72	13.13
6	6.81	1.72	0.14	30	30.14	18.40	18.09
8	7.53	2.06	0.27	32	35.49	23.18	24.95
10	8.35	2.47	0.47	34	42.16	29.44	34.54
12	9.28	2.97	0.76	36	50.59	37.75	48.06
14	10.37	3.59	1.16	38	61.35	48.93	67.40
16	11.63	4.34	1.72	40	75.31	64.20	95.51
18	13.10	5.26	2.49	42	93.71	85.38	136.76
20	14.83	6.40	3.54	44	118.37	115.31	198.70
22	16.88	7.82	4.96	46	152.10	158.51	224.64

表3-3　基础形状系数 S_c, S_q, S_r 值

基础形状	S_c	S_q	S_r
条形	1.00	1.00	1.00
圆形和方形	$1+N_q/N_c$	$1+\tan\varphi$	0.60
矩形(长为 L，宽为 b)	$1+b/L\times N_q/N_c$	$1+b/L\tan\varphi$	$1-0.4b/L$

表3-4　荷载倾斜系数

i_c	i_q	i_r
$\left(1-\dfrac{H}{V+F\cdot c\cdot\cot\varphi}\right)^3$	$\left(1-\dfrac{H}{V+F\cdot c\cdot\cot\varphi}\right)^2$	$i_q-\dfrac{1-i_q}{N_c\tan\varphi}$

注：H、V——倾斜荷载的水平分力，垂直分力，kN；

　　F——基础有效面积，$F=bL$，m^2；

　　当偏心荷载的偏心矩为 e_c 和 e_b，则有效基底长度：$L'=L-2e_c$；有效基底宽度：$b'=b-2e_b$。

表3-5　基础埋深系数 d_c、d_q、d_r

d/b	埋深系数		
	d_c	d_q	d_r
≤1.0	$d_q-\dfrac{1-d_q}{N_c\cdot\tan\varphi}$	$1+2\tan\varphi(1-\sin\varphi)^2\dfrac{d}{b}$	1.0
>1.0	$d_q-\dfrac{1-d_q}{N_c\cdot\tan\varphi}$	$1+2\tan\varphi(1-\sin\varphi)^2\arctan\left(\dfrac{d}{b}\right)$	1.0

（4）由规范公式法确定地基承载力特征值

《建筑地基基础设计规范（GB 50007—2011）》规定，当基础底面偏心距小于或等于0.033倍基础底面宽度时，可根据土的抗剪强度指标确定地基承载力，按下式计算：

$$f_a = M_b \gamma b + M_d \gamma_m d + M_c c_k \tag{3-27}$$

式中：f_a——由土的抗剪强度指标确定的地基承载力特征值，kPa；

　　　b——基础宽度，m，大于6 m时按6 m取值，对于砂土小于3 m时按3 m取值；

　　　M_b、M_d、M_c——承载力系数，按内摩擦角标准值φ_k查表3-6；

　　　c_k——基底下一倍短边宽度的深度范围内土的黏聚力标准值，kPa；

　　　γ_m——基础底面以上土的加权平均重度，kN/m^3；

　　　γ——土的重度，kN/m^3。

表3-6　承载力系数 M_b、M_d、M_c

土的内摩擦角标准值 $\varphi_k/(\degree)$	M_b	M_d	M_c	土的内摩擦角标准值 $\varphi_k/(\degree)$	M_b	M_d	M_c
0	0	1.00	3.14	22	0.61	3.44	6.04
2	0.03	1.12	3.32	24	0.80	3.87	6.45
4	0.06	1.25	3.51	26	1.10	4.37	6.90
6	0.10	1.39	3.71	28	1.40	4.93	7.40
8	0.14	1.55	3.93	30	1.90	5.59	7.95
10	0.18	1.73	4.17	32	2.60	6.35	8.55
12	0.23	1.94	4.42	34	3.40	7.21	9.22
14	0.29	2.17	4.69	36	4.20	8.25	9.97
16	0.36	2.43	5.00	38	5.00	9.44	10.80
18	0.43	2.72	5.31	40	5.80	10.84	11.73
20	0.51	3.06	5.66				

注：φ_k——基底下一倍短边宽度的深度范围内土的内摩擦角标准值（$\degree$）。

2. 现场原位测试确定地基承载力

主要有载荷试验、标准贯入试验、静力触探试验、十字板剪切试验和旁压试验等原位测试方法确定地基承载力。

（1）现场平板载荷试验

载荷试验又分为浅层平板载荷试验、深层平板载荷试验、螺旋板载荷试验三种。其中浅层平板载荷试验适用于地下水位以上浅层地基土，深层平板载荷试验适用于埋深大于或等于3 m和地下水位以上的地基土，螺旋板载荷试验适用于深层地基土或地下水位以下的地基土。下面以浅层平板载荷试验要点为例说明。

现场载荷试验时，在拟建建筑物场地上将一定尺寸和几何形状（圆形或方形）的刚性板，安放在被测的地基持力层上，逐级增加荷载，并测得每一级荷载下的稳定沉降，直至达到地基破坏标准，由此可得到荷载（p）-沉降（s）曲线（即$p-s$曲线）。由现场平板荷载试验得到的$p-s$曲线，可推断地基的极限荷载和承载力特征值。

《建筑地基基础设计规范》（GB 50007—2011）规定，达到下列情况之一时，认为土已达到极限状态,即地基土破坏,现场平板载荷应终止加载。包括:①承载板周围的土明显侧向挤出(砂土)或发生裂缝(黏性土和粉土);②沉降 s 急骤增大, $p-s$ 曲线出现陡降阶段;③在某级荷载下,24 h 内沉降速率不能达到稳定;④沉降量与承压板宽度或直径之比 $s/b \geqslant 0.06$。当满足前三种情况之一时,其对应前一级荷载定位极限荷载。

浅层平板载荷试验地基承载力特征值按如下原则确定:

1)当 $p-s$ 曲线上有比例界限(临塑荷载)时,取该比例界限所对应的荷载值;

2)当极限荷载小于对应比例界限荷载值的 2 倍时,取极限荷载值的一半;

3)当不能满足上述二点时,按下述方法确定:如承压板面积为 $0.25 \sim 0.50 \ m^2$,可取 $s/b = 0.01 \sim 0.015$(b 承压板宽度或直径)所对应的荷载,但其值不应大于最大加载量的一半;

4)同一土层参加统计的试验点不应少于 3 点,当试验实测值的极差不超过其平均值的 30% 时,取此平均值作为该土层的地基承载力特征值 f_{ak}。

(2)标准贯入试验

标准贯入试验是一种在现场用 63.5 kg 的穿心锤,以 76 cm 的落距自由落下,将一定规格的带有小型取土筒的标准贯入器打入土中,记录打入 30 cm 的锤击数(即标准贯入击数 N),并以此评价土的工程性质的原位试验。标准贯入试验的设备和技术要点详见《岩土工程勘察设计规范》(GB 50021—2009)。

对标准锤击数经过杆长修正值后,可与载荷试验结果对比分析建立经验关系,间接确定地基土的承载力。标准贯入试验确定地基承载力的适用土层为砂性土、粉土和一般黏性土,不适用于碎石类土及岩层。试验操作简单、使用方便,地层适用性较广。但试验数据离散性较大,精度较低,对于饱和软黏土,远不及十字板剪切试验及静力触探等方法精度高。

(3)静力触探试验

静力触探试验适用于软土、一般黏土、粉土、砂土和含少量碎石的土,其试验设备和技术要点详见《岩土工程勘察设计规范》(GB 50021—2009)。由地基土的静力触探试验所测得的数据,可作地基土层厚 z – 贯入阻力 p 的关系曲线,按此曲线可以间接确定地基承载力。

原位测试方法除载荷试验、静力触探、标准贯入试验外,还有十字板强度试验和旁压试验等原位试验,这些方法确定地基承载力特征值经济方便,在实际工程中也得到了较多应用。

3. 经验数据方法

有些设计规范或勘察规范中常给出了一些土类的地基承载力表,使用时可根据地基勘察成果,从这些经验数据表格中查得相应地基承载力。例如《建筑地基基础设计规范》(GBJ7—1989)中就推荐采用地基承载力表确定地基承载力,并提供了具体的操作方法和相关要求。但应注意这些表格在新版地基基础规范《建筑地基基础设计规范》(GB 50007—2011)已被删除。因此,可以在本地区得到验证的条件下,将《建筑地基基础设计规范》(GB J7—1989)中推荐采用的地基承载力表作为一种经验方法使用,但应慎用。

4. 地基承载力特征修正值

在工程实践中,当基础宽度大于 3 m 或埋深大于 0.5 m 时,从现场载荷试验或其他原位测试、经验值等方法确定的地基承载力特征值 f_{ak},尚应按下式进行基础宽度和深度修正:

$$f_a = f_{ak} + \eta_b \gamma (b - 3) + \eta_d \gamma_m (d - 0.5) \qquad (3-28)$$

式中: f_a ——修正后的地基承载力特征值(设计值);

f_{ak}——由载荷试验或其他原位测试、经验等方法确定的地基承载力特征值，kPa。

η_b、η_d——基础宽度和埋深的地基承载力修正系数，按基底下土的类别查表 3-7 取值；

γ——基础底面以下土的重度，kN/m^3，地下水位以下取浮重度；

b——基础底面宽度，m，当基础底面宽度小于 3 m 时按 3 m 取值，大于 6 m 时按 6 m 取值；

γ_m——基础底面以上土的加权平均重度，kN/m^3，位于地下水位以下的土层取有效重度；

d——基础埋置深度，m，宜自室外地面标高算起。在填方整平地区，可自填土地面标高算起，但填土在上部结构施工后完成时，应从天然地面标高算起。对于地下室，如采用箱形基础或筏基时，基础埋置深度自室外地面标高算起；当采用独立基础或条形基础时，应从室内地面标高算起。

表 3-7　承载力修正系数

土　的　类　别		η_b	η_d
淤泥和淤泥质土		0	1.0
人工填土 e 或 I_L 大于等于 0.85 的黏性土		0	1.0
红黏土	含水比 $\alpha_w > 0.8$	0	1.2
	含水比 $\alpha_w \leq 0.8$	0.15	1.4
大面积压实填土	压实系数大于 0.95、黏粒含量 $\rho_c \geq 10\%$ 的粉土	0	1.5
	最大干密度大于 2100 kg/m^3 的级配砂石	0	2.0
粉　土	黏粒含量 $\rho_c \geq 10\%$ 的粉土	0.3	1.5
	黏粒含量 $\rho_c < 10\%$ 的粉土	0.5	2.0
e 及 I_L 均小于 0.85 的黏性土		0.3	1.6
粉砂、细砂(不包括很湿与饱和时的稍密状态)		2.0	3.0
中砂、粗砂、砾砂和碎石土		3.0	4.4

注：①强风化和全风化的岩石，可参照所风化成的相应土类取值，其他状态下的岩石不修正；②地基承载力特征值按本规范附录 D 深层平板载荷试验确定时 η_d 取 0；③含水比是指土的天然含水量与液限的比值；④大面积压实填土是指填土范围大于两倍基础宽度的填土。

模块小结

（1）土的抗剪强度由摩擦力和黏聚力两部分构成。砂土是一种散粒结构，其黏性力可以忽略。黏性土的抗剪强度指标 φ 和 c 不是一个常数，它与土的结构和性质有关。

（2）土的极限平衡理论表示土体达到极限平衡条件时，土体中某点的两个主应力大小与土的抗剪强度指标的关系。

（3）土的抗剪强度试验方法很多。室内试验主要有直接剪切试验、三轴剪试验和无侧限抗压强度试验。现场试验主要有十字板剪切试验和旁压试验等。

（4）临塑荷载、临界荷载、极限荷载都属于地基承载力问题，是土的抗剪强度在工程实践中的运用。

（5）地基承载力特征值可由载荷试验或其他原位测试、公式计算、并结合工程实践经验等方法综合确定。

思考题

思考题答案

1. 何谓土的抗剪强度？黏性土和砂土的抗剪强度各有什么特点？

2. 为什么说土的抗剪强度不是一个定值？影响抗剪强度的因素有哪些？

3. 土体发生剪切破坏的平面是不是剪应力最大的平面？破裂面与大主应力作用面成什么角度？

4. 直接剪切试验与三轴剪切试验各有什么优缺点？

5. 为什么说无侧限抗压强度试验是三轴剪切试验的特例？

6. 剪切试验成果整理中总应力法和有效应力法有何不同？为什么说排水剪成果就相当于有效应力法成果？

7. 饱和黏性土的不排水剪试验得到的强度包线有什么特点？

8. 什么是地基承载力特征值？如何确定？

习　题

习题答案

1. 对某砂土试样进行三轴固结排水剪切试验，测得试样破坏时的主应力差 $\sigma_1 - \sigma_3 = 400\ \text{kPa}$，周围压力 $\sigma_3 = 100\ \text{kPa}$，试求该砂土的抗剪强度指标。

2. 已知地基中某点的大主应力 $\sigma_1 = 700\ \text{kPa}$、小主应力 $\sigma_3 = 200\ \text{kPa}$，试求：（1）最大剪应力值及最大剪应力作用面与大主应力面的夹角；（2）作用在与小主应力面成30°角的面上的法向应力和剪应力。

3. 一组土样直接剪切试验结果如下表：

σ/kPa	100	200	300	400
τ_f/kPa	67	119	161	215

①试用作图法求土的抗剪强度指标 c、φ 值。

②如作用在土样中某平面的正应力和剪应力分别为220 kPa和100 kPa，是否会发生剪切破坏？

4. 某地基内摩擦角为35°，黏聚力 $c = 12\ \text{kPa}$，$\sigma_3 = 160\ \text{kPa}$，求剪切破坏时的大主应力。

5. 对某砂土土样进行直剪试验，$\sigma = 300\ \text{kPa}$，$\tau_f = 200\ \text{kPa}$，求：

①该砂土样的内摩擦角；

②大主应力作用面与剪切面所成夹角；

③破坏时的大、小主应力；

6. 某住宅楼为 6 层，经岩土工程勘察得地基承载力特征值 $f_{ak} = 170\ kPa$，基础宽度为 1.5 m，埋深 4.2 m，该土为黏性土，e 和 I_L 均小于 0.85，已知基底以上土的加权平均重度 $\gamma_m = 15.3\ kN/m^3$，试求修正后的地基承载力特征值 f_a。

自测题

3.1　土的抗剪强度

一、填空题

1. 黏性土抗剪强度的库伦定律表达式为＿＿＿＿＿＿＿＿＿。

2. 砂土抗剪强度的库伦定律表达式为＿＿＿＿＿＿＿＿＿。

3. 土的抗剪强度影响因素有＿＿＿＿、＿＿＿＿、＿＿＿＿、＿＿＿＿、＿＿＿＿。

4. 直剪仪分为＿＿＿＿和＿＿＿＿两种。

5. 一种土的含水量越大，其内摩擦角越＿＿＿＿＿。

6. 施加垂直压力后，让土样充分排水固结，固结完成后，再快速施加水平剪力，使土样在 3～5 min 内剪切破坏，这样的直剪试验方法称为＿＿＿＿＿＿＿。

7. 三轴剪切试验按剪切前的固结程度和剪切时的排水条件，分为＿＿＿＿、＿＿＿＿、＿＿＿＿。

8. 土中一点的莫尔应力圆与抗剪强度曲线相切，表示它处于＿＿＿＿状态。

二、选择题

1. 土体达到极限平衡时，剪切破坏面与最大主应力 σ_1 作用面的夹角为（　　）

A. $45° + \dfrac{\varphi}{2}$　　　　B. $45° + \varphi$　　　　C. $45°$　　　　D. $45° - \dfrac{\varphi}{2}$

2. 土中一点发生剪切破坏时，破裂面与小主应力 σ_3 作用面的夹角为（　　）。

A. $45° + \varphi$　　　　B. $45° + \varphi/2$　　　　C. $45°$　　　　D. $45° - \varphi/2$

3. 关于 c、φ 参数，下列说法错误的是（　　）。

A. c、φ 是描述土的抗剪强度的两个参数，同一种土中 c、φ 是常数

B. c 值反应了土颗粒间的联结能力，塑性指数越大，土的黏聚力越大

C. φ 值反应了土颗粒间的咬合能力，颗粒越大，内摩擦角越大

D. 土的内摩擦角理论上不能大于 $45°$

4. 若代表土中某点应力状态的莫尔应力圆与抗剪强度包线相切，则表明土中该点（　　）。

A. 任一平面上的剪应力都小于土的抗剪强度

B. 某一平面上的剪应力超过了土的抗剪强度

C. 在相切点所代表的平面上，剪应力正好等于抗剪强度

D. 在最大剪应力作用面上，剪应力正好等于抗剪强度

5. 某砂土内摩擦角 $\varphi = 34°$，若 $\sigma_3 = 100$ kPa，则达到极限平衡时的 σ_1 为多少 kPa？（　　）

 A. 291.6   B. 353.8   C. 376.9   D. 402.7

6. 黏性土的抗剪指标 $\varphi = 20°$，$c = 10$ kPa，当土中某点的大主应力 $\sigma_1 = 400$ kPa 时，该点处于极限平衡状态时，小主应力 σ_3 为（　　）。

 A. 294 kPa   B. 266 kPa   C. 210 kPa   D. 182 kPa

7. 饱和黏性土在不同竖向压力 p 作用下进行快剪、固结快剪和慢剪，哪一种试验方法所得的强度最大（　　）。

 A. 慢剪   B. 固结快剪   C. 快剪   D. 一样大

8. 三轴压缩试验在不同排水条件下得到的内摩擦角的关系是（　　）。

 A. $\varphi_u > \varphi_{cu} > \varphi_d$ B. $\varphi_u < \varphi_{cu} < \varphi_d$ C. $\varphi_{cu} > \varphi_u > \varphi_d$ D. $\varphi_d > \varphi_u > \varphi_{cu}$

9. 三个饱和土样进行三轴不固结不排水试验，其围压 σ_3 分别为 50 kPa，100 kPa 和 150 kPa，最终测得的强度有何差别（　　）。

 A. σ_3 越大，强度越大   B. σ_3 越大，孔隙水压力越大，强度越小

 C. 与 σ_3 无关，强度相似   D. σ_3 越大，强度越小

10. 有一饱和黏性土试样，进行三轴固结不排水试验，并测出孔隙水压力，可以得到一个总应力圆和有效应力圆，试问两个应力圆大小有何不同（　　）。

 A. 总应力圆大   B. 有效应力圆大

 C. 无法比较   D. 两个应力圆一样大

11. 饱和软黏土的不排水抗剪强度等于其无侧限抗压强度的（　　）。

 A. 2 倍   B. 1 倍   C. 1/2 倍   D. 1/4 倍

12. 软黏土的灵敏度可用（　　）测定。

 A. 直接剪切试验   B. 室内压缩试验

 C. 标准贯入试验   D. 十字板剪切试验

13. 通过无侧限抗压强度试验可以测得黏性土的（　　）。

 A. a 和 E_s B. c_u 和 k C. c_u 和 S_t D. c_{cu} 和 φ_{cu}

14. 在现场原位进行的试验是（　　）。

 A. 直接剪切试验   B. 无侧限抗压强度试验

 C. 十字板剪切试验   D. 三轴压缩试验

15. 无侧限抗压强度试验属于（　　）。

 A. 不固结不排水剪   B. 固结不排水剪   C. 固结排水剪   D. 固结快剪

16. 十字板剪切试验属于（　　）。

 A. 不固结不排水剪   B. 固结不排水剪   C. 固结排水剪   D. 慢剪

17. 十字板剪切试验常用于测定（　　）的原位不排水抗剪强度。

 A. 砂土   B. 粉土   C. 黏性土   D. 饱和软黏土

18. 不能用于测定土的不排水强度指标的试验方法是（　　）

 A. 不固结不排水剪   B. 固结不排水剪   C. 十字板剪切试验   D. 快剪试验

三、判断题

1. 地基土中孔隙水压力越大，土的抗剪强度越高。（　　）

2. 当土中某点 $\sigma_1 = \sigma_3$ 时，该点不会发生剪切破坏。(　　)

3. 地基土的强度破坏是剪切破坏，而不是受压破坏。(　　)

4. 土中应力水平越高，土越易破坏，说明土的抗剪强度越小。(　　)

5. 土的抗剪强度是指土体抵抗剪切破坏的极限能力。(　　)

6. 由土的三轴剪切试验可知，如果应力路径不同，那么得到的有效应力抗剪强度指标在数值上存在较大的差异。(　　)

7. 正常固结土的不固结不排水试验的破坏应力圆的包线是一条水平线，它说明土样的破坏面与最大剪应力面是一致的。(　　)

8. 对相同正常固结土进行固结排水剪和固结不排水剪，固结围压相同，则它们所得到的有效应力强度指标相同。(　　)

9. 直接剪切试验的优点是可以严格控制排水条件，而且设备简单.操作方便。(　　)

10. 砂土的抗剪强度由摩擦力和黏聚力两部分组成。(　　)

3.2　地基承载力

一、填空题

1. 在荷载作用下，建筑物地基的破坏通常是由承载力不足而引起的剪切破坏，地基剪切破坏的形式可分为 _____、_____、_____。

2. 发生整体剪切破坏的地基，从开始承受荷载到破坏经历了 _____、_____、_____三个阶段。

3. 目前常用的地基承载力确定的方法有 _____、_____、_____等三大类。

4. 土的抗剪强度指标 c、φ 和重度 γ 愈大，则该土的极限承载力 p_u 愈 _____。

5. 现场原位测试确定地基承载力的方法有 _____、_____、_____、_____。

6. 当前地基极限承载力理论研究，主要限于 _____破坏形式。

7. 在进行基础设计时，不能直接采用 _____荷载作为地基承载力特征值。

8. 太沙基公式是世界各国常用的极限荷载计算公式，适用于 _____基础。

二、选择题

1. 地基变形经历了弹性变形阶段、弹塑性变形阶段和破坏阶段的破坏模式属于(　　)。

A.整体剪切破坏　　B.局部剪切破坏　　C.刺入剪切破坏　　D.冲切剪切破坏

2. 根据载荷试验确定地基承载力，当 $p-s$ 曲线开始不再保持线性关系时，表示地基土处于何种受力状态(　　)。

A.弹性状态　　　　B.整体破坏状态　　C.局部破坏状态　　D.冲切破坏状态

3. 对于(　　)，较易发生整体剪切破坏。

A.高压缩性土　　　B.中压缩性土　　　C.低压缩性土　　　D.软土

4. 对于(　　)，较易发生冲切剪切破坏。

A.低压缩性土　　　B.中压缩性土　　　C.密实砂土　　　　D.软土

5. 下列属于地基土整体剪切破坏的特征是(　　)。

A. 基础四周的地面隆起

B. 多发生于坚硬黏土层及密实砂土层

C. 地基中形成连续的滑动面并贯穿至地面

D. 多发生于软土地基

6. 下列属于地基土冲剪破坏的特征是(　　)。

A. 破坏时地基中没有明显的滑动面　　　　B. 基础四周地面无隆起

C. 基础无明显倾斜,但发生较大沉降　　　D. $p-s$ 曲线有明显转折点

7. 荷载试验的中心曲线形态上,从线性关系开始变成非线性关系的界限荷载称为(　　)。

A. 临塑荷载　　　　B. 临界荷载　　　　C. 允许荷载　　　　D. 极限荷载

8. 设基础底面宽度为 b,则临塑荷载 P_{cr} 是指基底下塑性变形区的深度 $z_{max}=$(　　)时基底压力。

A. $b/2$　　　　B. $b/3$　　　　C. $b/4$　　　　D. 0,但塑性区即将出现

9. 浅基础的地基极限承载力是指(　　)。

A. 地基中将要出现但尚未出现塑性区时的荷载

B. 地基中的塑性区发展到一定范围时的荷载

C. 使地基土体达到整体剪切破坏时的荷载

D. 使地基中局部土体处于极限平衡状态时的荷载

10. 地基临塑荷载(　　)。

A. 与基础埋深无关　　　　　　　　　B. 与基础宽度无关

C. 与地下水位无关　　　　　　　　　D. 与地基土软硬无关

11. 地基临界荷载(　　)。

A. 与基础埋深无关　　　　　　　　　B. 与基础宽度无关

C. 与地下水位无关　　　　　　　　　D. 与地基土排水条件有关

12. 在黏性土地基上有一条形刚性基础,基础宽度为 b,在上部荷载作用下,基底持力层内最先出现塑性区的位置在(　　)。

A. 条形基础中心线下　　　　　　　　B. 离中心线 $b/3$ 处

C. 离中心线 $b/4$ 处　　　　　　　　D. 条形基础边缘处

13. 黏性土地基上,有两个宽度不同,埋置深度相同的条形基础,问哪个基础的临塑荷载大。(　　)

A. 宽度大的临塑荷载大　　　　　　　B. 宽度小的临塑荷载大

C. 两个基础的临塑荷载一样大　　　　D. 不一定哪个大

14. 当地基中塑性展区最大深度等于1/3 或 1/4 基础深度,此时对应的荷载称为(　　)。

A. 临塑荷载　　　　B. 临界荷载　　　　C. 破坏荷载　　　　D. 极限荷载

15. 若地基表面产生较大隆起,基础发生严重倾斜,则地基的破坏形式为(　　)。

A. 整体剪切破坏　　B. 局部剪切破坏　　C. 剪涨破坏　　　　D. 冲切剪切破坏

三、判断题

1. 极限荷载为地基开始局部剪切破坏的荷载。(　　)

2. 地基的临塑荷载大小与条形基础的埋深有关，而与基础宽度无关，因此只改变宽度不能改变地基的临塑荷载。（   ）

3. 一般认为将地基塑性区的最大深度 Z_{max} 控制在基础宽度的 1/4～1/3 以内。（   ）

4. 《规范》推荐的理论公式确定地基承载力特征值的公式是基于 P1/3 的。（   ）

5. 对静载荷试验，规范规定对同一土层，应至少选择 3 点作为载荷试验点。（   ）

6. 标准贯入试验，穿心锤质量为 63.5 kg。（   ）

7. 地基承载力与荷载无关。（   ）

8. 地基承载力与基础形状无关。（   ）

9. 设计的基础宽度或埋置深度超过一定范围时，地基容许承载力值予以修正提高。（   ）

10. 太沙基承载力公式适用于地基土是整体和局部剪切破坏的情况。（   ）

模块四　挡土墙与边坡工程

建筑施工现场专业技术岗位资格考试和技能实践要求

- 掌握朗肯土压力理论和库伦土压力理论的基本知识，并能将其应用于一般工程问题。
- 学会重力式挡土墙设计的基本知识。

教学目标

【知识目标】

- 掌握静止土压力、主动土压力、被动土压力的基本概念。
- 掌握朗肯土压力理论和库伦土压力理论的基本知识。
- 熟悉有超载、成层土、有地下水情况等实际工程中的挡土墙土压力计算。
- 掌握重力式挡土墙计算的基本内容。

【能力目标】

- 能正确计算挡土墙的土压力；
- 能进行简单重力式挡土墙的设计，并指导施工。

【素质目标】

- 通过本模块的学习，培养学生理论联系实践的工程素质。
- 通过本模块的学习，培养学生良好的组织、团队协作和沟通能力。

4.1　挡土墙的认知与设计

挡土墙是一种用来侧向支撑土体或防止土体下滑的构筑物，在房屋建筑、铁路桥梁以及水利工程等土木工程中应用很广（如图4-1），例如，边坡挡土墙、地下室侧墙、重力式码头的岸壁、桥台、散料仓库、板桩墙及地下洞室的侧墙等。

4.1.1　挡土墙的形式及在工程中的应用

按挡墙结构形式，挡土墙可分为：重力式挡土墙、悬壁式及扶壁式挡土墙、锚杆挡土墙、锚定板挡土墙、加筋土挡土墙及土钉挡土墙等。按墙体结构材料，挡土墙可分为：石砌挡土墙、混凝土挡土墙、钢筋混凝土挡土墙、钢板挡土墙等。

1. 重力式挡土墙

重力式挡土墙依靠墙身自重平衡墙后填土的土压力来维持墙体稳定，一般用块（片）石、砖或素混凝土筑成［如图4-2（a）］。

重力式挡土墙结构型式简单，易于施工，施工工期短，能就地取材，适应性较强，应用广

图 4 - 1　挡土墙在土木工程中的应用举例

泛。适用于一般地区、浸水地区、地震地区等地区的边坡支挡工程。但其工程量大,对地基承载要求高,当地基承载力较低时或地质条件复杂时适当控制墙高。

2. 悬壁式及扶壁式挡土墙

悬臂式挡土墙多用钢筋混凝土做成,悬臂式挡土墙由立臂、墙趾板、墙踵板三部分组成[如图 4 - 2(b)]。它的稳定性主要靠墙踵悬臂以上的土所受重力维持。当墙身较高(超过 6 m)时,沿墙长每隔一定距离设置一道扶壁连接墙面板及踵板,以减小立臂下部的弯矩,称为扶壁式挡土墙[如图 4 - 2(c)]。

它们的共同特点是:墙身断面较小,结构的稳定性不是依靠本身的重量,而主要依靠踵板上的填土重量来保证。它们自重轻,圬工省。适用于墙高较大的情况,由于它的悬臂部分的拉应力由钢筋来承受,需使用一定数量的钢材。宜在石料缺乏、地基承载力较低的填方地段使用。

3. 锚杆挡土墙

锚杆挡土墙是一种轻型挡土墙,主要由预制的钢筋泥凝土立柱、挡土板构成墙面,与水平或倾斜的钢锚杆联合组成。锚杆挡土墙适用于墙高较大、石料缺乏或挖基困难地区,且具备锚固条件的一般岩质边坡加固工程。

按墙面构造的不同,分为柱板式和壁板式两种。柱板式锚杆挡土墙是由挡土板、肋柱和锚杆组成[如图 4 - 2(d)],肋柱是挡土板的支座,锚杆是肋柱的支座,墙后的侧向土压力作用于挡土板上,并通过挡土板传递给肋柱,再由肋柱传递给锚杆,由锚杆与周围地层之间的锚固力即锚杆抗拔力使之平衡,以维持墙身及墙后土体的稳定。壁板式锚杆挡土墙是由墙面板和锚杆组成[如图 4 - 2(e)],墙面板直接与锚杆连接,并以锚杆为支撑,土压力通过墙面板传给锚杆,依靠锚杆与周围地层之间的锚固力(即抗拔力)抵抗土压力,以维持挡土墙的平衡与稳定。

锚杆挡土墙的特点是：①结构质量轻，使挡土墙的结构轻型化，与重力式挡土墙相比，可以节约大量的圬工和节省工程投资；②利于挡土墙的机械化、装配化施工，可以提高劳动生产率；③不需要开挖大量基坑，能克服不良地基开挖的困难，并利于施工安全。但是锚杆挡土墙也有一些不足之处，使设计和施工受到一定的限制，如施工工艺要求较高，要有钻孔、灌浆等配套的专用机械设备，且要耗用一定的钢材。

4.锚定板挡土墙

锚定板挡土墙由墙面系、钢拉杆及锚定板和填料共同组成[如图4-2(f)]。墙面系由预制的钢筋混凝土肋柱和挡土板拼装，或者直接用预制的钢筋混凝土面板拼装而成。钢拉杆外端与墙面系的肋柱或面板连接，而内端与锚定板连接。

锚定板挡土墙是一种适用于填土的轻型挡土结构，锚定板挡土墙和锚杆挡土墙一样，也是依靠"拉杆"的抗拔力来保持挡土墙的稳定。但是，这种挡土墙与锚杆挡土墙又有着明显的区别，锚杆挡土墙的锚杆必须锚固在稳定的地层中，其抗拔力来源于锚杆与砂浆、孔壁地层之间的摩阻力；而锚定板挡土墙的拉杆及其端部的锚定板均埋设在回填土中，其抗拔力来源于锚定板前填土的被动抗力。因此，墙后侧向土压力通过墙面传给拉杆，后者则依靠锚定板在填土中的抗拔力抵抗侧向土压力，以维持挡土墙的平衡与稳定。在锚定板挡土墙中，一方面填土对墙面产生主动土压力，填土愈高，主动土压力愈大；另一方面填土又对锚定板的移动产生被动的土抗力，填土愈高，锚定板的抗拔力也愈大。

从防锈、节省钢材和适应各种填料三个方面比较，锚定板挡土结构都有较大的优越性，但施工程序较为复杂。

5.加筋挡土墙

加筋土挡土墙[如图4-2(g)]是由填土、填土中布置的拉筋条以及墙面板部分组成，在垂直于墙面的方向，按一定间隔和高度水平地放置拉筋材料，然后填上压实，通过填土与拉筋间的摩擦作用，把土的侧压力传给拉筋，从而稳定土体。拉筋材料通常为镀锌薄钢带、铝合金、高强塑料及合成纤维等。墙面板一般用混凝土预制，也可采用半圆形铝板。

加筋土挡土墙属柔性结构，对地基变形适应性大，建筑高度大，通用于填方挡土墙。它结构简单，圬工量少，与其他类型的挡土墙相比，可节省投资30%~70%，经济效益大。

6.土钉挡土墙

土钉挡土墙[如图4-2(h)]是由土体、土钉和护面板三部分组成，利用土钉对天然土体实施加固，并与喷射混凝土护面板相结合，形成类似重力式挡土墙的加强体。土钉挡土墙适用性强、工艺简单、材料用量与工程量较少，常用于稳定挖方边坡或基坑开挖边坡的临时支护。

土钉墙与加筋土墙均是通过土体的微小变形使拉筋受力而工作，通过土体与拉筋之间的黏结、摩擦作用提供抗拔力，从而使加筋区的土体稳定，并承受其后的侧向土压力，起重力式挡土墙的作用。两者的主要差异有：

(1)施工顺序不同，加筋土挡土墙自下而上依次安装墙面板、铺设拉筋、回填压实逐层施工，而土钉墙则是随着边坡的开挖自上而下分级施工。

(2)土钉用于原状土中的挖方工程，所以对土体的性质无法选择，也不能控制；而加筋土用于填方工程中，在一般情况下，对填土的类型是可以选择的，对填土的工程性质也是可以控制的。

（3）加筋筋材多用土工合成材料或钢筋混凝土，筋材直接同土接触而起作用；而土钉多用金属杆件，通过砂浆同土接触而起作用（有时采用直接打入钢筋或角钢到土中而起作用）。

（4）设置形式不同，土钉垂直于潜在破裂面时将会较充分地发挥其抗剪强度，因而应尽可能地垂直于潜在破裂面设置；而加筋条一般水平设置。

总之，土钉墙是由设置于天然边坡或开挖形成的边坡中的加筋杆件及护面板形成的挡土体系，用以改良原位土体的性能，并与原位土体共同工作形成重力挡土墙式的轻型支挡结构，从而提高整个边坡的稳定性。

图 4 - 2　挡土墙主要类型

（a）重力式挡土墙；（b）悬臂式挡土墙；（c）扶壁式挡土墙；（d）柱板式锚杆挡土墙；
（e）壁板式锚杆挡土墙；（f）锚定板挡土墙；（g）加筋挡土墙；（h）土钉挡土墙

4.1.2　土压力计算

挡土墙后的被支撑土体作用于挡土墙上的侧向压力，称为土压力。

1. 土压力的类型

作用在挡土墙结构上的土压力，根据受到土压力后挡土墙发生位移的方向，分为以下三种。

（1）静止土压力

挡土墙在土压力作用下，墙后土体没有破坏，处于弹性平衡状态，不向任何方向发生位移和转动时，作用在墙背上的土压力称为静止土压力，以 E_0 表示[图 4-3c)]。

（2）主动土压力

当挡土墙沿墙趾向离开填土方向转动或平行移动时，墙后土压力逐渐减小。这是因为墙后土体有随墙的运动而下滑的趋势，为阻止其下滑，土内沿潜在滑动面上的剪应力增加，从而使墙背上的土压力减小。当位移达到一定量时，滑动面上的剪应力等于土的抗剪强度，墙后土体达到主动极限平衡状态，填土中开始出现滑动面，这时作用在挡土墙上的土压力减至最小，称为主动土压力，以 E_a 表示[图 4-3(a)]。

（3）被动土压力

当挡土墙在外力作用下（如拱桥的桥台）向墙背填土方向转动或移动时，挡土墙挤压墙背土体，墙后土体有向上滑动的趋势，土压力逐渐增大。当位移达到一定值时，潜在滑动面上的剪应力等于土的抗剪强度，墙后土体达到被动极限平衡状态，墙后土体内也开始出现滑动面。这时作用在挡土墙上的土压力增加至最大，称为被动土压力，以 E_p 表示[图 4-3(b)]。

图 4-3　挡土墙的三种土压力

（a）主动土压力；（b）被动土压力；（c）静止土压力

主动和被动土压力是特定条件下的土压力，仅当挡土墙有足够大的位移或转动时才能产生。对同一挡土墙，在填土的物理力学性质相同的条件下，产生被动土压力所需位移比产生主动土压力所需位移要大得多。挡土墙所受到的三种土压力的关系见表 4-1。

表 4-1　三种土压力的关系

土压力类型	墙位移方向	墙后土体状态	三种土压力大小关系
静止土压力	不向任何方向发生位移和转动	弹性平衡状态	
主动土压力	沿墙趾向离开填土方向转动或平行移动时	主动极限平衡状态	$E_a < E_0 < E_p$
被动土压力	在外力作用下（如拱桥的桥台）向墙背填土方向转动或移动时	被动极限平衡状态	

同时，理论分析和试验均证明，挡土墙的土压力不是一个常量，其土压力的性质、大小及沿墙高的分布规律与很多因素有关，其中主要因素有：①挡土墙的位移方向和位移量；

②挡土墙的性质、墙背的光滑程度和结构形式;③墙后填土的性质,包括填土的重度、含水量、内摩擦角和黏聚力的大小及填土面的倾斜程度。

2. 静止土压力计算

静止土压力强度(σ_0)可按半空间线性变形体在土的自重作用下无侧向变形时的水平侧向应力来计算,即作用于挡土墙背面的静止土压力可看作土体自重应力的水平分量。建筑物地下室的外墙、地下水池的侧壁、涵洞的侧壁以及不产生任何位移的挡土构筑物,其侧壁所受到的土压力可按静止土压力计算。

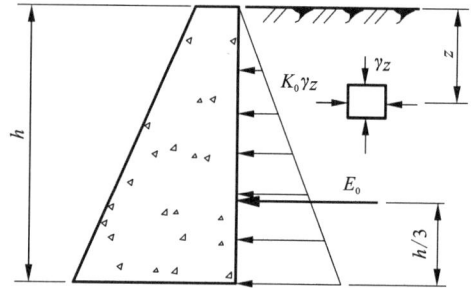
图 4 - 4　墙背竖直时的静止土压力

设在墙后填土表面下任意深度 z 处取一微小单元体(图 4 - 4),其上的竖向土自重应力为 γz,则该处的静止土压力强度可按下式计算:

$$\sigma_0 = K_0 \gamma z \tag{4-1}$$

式中:K_0——土的侧压力系数或称为静止土压力系数,可近似按 $K_0 = 1 - \sin\varphi'$(φ' 为土的有效内摩擦角)计算;

　　　γ——墙后填土重度(kN/m^3)。

由式(4-1)可知,静止土压力沿墙高为三角形分布。如果取单位墙长作为土压力计算单元,则作用在墙上的静止土压力合力为:

$$E_0 = \frac{1}{2}\gamma h^2 K_0 \tag{4-2}$$

式中:h——挡土墙高度(m)。

　　　E_0——单位墙长上受到的静止土压力(kN/m),其作用点在距墙底 $h/3$ 处。

【例题 4 - 1】　已知某挡土墙高 4.0 m,墙背垂直光滑,墙后填土面水平,填土重力密度为 $\gamma = 18.0 \ kN/m^3$,静止土压力系数 $K_0 = 0.65$。试计算作用在墙背的静止土压力大小及其作用点,并绘出土压力沿墙高的分布图。

【解】　按静止土压力计算公式,墙顶处($z = 0$)静止土压力强度为:

$\sigma_{01} = \gamma z K_0 = 18.0 \times 0 \times 0.65 = 0$(kPa)

墙底处($z = 4$ m)静止土压力强度为:

$\sigma_{02} = \gamma z K_0 = 18.0 \times 4 \times 0.65 = 46.8$ kPa

土压力沿墙高分布图如图 4 - 5 所示,土压力合力 E_0 的大小可通过三角形面积求得:

$E_0 = \frac{1}{2} \times 46.8 \times 4 = 93.6$(kN/m)

静止土压力 E_0 的作用点离墙底的距离为:

$\frac{h}{3} = \frac{4}{3} = 1.33$(m)。

图 4 - 5　例题 4 - 1 附图

3. 朗肯(Rankine)土压力计算

1857 年英国学者朗肯(Rankine)从研究弹性半空间体内的应力状态,根据土的极限平衡理论,得出计算土压力的方法,又称极限应力法。

(1)朗肯土压力基本原理

图 4-6(a)表示一表面为水平面的半空间,即土体向下和沿水平方向都伸展至无穷,在离地表 z 处取一单位微体 M,当整个土体都处于静止状态时,各点都处于弹性平衡状态。设土的重度为 γ,显然 M 单元水平截面上的法向应力等于该处土的自重应力为 $\sigma_z = \gamma z$,而竖直截面上的法向应力为 $\sigma_x = K_0 \gamma z$。由于土体内每一竖直面都是对称面,因此竖直截面和水平截面上的剪应力都等于零,因而相应截面上的法向应力 σ_z 和 σ_x 都是主应力,此时的应力状态用莫尔圆表示为如图 4-6(b)所示的圆 I,由于该点处于弹性平衡状态,故莫尔圆没有和抗剪强度包线相切,此时为静止土压力状态。

设想由于某种原因将使整个土体在水平方向均匀地伸展或压缩,使土体由弹性平衡状态转为塑性平衡状态。如果土体在水平方向伸展,则 M 单元在水平截面上的法向应力 σ_z 不变,而竖直截面上的法向应力 σ_x 却逐渐减少,直至满足极限平衡条件为止,σ_x 达最低限值 σ_a。因此,σ_a 是小主应力,而 σ_z 是大主应力,莫尔圆与抗剪强度包线相切,如图 4-6(b)圆 II 所示,此时称为主动朗肯状态。

若土体继续伸展,则只能造成塑性流动,而不致改变其应力状态。反之,如果土体在水平方向压缩,那末 σ_x 不断增加而 σ_z 却仍保持不变,直到满足极限平衡条件时,σ_x 达最大限值 σ_p。这时,σ_p 是大主应力,而 σ_z 是小主应力,莫尔圆与抗剪强度包线相切,如图 4-6(b)中的圆 III,此时称为被动朗肯状态。

由于土体处于主动朗肯状态时,大主应力所作用的面是水平面,故剪切破坏面与竖直面的夹角为 $\left(45° - \dfrac{\varphi}{2}\right)$。当土体处于被动朗肯状态时,大主应力所作用的面是竖直面,故剪切破坏面与水平面的夹角为 $\left(45° - \dfrac{\varphi}{2}\right)$。因此,整个土体由互相平行的两簇剪切面组成。

朗肯将上述原理应用于挡土墙土压力计算中,设想用墙背直立的挡土墙代替半空间左侧的土体。如果墙背与土的接触面上满足剪应力为零的边界应力条件,以及产生主动或被动朗肯状态的边界变形条件,则可保持墙后土体的原应力状态。由此可以推导出挡土墙受到的主动和被动土压力计算公式。因此,朗肯土压力理论的基本假设为:

1)挡土墙为刚体,不考虑墙身的变形;

2)墙后填土延伸到无限远处,填土表面水平($\beta = 0$);

3)挡土墙背垂直、光滑(墙与垂向夹角等于 0,墙与土的摩擦角 $\delta = 0$)。

(2)朗肯主动土压力计算

由土的极限平衡理论可知,当土体中某点处于极限平衡状态时,大主应力 σ_1 和小主应力 σ_3 之间应满足以下关系式:

1)黏性土:

$$\sigma_1 = \sigma_3 \tan^2\left(45° + \frac{\varphi}{2}\right) + 2c\tan\left(45° + \frac{\varphi}{2}\right)$$

或

$$\sigma_3 = \sigma_1 \tan^2\left(45° - \frac{\varphi}{2}\right) - 2c\tan\left(45° - \frac{\varphi}{2}\right)$$

图 4-6 半无限土体的极限平衡状态
(a)单元土体;(b)主动、被动朗肯状态的莫尔应力圆表示;
(c)主动朗肯状态;(d)被动朗肯状态

2)无黏性土:

$$\sigma_1 = \sigma_3 \tan^2\left(45° + \frac{\varphi}{2}\right)$$

或

$$\sigma_3 = \sigma_1 \tan^2\left(45° - \frac{\varphi}{2}\right)$$

设挡土墙墙背光滑、直立、填土面水平(图 4-7)。当挡土墙墙后土体处于主动朗肯状态时,$\sigma_x = \sigma_3$ 为最小主应力,而 σ_z 则是大主应力。由土体极限平衡条件得朗肯主动土压力的计算公式为:

$$\begin{cases} \text{无黏性土:} \ \sigma_x = \sigma_3 = \gamma z \tan^2\left(45° - \frac{\varphi}{2}\right) \\ \text{黏性土:} \ \sigma_x = \sigma_3 = \gamma z \tan^2\left(45° - \frac{\varphi}{2}\right) - 2c\tan\left(45° - \frac{\varphi}{2}\right) \end{cases} \tag{4-3}$$

令 $\sigma_a = \sigma_x$,$K_a = \tan^2\left(45° - \frac{\varphi}{2}\right)$,则公式(4-3)可写成:

$$\begin{cases} \text{无黏性土:} \ \sigma_a = \gamma z K_a \\ \text{黏性土:} \ \sigma_a = \gamma z K_a - 2c\sqrt{K_a} \end{cases} \tag{4-4}$$

式中:σ_a——朗肯主动土压力强度,kPa;

K_a——主动土压力系数;

γ——墙后填土的重度,kN/m^3,地下水位以下用有效重度;

c——填土的黏聚力,kPa;

130

φ——填土的内摩擦角，（°）；

z——所计算的点离填土面的深度，m。

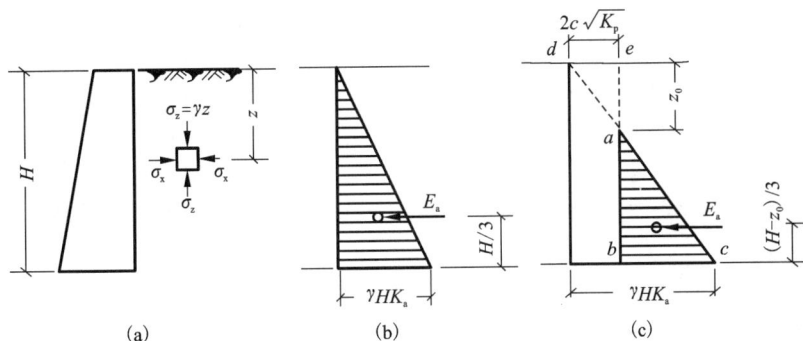

图 4 - 7 郎肯主动土压力计算示意图

（a）主动土压力的计算；（b）无黏性土土压力分布；（c）黏性土土压力分布

由式（4-4）可知：无黏性土的主动土压力强度与 z 成正比，沿墙高的压力分布为三角形，如图 4-7（b）所示。如取单位墙长计算，则主动土压力合力 E_a 为主动土压力强度 σ_a 分布图形的面积，即：

$$E_a = \frac{1}{2}\gamma H^2 K_a \qquad (4-5)$$

由式（4-4）可知，黏性土的主动土压力强度包括两部分：一部分是由土自重引起的土压力 $\gamma z K_a$，另一部分是由黏聚力 c 引起的负侧压力 $2c\sqrt{K_a}$。这两部分土压力叠加的结果如图 4-7（c）所示，其中 ade 部分是负侧压力，对墙背是拉力，但实际上墙与土在很小的拉力作用下就会分离，故在计算土压力时，这部分应略去不计。因此，黏性土的土压力分布仅是图 4-7（c）中 abc 部分。如取单位墙长计算，则黏性土主动土压力 E_a 为：

$$E_a = \frac{1}{2}(H - z_0)\left(\gamma H K_a - 2c\sqrt{K_a}\right) = \frac{1}{2}\gamma H^2 K_a - 2cH\sqrt{K_a} + \frac{2c^2}{\gamma} \qquad (4-6)$$

式中：Z_0——σ_a 为零的点离填土顶面的深度，常称为临界深度，$Z_0 = \dfrac{2c}{\gamma\sqrt{K_a}}$；

E_a——主动土压力，通过主动土压力强度分布三角形的形心，作用方向垂直指向墙背。

对于无黏性土，作用在离墙底 $H/3$ 处；对于黏性土，作用在离墙底 $(H-Z_0)/3$ 处。

【例题 4-2】 有一挡土墙高 6 m，墙背竖直、光滑，墙后填土表面水平，填土的物理力学指标 $c = 15$ kPa，$\varphi = 15°$，$\gamma = 18$ kN/m³。求主动土压力并绘出主动土压力分布图。

【解】 1）计算主动土压力系数

$$K_a = \tan^2\left(45° - \frac{\varphi}{2}\right) = \tan^2\left(45° - \frac{15°}{2}\right) = 0.59$$

$$\sqrt{K_a} = 0.77$$

2）计算主动土压力强度

$z = 0$ m，$\sigma_{a1} = \gamma z K_a - 2c\sqrt{K_a} = 18 \times 0 \times 0.59 - 2 \times 15 \times 0.77 = -23.1$（kPa）

$z = 6$ m，$\sigma_{a2} = \gamma z K_a - 2c\sqrt{K_a} = 18 \times 6 \times 0.59 - 2 \times 15 \times 0.77 = 40.6$（kPa）

3) 计算临界深度 z_0

$$z_0 = \frac{2c}{\gamma \sqrt{K_a}} = \frac{2 \times 15}{18 \times 0.77} = 2.16(\text{m})$$

4) 计算总主动土压力 E_a

$$E_a = \frac{1}{2}(H - z_0)(\gamma H K_a - 2c\sqrt{K_a})$$

$$= \frac{1}{2} \times 40.6 \times (6 - 2.16) = 78(\text{kN/m})$$

E_a 的作用方向水平,作用点距离墙底

图 4-8 例题 4-2 附图

高度为:$\frac{6 - 2.16}{3} = 1.28(\text{m})$。

5) 主动土压力分布如图 4-8 所示。

(3) 朗肯被动土压力计算

当挡土墙墙后土体处于被动朗肯状态时(图 4-9),$\sigma_x = \sigma_1$ 为最大主应力,而 σ_z 则是小主应力。由土体极限平衡条件得朗肯被动土压力的计算公式为:

无黏性土:$\sigma_x = \sigma_1 = \gamma z \tan^2\left(45° + \frac{\varphi}{2}\right)$

黏性土:$\sigma_x = \sigma_1 = \gamma z \tan^2\left(45° + \frac{\varphi}{2}\right) + 2c\tan\left(45° + \frac{\varphi}{2}\right)$

$$(4-7)$$

令 $\sigma_p = \sigma_x$,$K_p = \tan^2\left(45° + \frac{\varphi}{2}\right)$,则公式(4-7)可写成:

无黏性土:$\sigma_p = \gamma z K_p$

黏性土:$\sigma_p = \gamma z K_p + 2c\sqrt{K_p}$

$$(4-8)$$

式中:σ_p——被动土压力强度,kPa;

K_p——被动土压力系数。

图 4-9 朗肯被动土压力计算示意图

(a)被动土压力的计算;(b)无黏性土;(c)黏性土

由式(4-7)可知,无黏性土的被动土压力强度呈三角形分布[图 4-9(b)],黏性土的被动土压力强度则呈梯形分布[图 4-9(c)]。取单位墙长计算,则被动土压力可按下式计算:

无黏性土：$E_p = \dfrac{1}{2}\gamma H^2 K_p$

黏性土：$E_p = \dfrac{1}{2}\gamma H^2 K_p + 2cH\sqrt{K_p}$

$$(4-9)$$

式中：E_p——被动土压力，通过被动土压力强度分布图形(三角形或梯形)的形心，作用方向垂直指向墙背。

【例题 4-3】 有一挡墙高 6 m，墙背竖直、光滑，墙后填土表面水平，填土的重度 $\gamma = 18.5$ kN/m³，内摩擦角 $\varphi = 20°$，黏聚力 $c = 19$ kPa。求被动土压力并绘出被动土压力分布图。

【解】 (1)计算被动土压力系数

$$K_p = \tan^2\left(45° + \frac{20°}{2}\right) = 2.04$$

$$\sqrt{K_p} = 1.43$$

(2)计算被动土压力强度

$z = 0$ m，$\sigma_p = \gamma z K_p + 2c\sqrt{K_p} = 18.5 \times 0 \times 2.04 + 2 \times 19 \times 1.43 = 54.34$(kPa)

$z = 6$ m，$\sigma_p = 2c\sqrt{K_p} + \gamma z K_p = 54.34 + 18.5 \times 6 \times 2.04 = 54.34 + 226.44 = 280.78$ (kPa)

图 4-10 例题 4-3 附图

(3)计算总被动土压力

$$E_p = 54.34 \times 6 + \frac{1}{2} \times 226.44 \times 6 = 326.04 + 679.32 = 1005.36\text{(kN/m)}$$

E_p 的作用方向水平，作用点距墙基为 z_p，则：

$$z_p = \frac{1}{1005.36}\left[\frac{6}{2} \times 326.04 + \frac{6}{3} \times 679.32\right] = 2.32 \text{ (m)}$$

(4)被动土压力分布如图 4-10 所示。

4. 库伦(Coulomb)土压力计算

1776 年法国的库伦(Coulomb)根据极限平衡的概念，并假定滑动面为平面，分析了滑动楔体的力系平衡，从而求解出挡土墙上的土压力，成为著名的库伦土压力理论。

(1)库伦土压力基本原理

库伦研究了回填砂土挡土墙的土压力，把挡土墙后的土体看成是夹在两个滑动面(一个面是墙背，另一个面在土中，如图 4-11 中的 *AB* 和 *BC* 面)之间的土楔。根据土楔的静平衡条件，可以求解出挡土墙对滑动土楔的支撑反力，从而可

图 4-11 库伦土压力理论的研究对象

求解出作用于墙背的总土压力。这种计算方法又称为滑动土楔平衡法。应该指出，应用库伦土压力理论时，要试算不同的滑动面，只有最危险滑动面 *AB* 对应的土压力才是土楔作用于墙背的主动力压力 E_a(或被动力压力 E_p)。

库伦理论认为：①挡土墙向前(或向后)移动(或转动)；②墙后填土沿墙背 *AB* 和填土中

某一平面 BC 同时向下(或向上)滑动,形成土楔体 $\triangle ABC$;③土楔体处于极限平衡状态,不计本身压缩变形;④土楔体 $\triangle ABC$ 对墙背的推力即为主动力压力 E_a(或被动力压力 E_p)。

库伦理论的基本假设:

1)墙后填土为均匀的无黏性土($c=0$),填土表面倾斜($\beta>0$);

2)挡土墙是刚性的,墙背倾斜,倾角为 ε;

3)墙面粗糙,墙背与土体之间存在摩擦力(摩擦角 $\delta>0$);

4)滑动破裂面为通过墙踵的平面。

(2)库伦主动土压力计算

一般挡土墙的计算均属于平面问题,故在下述分析中均沿墙的长度方向取 1 m 进行分析。当墙向前移动或转动而使墙后土体沿某一破坏面 $\overline{BC}$ 破坏时,土楔 ABC 向下滑动而处于主动极限平衡状态。此时,作用于土楔 ABC 上的力有[图 4-12(a)]:

1)土楔体的自重 $W=\gamma \cdot V_{\triangle ABC}$,$\gamma$ 为墙后土体的重度。只要破坏面 $\overline{BC}$ 的位置一确定,W 的大小就是已知值,其方向向下;

2)破坏面 $\overline{BC}$ 上的反力 R,其大小是未知的,但其方向则是已知的。反力 R 与破坏面 $\overline{BC}$ 的法线 N_1 之间的夹角等于土的内摩擦角 φ,并位于 N_1 的下侧;

3)墙背对土楔体的反力 E,与它大小相等、方向相反的作用力就是墙背上的主动土压力。反力 E 的方向与墙背的法线 N_2 成 δ 角,δ 角为墙背与填土之间的摩擦角,称为外摩擦角。当土楔下滑时,墙对土楔的阻力是向上的,故反力 E 在 N_2 的下侧。

土楔体 ABC 在 W、R 和 E 三力作用下处于静力极限平衡状态,因此,构成一闭合的力矢三角形[图 4-12(b)]。由三角形正弦定律,可得:

$$E = W \frac{\sin(\theta-\varphi)}{\sin[\pi-(\theta-\varphi+\psi)]} = W \frac{\sin(\theta-\varphi)}{\sin(\theta-\varphi+\psi)} \qquad (4-10)$$

式中:$\psi=90°-\alpha-\delta$,其余符号如图 4-12 所示。

由式(4-10)可知,滑动面 $\overline{BC}$ 与水平面的倾角 θ 则是任意假定的,不同的倾角 θ 可求出不同的 E。因此,假定不同的滑动面可以得出一系列相应的土压力 E,即 E 是滑裂面倾角 θ 的函数,E 的最大值 E_{max} 即为墙背的主动土压力 E_a。由 $\dfrac{dE}{d\theta}=0$ 可求出 E_{max} 相应的倾角 θ_{cr},其所对应的滑动面即为土楔最危险的滑动面。将 θ_{cr} 代入式(4-10),整理后可得库伦主动土压力的一般表达式:

$$E_a = \frac{1}{2}\gamma H^2 K_a \qquad (4-11)$$

式中:H——挡土墙高度(m);

$\quad\quad\gamma$——墙后填土的重度(kN/m^3);

$\quad\quad K_a$——库伦主动土压力系数,按下式确定:

$$K_a = \frac{\cos^2(\varphi-\alpha)}{\cos^2\alpha \cdot \cos(\delta+\alpha)\left[1+\sqrt{\dfrac{\sin(\delta+\varphi)\cdot\sin(\varphi-\beta)}{\cos(\delta+\alpha)\cdot\cos(\alpha-\beta)}}\right]^2} \qquad (4-12)$$

式中:φ——墙后填土的内摩擦角,(°);

$\quad\quad\alpha$——墙背的倾斜角,(°),俯斜时取正号,仰斜为负号;

β——墙后填土面的倾角，（°）；

δ——土对挡土墙背的摩擦角，（°）。

当墙背垂直（$\alpha = 0$）、光滑（$\delta = 0$），填土面水平（$\beta = 0$）时，式（4-11）可写为：

$$E_a = \frac{1}{2}\gamma H^2 \tan^2\left(45° - \frac{\varphi}{2}\right) \tag{4-13}$$

可见，在上述条件下，库伦公式和朗肯公式相同。

由式（4-11）可知，库伦主动土压力 E_a 与墙高的平方成正比，为求得离墙顶为任意深度 z 处的主动土压力强度 σ_a，可将 E_a 对 z 取导数而得，即：

$$\sigma_a = \frac{\mathrm{d}E_a}{\mathrm{d}z} = \gamma z K_a \tag{4-14}$$

由上式可见，库伦主动土压力强度沿墙高成三角形分布[图4-12（c）]，其合力的作用点在离墙底 $H/3$ 处，方向与墙背法线的夹角为 δ。必须注意，在图中所示的土压力分布图只表示其大小，而不代表其作用方向。

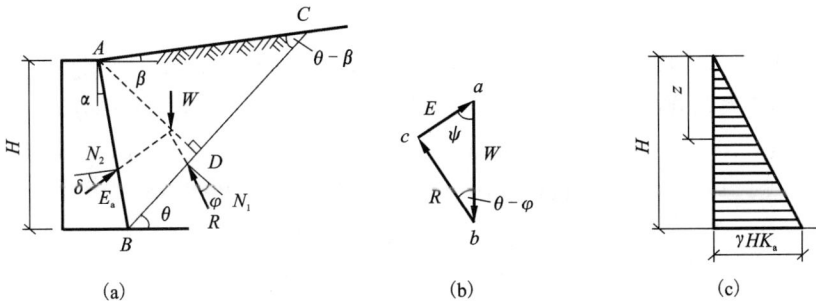

图4-12 按库伦理论求解主动土压力示意图

（a）土楔 ABC 上的作用力；（b）力矢三角形；（c）主动土压力分布图

（3）库伦被动土压力计算

如图4-13，墙背 AB 在外力作用下向后移动或转动，迫使土体体积收缩。当达到极限平衡状态时，出现滑裂面 BC，此时土楔体 ABC 向上滑动。土楔体 ABC 在 W、R 和 E 三力作用下处于静力极限平衡状态，R 和 E 的方向分别在 BC 和 AB 法线的上侧。按求主动土压力同样的原理，可求得被动土压力的库伦公式为：

$$E_p = \frac{1}{2}\gamma H^2 K_p \tag{4-15}$$

式中：K_p——库伦主动土压力系数，按下式确定：

$$K_p = \frac{\cos^2(\varphi + \alpha)}{\cos^2\alpha \cdot \cos(\alpha - \delta)\left[1 - \sqrt{\dfrac{\sin(\varphi + \delta) \cdot \sin(\varphi + \beta)}{\mathrm{con}(\alpha - \delta) \cdot \mathrm{con}(\alpha - \beta)}}\right]^2} \tag{4-16}$$

当墙背垂直（$\alpha = 0$）、光滑（$\delta = 0$），填土面水平（$\beta = 0$）时，式（4-15）可写为：

$$E_p = \frac{1}{2}\gamma H^2 \tan^2\left(45° + \frac{\varphi}{2}\right) \tag{4-17}$$

可见，在上述条件下，库伦公式和朗肯公式相同。

库伦被动土压力强度为 $\sigma_p = \gamma z K_p$，沿墙高成三角形分布[图 4 - 13(c)]，其合力的作用点在离墙底 $H/3$ 处。

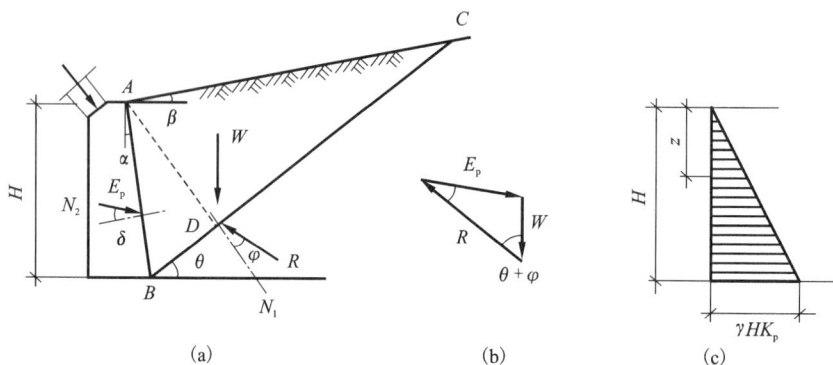

图 4 - 13　按库伦理论求解被动土压力示意图

(a)土楔 ABC 上的作用力；(b)力矢三角形；(c)被动土压力分布图

【例题 4 - 4】　挡土墙高 6 m，墙背俯斜 $\alpha = 10°$，填土面直角 $\beta = 20°$，填土重度 $\gamma = 18$ kN/m^3，$\varphi = 30°$，$c = 0$，填土与墙背的摩擦角 $\delta = 10°$。按库伦土压力理论计算主动土压力。

【解】　由 $\alpha = 10°$，$\beta = 20°$，$\delta = 10°$，$\varphi = 30°$，根据库伦理论求主动土压力系数：

$$K_a = \frac{\cos^2(\varphi - \alpha)}{\cos^2\alpha \cdot \cos(\delta + \alpha)\left[1 + \sqrt{\dfrac{\sin(\delta + \varphi) \cdot \sin(\varphi - \beta)}{\cos(\delta + \alpha) \cdot \cos(\alpha - \beta)}}\right]^2}$$

$$= \frac{\cos^2(30° - 10°)}{\cos^2 10° \cdot \cos(10° + 10°)\left[1 + \sqrt{\dfrac{\sin(10° + 30°) \cdot \sin(30° - 20°)}{\cos(10° + 10°) \cdot \cos(10° - 20°)}}\right]^2} = 0.534$$

主动土压力强度为：

$Z = 0$ m，$\sigma_{a1} = \gamma z K_a = 18 \times 0 \times 0.534 = 0$

$Z = 6$ m，$\sigma_{a2} = \gamma z K_a = 18 \times 6 \times 0.534 = 57.67(\text{kPa})$

总主动土压力为：

$$E_a = \frac{1}{2} \times 57.67 \times 6 = 173.02(\text{kN/m})$$

E_a 作用方向与墙背法线成 10° 夹角，E_a 的作用点距墙基 $\dfrac{6}{3} = 2.0$ m 处。

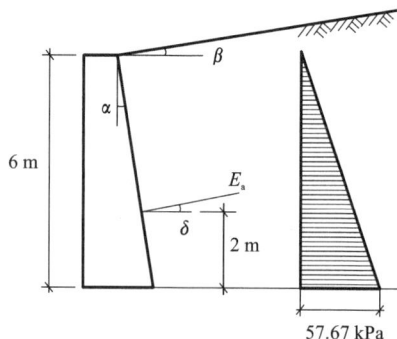

图 4 - 14　例题 4 - 4 附图

5. 朗肯理论与库伦理论比较

朗肯理论和库伦理论都是研究土压力问题的简化方法。朗肯理论和库伦理论均属于极限状态土压力理论，用这两种理论计算出的土压力均为墙后土体处于极限平衡状态下的主动土压力和被动土压力。朗肯理论从土体中一点的极限平衡状态出发，由处于极限平衡状态时的大小主应力关系求解（极限应力法）；库伦理论根据墙背与滑裂面之间的土楔处于极限平衡，用静力平衡条件求解（滑动楔体法）。

朗肯土压力理论和库伦土压力理论分别根据不同的假设，以不同的分析方法计算土压力，只有在最简单的情况下（$\alpha=0$、$\delta=0$、$\beta=0$），用这两种理论计算结果才相同，否则便得出不同的结果。

朗肯土压力理论应用半空间中的应力状态和极限平衡理论的概念比较明确，公式简单，便于记忆，对于黏性土和无黏性土都可以用该公式直接计算，故在工程中得到广泛应用。但为了使墙后的应力状态符合半空间的应力状态，必须假设墙背直立、光滑且墙后填土表面水平，使应用范围受到限制。由于该理论忽略了墙背与填土之间摩擦的影响，使计算的主动土压力偏大，而计算的被动土压力偏小。

库伦土压力理论根据墙后滑动土楔的静力平衡条件推导的土压力计算公式，考虑了墙背与土之间的摩擦力，并可用于墙背倾斜，填土面倾斜的情况。但由于该理论假设填土是无黏性土，因此，不能用库伦理论公式直接计算黏性土的土压力。库伦理论假设墙后填土破坏时，破裂面是一平面，而实际上却是一曲面，实验证明，在计算主动土压力时，只有当墙背的斜度不大，墙背与填土间的摩擦角较小时，破裂面才接近于一个平面。因此，计算结果与按曲线滑动面计算的有出入。在通常情况下，这种偏差在计算主动土压力时为 2% ~ 10%，可以认为已满足实际工程所要求的精度，但在计算被动土压力时，由于破裂面接近于对数螺线，计算结果误差较大，有时可达 2~3 倍，甚至更大。

6. 几种常见情况的土压力计算

（1）填土表面作用均布荷载

当墙后土体表面有连续均布荷载 q 作用时，均布荷载 q 在土中产生的上覆压力沿墙体方向呈矩形分布，分布强度 q，填土深度 z 处的竖向压应力增加为 $\gamma z+q$。因此，土压力强度表达式如下：

$$\begin{cases} 无黏性土：\sigma_a=(\gamma z+q)K_a \\ \quad\quad\quad\quad \sigma_p=(\gamma z+q)K_p \\ 黏性土：\sigma_a=(\gamma z+q)K_a-2c\sqrt{K_a} \\ \quad\quad\quad\quad \sigma_p=(\gamma z+q)K_p+2c\sqrt{K_p} \end{cases} \quad(4-18)$$

图 4-15　墙后土体表面有均布超载 q 作用下的土压力计算

【例题 4-5】 已知某挡土墙高 6.00 m，墙背竖直、光滑、墙后填土表面水平。填土为粗砂，重度 $\gamma=19.0$ kN/m³，内摩擦角 $\varphi=32°$，在填土表面作用均布荷载 $q=18.0$ kPa。计算作用在挡土墙上的主动土压力。

【解】 1）计算主动土压力系数

$$K_a=\tan^2\left(45°-\frac{32°}{2}\right)=0.307$$

2）计算主动土压力

$z=0$ m，$\sigma_{a1}=(\gamma z+q)K_a$
$\quad\quad=(19\times0+18)\times0.307$
$\quad\quad=5.53(\text{kPa})$

$z=6$ m，$\sigma_{a2}=(\gamma z+q)K_a=(19\times6+18)\times0.307=40.52(\text{kPa})$

图 4-16　例题 4-5 附图

3）计算总主动土压力

$$E_a = 5.53 \times 6 + \frac{1}{2}(40.52 - 5.53) \times 6 = 33.18 + 104.97 = 138.15(\text{kN/m})$$

E_a 作用方向水平，作用点距墙基为 z，则：

$$z = \frac{1}{138.15}\left(33.18 \times \frac{6}{2} + 104.97 \times \frac{6}{3}\right) = 2.24(\text{m})$$

4）主动土压力分布如图 4-16 所示。

（2）墙后填土分层

挡土墙后土体由几种性质不同的土层组成时，计算挡土墙上的土压力，需分层计算。计算时，先求墙后土体竖向自重应力，然后乘以各土层的土压力系数，得到相应的土压力强度。以墙后为无黏性分层土的土压力计算为例说明，如图 4-17 所示：$\sigma_{a1上} = 0$；$\sigma_{a1下} = \gamma_1 h_1 K_{a1}$；$\sigma_{a2上} = \gamma_1 h_1 K_{a2}$；$\sigma_{a2下} = (\gamma_1 h_1 + \gamma_2 h_2)K_{a2}$；$\sigma_{a3上} = (\gamma_1 h_1 + \gamma_2 h_2)K_{a3}$；$\sigma_{a3下} = (\gamma_1 h_1 + \gamma_2 h_2 + \gamma_3 h_3)K_{a3}$。

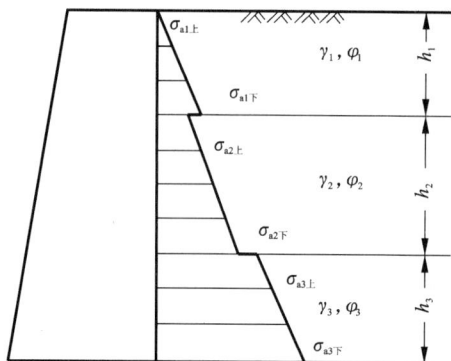

图 4-17　墙后分层土体的土压力计算

【例题 4-6】　挡土墙高 5 m，墙背直立、光滑，墙后填土水平，共分两层，各土层的物理力学指标如图 4-12 所示，试求主动土压力并绘出土压力分布图。

【解】　1）计算主动土压力系数

$$K_{a1} = \tan^2\left(45° - \frac{32°}{2}\right) = 0.31$$

$$K_{a2} = \tan^2\left(45° - \frac{16°}{2}\right) = 0.57$$

$$\sqrt{K_{a2}} = 0.75$$

2）计算第一层的土压力

顶面：$\sigma_{a0} = \gamma_1 z K_{a1} = 17 \times 0 \times 0.31 = 0$

底面：$\sigma_{a1} = \gamma_1 z K_{a1} = 17 \times 2 \times 0.31 = 10.5(\text{kPa})$

3）计算第二层的土压力

顶面：$\sigma_{a1} = \gamma_1 h_1 K_{a2} - 2c\sqrt{K_{a2}} = 17 \times 2 \times 0.57 - 2 \times 10 \times 0.75 = 4.4(\text{kPa})$

底面：$\sigma_{a2} = (\gamma_1 h_1 + \gamma_2 h_2)K_{a2} - 2C\sqrt{K_{a2}}$
$$= (17 \times 2 + 19 \times 3) \times 0.57 - 2 \times 10 \times 0.75$$
$$= 36.9(\text{kPa})$$

图 4-18　例题 4-6 附图

4）计算主动土压力 E_a

$$E_a = \frac{1}{2} \times 10.5 \times 2 + 4.4 \times 3 + \frac{1}{2}(36.9 - 4.4) \times 3$$

$$= 10.5 + 13.2 + 48.75 = 72.5(\text{kN/m})$$

E_a 作用方向水平, 作用点距墙基为 z, 则:

$$z = \frac{1}{72.5}\left[10.5 \times \left(3 + \frac{2}{3}\right) + 13.2 \times \frac{3}{2} + 48.75 \times \frac{3}{3}\right] = 1.5(\text{m})$$

5) 挡土墙上主动土压力分布如图 4-18 所示。

(3) 填土中有地下水

当墙后土体中有地下水存在时, 墙体除受到土压力的作用外, 还将受到水压力的作用。计算土压力时, 可将地下潜水面看作是土层的分界面, 按分层土计算。潜水面以下的土层分别采用"水土分算"或"水土合算"的方法计算。

1) 水土分算法

这种方法比较适合渗透性大的砂土层。计算作用在挡土墙上的土压力时, 采用有效重度。计算水压力时按静水压力计算。然后两者叠加为总的侧压力。

2) 水土合算法

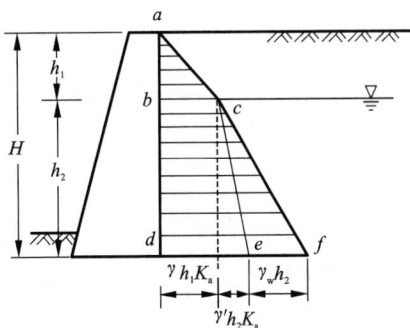

图 4-19 墙后土体有地下水时的土压力计算

这种方法比较适合渗透性小的黏性土层。计算作用在挡土墙上的土压力时, 采用饱和重度, 水压力不再单独计算叠加。

【例题 4-7】 用水土分算法计算图 4-20 所示挡土墙的主动土压力、水压力及其合力。

【解】 1) 计算主动土压力系数

$$K_{a1} = \tan^2\left(45° - \frac{30°}{2}\right) = 0.333$$

2) 计算地下水位以上土层的主动土压力

顶面: $\sigma_{a0} = \gamma_1 h K_{a1} = 18 \times 0 \times 0.333 = 0$

$$\sigma_{a1} = \gamma_1 h_1 K_{a1} = 18 \times 6 \times 0.333 = 36.0(\text{kPa})$$

3) 计算地下水位以下土层的主动土压力及水压力

因水下土为砂土, 采用水土分算法。

顶面主动土压力:

$$\sigma_{a1} = \gamma_1 h_1 K_{a2} = 18 \times 6 \times 0.333 = 36.0(\text{kPa})$$

底面主动土压力:

$$\sigma_{a2} = (\gamma_1 h_1 + \gamma_2 h_2)K_{a2} = (18 \times 6 + 9 \times 4) \times 0.333 = 48.0(\text{kPa})$$

顶面水压力:

$$\sigma_{w1} = \gamma_w z = 9.8 \times 0 = 0$$

底面水压力:

$$\sigma_{w2} = \gamma_w z = 9.8 \times 4 = 39.2(\text{kPa})$$

4) 计算总主动土压力和总水压力

总主动土压力 E_a 为:

$$E_a = \frac{1}{2} \times 36 \times 6 + 36 \times 4 + \frac{1}{2} \times (48 - 36) \times 4 = 108 + 144 + 24 = 276(\text{kN/m})$$

E_a 作用方向水平, 作用点距墙基为 z, 则:

$$z = \frac{1}{276}\left[108 \times \left(4 + \frac{6}{3}\right) + 144 \times \frac{4}{2} + 24 \times \frac{4}{3}\right] = 3.51(\text{m})$$

总水压力 E_w 为:

$$E_w = \frac{1}{2} \times 39.2 \times 4 = 78.4(\text{kN/m})$$

E_w 作用方向水平,作用点距墙基 $4/3 = 1.33$ m。

5)挡土墙上主动土压力及水压力分布如图 4-20 所示。

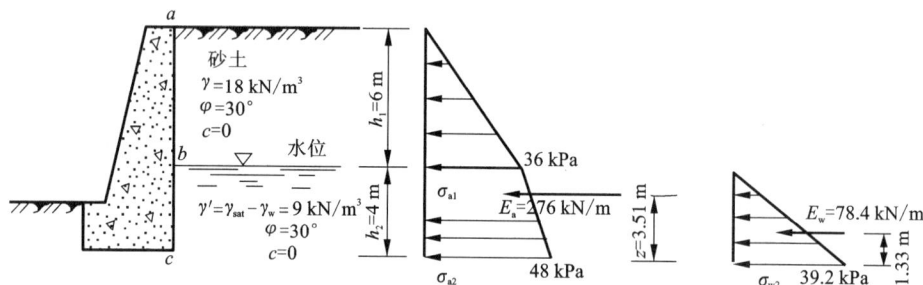

图 4-20 例题 4-7 附图

7.《规范》法计算土压力

《建筑地基基础设计规范》(GB 50007—2011)规定,对土质边坡,边坡主动土压力应按式(4-19)进行计算。当填土为无黏性土时,主动土压力系数可按库伦土压力理论确定。当支挡结构满足朗肯条件时,主动土压力系数可按朗肯土压力理论确定。黏性土或粉土的主动土压力也可采用楔体试算法图解求得。

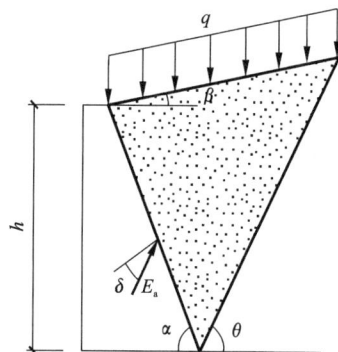

图 4-21 《规范》主动土压力计算简图

$$E_a = \frac{1}{2}\psi_a \gamma h^2 K_a \qquad (4-19)$$

式中:E_a——主动土压力,kN;

ψ_a——主动土压力增大系数,挡土墙高度小于 5 m 时宜取 1.0,高度 5~8 m 时宜取 1.1,高度大于 8 m 时宜取 1.2;

γ——填土的重度,kPa;

h——挡土结构的高度,m;

K_a——主动土压力系数,按下列公式计算:

$$K_a = \frac{\sin(\alpha+\beta)}{\sin^2\alpha\sin^2(\alpha+\beta-\varphi-\delta)}\{k_q[\sin(\alpha+\beta)\sin(\alpha-\delta) + \sin(\varphi+\delta)\sin(\varphi-\beta)]$$
$$+ 2\eta\sin\alpha\cos\phi\cos(\alpha+\beta-\varphi-\delta) - 2[(k_q\sin(\alpha+\beta)\sin(\varphi-\beta) + \eta\sin\alpha\cos\varphi)$$
$$(k_q\sin(\alpha-\delta)\sin(\varphi+\delta) + \eta\sin\alpha\cos\varphi)]^{1/2}\} \qquad (4-20)$$

式中:q——地表均布荷载(以单位水平投影面上的荷载强度计);

k_q——计算式为 $k_q = 1 + \frac{2q}{\gamma h} \cdot \frac{\sin\alpha\cos\beta}{\sin(\alpha+\beta)}$;

η——计算式为 $\eta = \frac{2c}{\gamma h}$。

《建筑地基基础设计规范》(GB 5007—2011)推荐的公式具有普遍性,但计算 K_a 繁琐。对于高度小于或等于 5 m 的挡土墙,排水条件良好(或按规定设计了排水措施)。填土符合表 4-2 的质量要求时,其主动土压力系数可按图 4-22 查得。

表 4-2 查主动土压力系数图的填土质量要求

类 别	填土名称	密度	干密度/$(t \cdot m^{-3})$
一	碎石土	中密	$\rho_d \geq 2.0$
二	砂土(包括砾砂、粒砂、中砂)	中密	$\rho_d \geq 1.65$
三	黏土夹块石土		$\rho_d \geq 1.90$
四	粉质黏土		$\rho_d \geq 1.65$

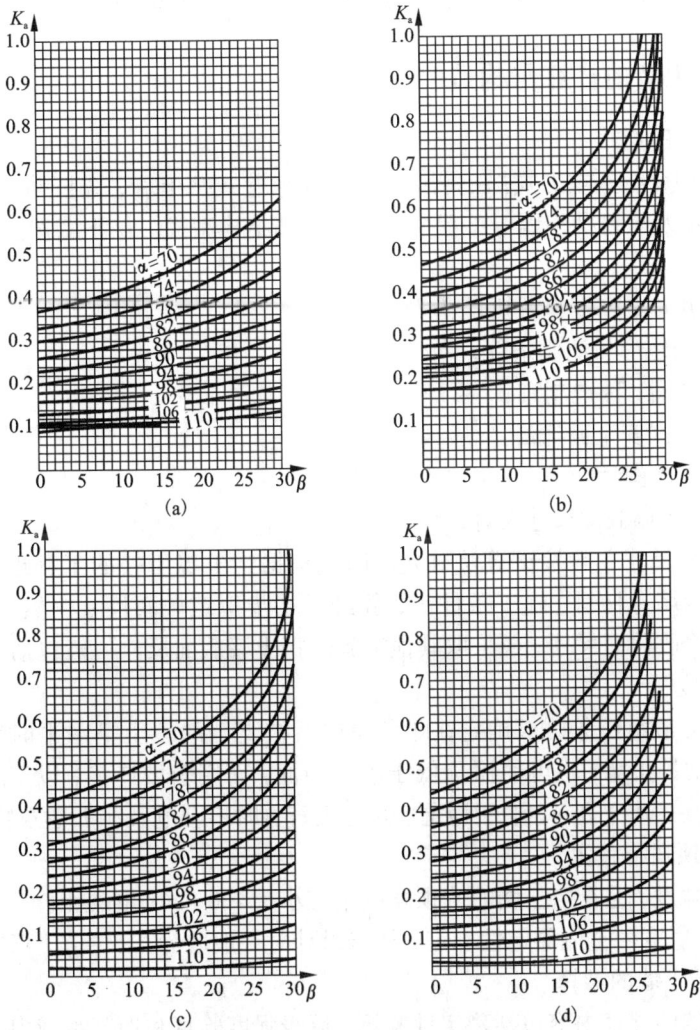

图 4-22 主动土压力系数图表

(a)第一类土土压力系数($\delta = 0.5\varphi$、$q = 0$);(b)第二类土土压力系数($\delta = 0.5\varphi$、$q = 0$);

(c)第三类土土压力系数($\delta = 0.5\varphi$、$q = 0$、$H = 5$ m);(d)第四类土土压力系数($\delta = 0.5\varphi$、$q = 0$、$H = 5$ m)

【例题 4 - 8】　某挡土墙如图 4 - 21 所示，高度 5 m，墙背倾斜 $\alpha = 70°$，墙后填土为粉质黏土，$\gamma_d = 17\ kN/m^3$，$w = 10\%$，$\varphi = 30°$，$\delta = 15°$，$\beta = 10°$，$c = 5\ kPa$。挡土墙的排水措施齐全。按《规范》方法计算作用在该挡土墙上的主动土压力。

【解】　1）由 $\gamma_d = 17\ kN/m^3$，$w = 10\%$，可求得土的天然重度 γ：

$$\gamma = \gamma_d(1 + w) = 17(1 + 10\%) = 18.7\,(kN/m^3)$$

2）又已知 $h = 5$ m，$\gamma_d = 17\ kN/m^3$，排水条件良好，因此，可查图 4 - 22(d)，求得主动土压力系数 $K_a = 0.52$。

3）按《规范》公式求主动土压力：

$$E_a = \psi_c \frac{1}{2}\gamma h^2 K_a = 1.1 \times \frac{1}{2} \times 18.7 \times 5^2 \times 0.52 = 133.7\,(kN/m)$$

E_a 作用方向与墙背法线成 15°角，其作用点距墙基 $\dfrac{5}{3} = 1.67$ m 处。

4.1.3　挡土墙的计算与构造

1. 挡土墙形式的选择

在 4.1.1 节中介绍了重力式挡土墙、悬壁式及扶壁式挡土墙、锚杆挡土墙、锚定板挡土墙、加筋土挡土墙及土钉挡土墙等工程中常用挡土墙结构型式。挡土墙选型主要从以下原则上考虑：

1）挡土墙的用途、高度与重要性；

2）建筑场地的地形与地质条件；

3）尽量就地取材，因地制宜；

4）挡墙结构型式安全而经济。

2. 重力式挡土墙设计

（1）重力式挡土墙截面尺寸设计

挡土墙的截面尺寸一般按试算法确定，即先根据挡土墙所处的工程地质条件、填土性质、荷载情况以及墙身材料、施工条件等，凭经验初步拟定截面尺寸。然后逐项进行验算。如不满足要求，修改截面尺寸，或采取其他措施。挡土墙截面尺寸一般包括：

1）挡土墙高度

挡土墙高度一般由任务要求确定，即考虑墙后被支挡的填土呈水平时墙顶的高度。有时，对长度很大的挡土墙，也可使墙顶低于填土顶面，而用斜坡连接，以节省工程量。重力式挡土墙适用于高度小于 8 m、地层稳定、开挖土石方时不会危及相邻建筑物的地段。

2）挡土墙的顶宽和底宽

挡土墙墙顶宽度，毛石挡土墙的墙顶宽度不宜小于 400 mm；混凝土挡土墙的墙顶宽度不宜小于 200 mm。底宽由整体稳定性确定，初步设计时一般取为 0.5~0.7 倍的墙高。

（2）重力式挡土墙的计算

重力式挡土墙的计算内容包括稳定性验算、墙身强度验算和地基承载力验算。

1）抗滑移稳定性验算

基底倾斜的挡土墙[图 4 - 23(a)]在主动土压力作用下，挡土墙有可能在基础底面发生滑移。抗滑力与滑动力之比称为抗滑移安全系数 K_s，挡土墙的抗滑稳定性应按下式计算：

$$K_s = \frac{抗滑移的力}{产生滑移的主动力的合力} = \frac{(G_n + E_{an})\mu}{E_{at} - G_t} \geqslant 1.3 \qquad (4-21)$$

式中：$G_n = G\cos\alpha_0$；$G_t = G\sin\alpha_0$；

$E_{an} = E_a\cos(\alpha - \alpha_0 - \delta)$；$E_{at} = E_a\sin(\alpha - \alpha_0 - \delta)$；

其中：G——挡土墙每延米自重，kN；

　　　α_0——挡土墙基底的倾角，（°）；

　　　α——挡土墙墙背的倾角，（°）；

　　　δ——土对挡土墙的摩擦角，（°），可按表4-3选用；

　　　μ——土对挡土墙基底的摩擦系数，由试验确定，也可按表4-4选用。

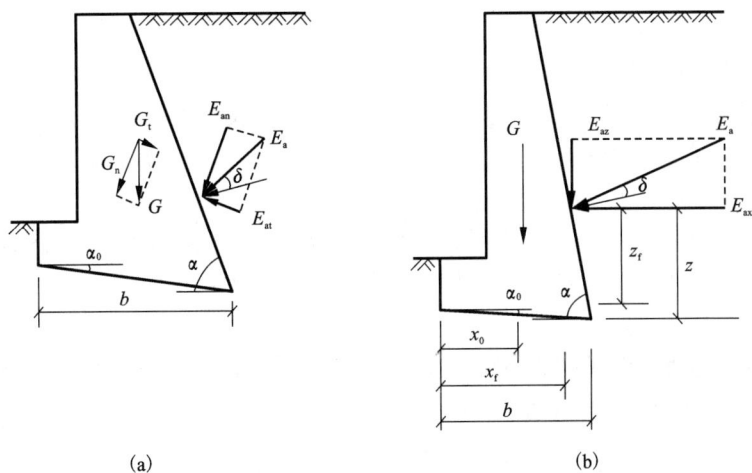

(a)　　　　　　　　　　　　(b)

图4-23　挡土墙稳定性验算模型

（a）挡土墙抗滑稳定验算示意；（b）挡土墙抗倾覆稳定验算示意

表4-3　土对挡土墙墙背的摩擦角 δ

挡土墙情况	摩擦角 δ
墙背平滑、排水不良	$(0 \sim 0.33)\varphi_k$
墙背粗糙、排水良好	$(0.33 \sim 0.50)\varphi_k$
墙背很粗糙、排水良好	$(0.50 \sim 0.67)\varphi_k$
墙背与填土间不可能滑动	$(0.67 \sim 1.00)\varphi_k$

注：φ_k 为墙背填土的内摩擦角。

表4-4　土对挡土墙基底的摩擦系数 μ

土的类别		摩擦系数 μ
黏性土	可塑	$0.25 \sim 0.30$
	硬塑	$0.30 \sim 0.35$
	坚硬	$0.35 \sim 0.45$

土的类别	摩擦系数 μ
粉土	0.30 ~ 0.40
中砂、粗砂、砾砂	0.40 ~ 0.50
碎石土	0.40 ~ 0.60
软质岩	0.40 ~ 0.60
表面粗糙的硬质岩	0.65 ~ 0.75

注：①对易风化的软质岩和塑性指数 I_p 大于22的黏性土，基底摩擦系数应通过试验确定。②对碎石土，可根据其密实程度、填充物状况、风化程度等确定。

若验算结果不满足要求，可选用以下措施来解决：

①修改挡土墙的尺寸，增加自重以增大抗滑力；

②在挡土墙基底铺砂或碎石垫层，提高摩擦系数，增大抗滑力；

③增大墙背倾角或做卸荷平台，以减小土对墙背的土压力，减小滑动力；

④加大墙底面逆坡，增加抗滑力；

⑤在软土地基上，抗滑稳定安全系数较小，采取其他方法无效或不经济时，可在挡土墙踵后加钢筋混凝土拖板，利用拖板上的填土重量增大抗滑力；

2）抗倾覆稳定性验算

基底倾斜的挡土墙[图4 – 23(b)]在主动土压力作用下可能绕墙趾向外倾覆，抗倾覆力距与倾覆力矩之比称为倾覆安全系数 K_t，K_t 按满足式（4 – 22）。

$$K_t = \frac{抗倾覆的力矩}{产生倾覆的力矩} = \frac{Gx_0 + E_{az}x_f}{E_{ax}z_f} \geqslant 1.6 \qquad (4 - 22)$$

式中：$E_{ax} = E_a\sin(\alpha - \delta)$；$E_{az} = E_a\cos(\alpha - \delta)$；$x_f = b - z\cot\alpha$；$z_f = z - b\tan\alpha_0$；

z——土压力作用点与墙踵的高度，m；

x_0——挡土墙重心与墙趾的水平距离，m；

b——基底的水平投影宽度，m。

挡土墙抗滑验算能满足要求，抗倾覆验算一般也能满足要求。若抗倾覆验算结果不能满足要求，可伸长墙前趾，增加抗倾覆力臂，以增大挡土墙的抗倾覆稳定性。

3）整体滑动稳定性验算

可采用圆弧滑动方法，详见4.2小节。

4）地基承载力验算

地基承载力验算，除应参考模块五的相关计算要求外，基底合力的偏心距不应大于0.25倍基础的宽度。当基底下有软弱下卧层时，尚应进行软弱下卧层的承载力验算。

5）墙身材料强度验算

参见相应的结构设计规范。

（3）重力式挡土墙的构造

在设计重力式挡土墙时，为了保证其安全合理、经济，除进行验算外，还需采取必要的构造措施。主要从基础埋深、墙背的倾斜形式、墙面坡度选择、基底坡度、墙趾台阶、伸缩缝、墙后排水措施及填土质量要求等几个方面考虑。

1）基础埋深

重力式挡墙的基础埋置深度，应根据地基承载力、水流冲刷、岩石裂隙发育及风化程度等因素进行确定。在特强冻胀、强冻胀地区应考虑冻胀的影响。在土质地基中，基础埋置深度不宜小于 0.5 m；在软质岩地基中，基础埋置深度不宜小于 0.3 m。

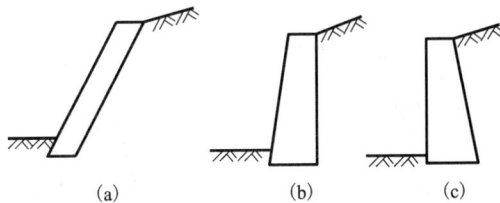

图 4 - 24　墙背构造形式
(a)仰斜；(b)垂直；(c)俯斜

2）墙背的倾斜形式

当采用相同的计算指标和计算方法时，挡土墙背以仰斜时主动土压力最小，垂直居中，俯斜最大。墙背倾斜形式应根据使用要求、地形和施工条件等因素综合考虑确定。如对于支挡挖方工程的边坡，挡墙宜采用仰斜墙背；对于支挡填方工程的边坡，挡墙宜采用俯斜或垂直墙背，以便夯实填土。

3）墙面坡度选择

当墙前地面陡时，墙面可取 1:0.05～1:0.2 的仰斜坡度，亦采用直立墙面。当墙前地形较为平坦时，对中、高挡土墙，墙面坡度可较缓，但不宜缓于 1:0.4。

4）基底坡度

为增加挡土墙身的抗滑稳定性，重力式挡土墙可在基底设置逆坡，但逆坡坡度不宜过大，以免墙身与基底下的三角形土体一起滑动。对于土质地基，基底逆坡坡度不宜大于 1:10；对于岩质地基，基底逆坡坡度不宜大于 1:5。

5）墙趾台阶

当墙高较大时，为了提高挡土墙抗倾覆能力，可加设墙趾台阶（图 4 - 25）。墙趾台阶的高宽比可取 $h:a = 2:1$，$a \geqslant 20$ cm。

6）设置伸缩缝

重力式挡土墙应每间隔 10～20 m 设置一道伸缩缝。当地基有变化时宜加设沉降缝。在挡土结构的拐角处，应采取加强的构造措施。

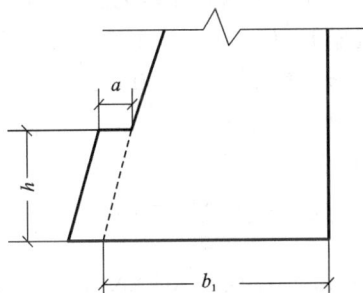

图 4 - 25　墙趾台阶尺寸

7）墙后排水措施

挡土墙因排水不良，雨水渗入墙后填土，使得填土的抗剪强度降低，对产生挡土墙的稳定不利的影响。当墙后积水时，还会产生静水压力和渗流压力，使作用于挡土墙上的总压力增加，对挡土墙的稳定性更不利。因此，在挡土墙设计时，必须采取排水措施。

①截水沟：凡挡土墙后有较大面积的山坡，则应在填土顶面，离挡土墙适当的距离设置截水沟，把坡上径流截断排除。截水沟的剖面尺寸要根据暴雨集水面积计算确定，并应用混凝土衬砌。截水沟出口应远离挡土墙，如图 4 - 26(a)所示。

②泄水孔：已渗入墙后填土中的水，则应将其迅速排出。通常在挡土墙设置排水孔，排水孔应沿横竖两个方向设置，其间距一般取 2～3 m，排水孔外斜坡度宜为 5%，孔眼尺寸不宜小于 100 mm。泄水孔应高于墙前水位，以免倒灌。在泄水孔入口处，应用易渗的粗粒材料做滤水层[图 4 - 26(b)]，必要时作排水暗沟，并在泄水孔入口下方铺设黏土夯实层，防止积水渗入地基不利墙体的稳定。墙前也要设置排水沟，在墙顶坡后地面宜铺设防水层，如图 4 - 26(c)所示。

图 4 − 26 挡土墙的排水措施

8)填土质量要求

挡土墙后填土应尽量选择透水性较强的填料,如砂、碎石、砾石等。因这类土的抗剪强度较稳定,易于排水。当采用黏性作填料时,应掺入适当的碎石。在季节性冻土地区,应选择炉碴、碎石、粗砂等非冻结填料。不宜采用淤泥、耕植土或膨胀土等作为填料。

4.1.4 实训项目:某工程挡土墙设计

已知某块石挡土墙高 6 m,墙背倾斜 $\varepsilon = 10°$,填土表面倾斜 $\beta = 10°$,土与墙的摩擦角 $\delta = 20°$,墙后填土为中砂,内摩擦角 $\varphi = 30°$,重度 $\gamma = 18.5$ kN/m^3。地基承载力设计值 $f_a = 160$ kPa。设计挡土墙尺寸(砂浆块石的重度取 22 km/m^3)。

【解】 (1)初定挡土墙断面尺寸

设计挡土墙顶宽 1.0 m,底宽 4.5 m,如图 4−27 所示,沿墙长方向取 1 m 作为计算单元。墙的自重为:

$$G = \frac{(1.0 + 4.5) \times 6 \times 22}{2} = 363(\text{kN/m})$$

因 $\alpha_0 = 0$,$G_n = 363$ kN/m,$G_t = 0$ kN/m。

(2)土压力计算

由 $\varphi = 30°$、$\delta = 20°$、$\varepsilon = 10°$、$\beta = 10°$,应用库伦土压力理论,可得土压力系数 $K_a = 0.438$。并计算得主动土压力 E_a:

$$E_a = \frac{1}{2} rh^2 K_a = \frac{1}{2} \times 18.5 \times 6^2 \times 0.438$$
$$= 145.9(\text{kN/m})$$

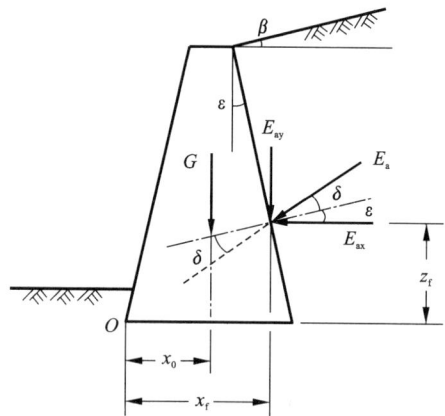

图 4 − 27 挡土墙计算简图

E_a 的方向与水平方向成 30°角,作用点距离墙基 2 m 处。

$$E_{ax} = E_a \cos(\delta + \varepsilon) = 145.9 \times \cos(20° + 10°) = 126.4(\text{kN/m})$$

$$E_{az} = E_a \sin(\delta + \varepsilon) = 145.9 \times \sin(20° + 10°) = 73 \text{ kN/m}$$

因 $\alpha_0 = 0$,所以:

$$E_{an} = E_{az} = 73 \text{ kN/m}$$

$$E_{at} = E_{ax} = 126.4 \text{ kN/m}$$

(3)抗滑稳定性验算

墙底对地基中砂的摩擦系数 μ，查表 $4-4$，得 $\mu=0.4$。

$$K_s = \frac{(G_n + E_{an})\mu}{E_{at} - G_t} = \frac{(363+73)\times 0.4}{126.4} = 1.38 > 1.3$$

抗滑安全系数满足要求。

（4）抗倾覆验算

$$x_0 = \frac{\frac{1}{2}\times 2.44\times 6\times \frac{2}{3}\times 2.44 + 1\times 6\times(2.44+0.5) + \frac{1}{2}\times 1.06\times 6\times\left(3.44+\frac{1}{3}\times 1.06\right)}{\frac{1}{2}(1+4.5)\times 6}$$

$$= 2.52 \text{ m}$$

计算作用在挡土墙上的各力对墙趾 O 点的力臂：自重 G 的力臂 $x_0 = 2.52$ m；E_{az} 的力臂 $x_f = 4.15$ m；E_{ax} 的力臂 $z_f = 2$ m。

$$K_t = \frac{Gx_0 + E_{az}\cdot x_f}{E_{ax}\cdot z_f} = \frac{363\times 2.52 + 73\times 4.15}{126.4\times 2} = 4.8 > 1.6$$

抗倾覆验算满足要求。

（5）地基承载力验算

作用在基础底面上总的竖向力 N：

$$N = G_n + E_{az} = 363 + 73 = 436 \text{（kN/m）}$$

合力作用点与墙前趾 O 点的距离 x：

$$x = \frac{363\times 2.52 + 73\times 4.15 - 126.4\times 2}{436} = 2.21 \text{（m）}$$

偏心距 $e = \frac{4.5}{2} - 2.21 = 0.04 \text{（m）} < \frac{l}{6} = \frac{4.5}{6} = 0.75 \text{（m）}$

基底边缘 $\begin{matrix} P_{max} \\ P_{min} \end{matrix} = \frac{436}{4.5}\left(1\pm\frac{6\times 0.04}{4.5}\right) = \begin{matrix} 102.0 \text{（kPa）} \\ 91.8 \text{（kPa）} \end{matrix}$

$$\frac{1}{2}(P_{max}+P_{min}) = \frac{1}{2}(102+91.8) = 96.9 \text{（kPa）} < f_a = 160 \text{ kPa}$$

$$P_{max} = 102 \text{ kPa} < 1.2f_a = 1.2\times 160 = 196 \text{（kPa）}$$

地基承载力满足要求。

因此，该块石挡土墙的断面尺寸可定为：顶宽 1.0 m，底面 4.5 m，高 6.0 m。

4.2　边坡稳定性计算

边坡就是由土体构成、具有倾斜坡面的土体，它的简单外形如图 $4-28$ 所示。当土质均匀，坡顶和坡底都是水平且坡面为同一坡度时，称为简单土坡。一般而言，边坡分为天然土坡和人工土（边）坡。

图 4-28　简单土坡示意

4.2.1 边坡稳定的意义与影响因素

由于土坡表面倾斜，它在自身重力或外部荷载作用下，有从高处向低处滑动的趋势。一旦由于设计、施工或管理不当，或者由于地震、暴雨等不可预估的外部因素，都将可能使土体内部某个面上的剪应力达到并超过该面上的抗剪强度，稳定平衡遭到破坏，造成土坡中的一部分土体相对于另一部分土体向下滑动，这种现象称为滑坡。

根据滑动的诱因，可分为推动式滑坡和牵引式滑坡，推动式滑坡是由于坡顶超载或地震等因素导致下滑力大于抗滑力而失稳，牵引式滑坡主要是由于坡脚受到切割导致抗滑力减小而破坏。

根据滑动面形状的不同，滑坡破坏通常有以下两种形式：

图 4 - 29　简单土坡滑坡示意

（1）滑动面为平面的滑坡，常发生在匀质的和成层的非均质的无黏性土构成的土坡中；

（2）滑动面为近似圆弧面的滑坡，常发生在黏性土坡中。

影响土坡稳定的因素有多种，包括土坡的边界条件、土质条件和外界条件。

（1）土坡坡度

土坡坡度可用坡度角的大小来表示，也可用土坡高度与水平尺度之比来表示。坡度角越小，土坡的稳定性越好。

（2）土坡高度

土坡高度指坡脚至坡顶之间的垂直距离。在其他条件相同时，坡高越小，土坡的稳定性越好。

（3）土的性质

土体抗剪强度越高，土的性质越好，土坡的稳定性越好。

（4）气象条件

天气晴朗时土坡处于干燥状态，土的强度大，土坡稳定性好。若连续大雨使大量雨水入渗，土的强度降低，可能导致土坡滑动。

（5）地下水渗透

当土坡中存在于滑动方向一致的渗透力时，对土坡的稳定性不利。

（6）强烈地震

强烈地震产生的地震力或孔隙水压力等，对土坡的稳定性不利。

（7）坡顶荷载变化

在坡顶堆放材料或建造建筑物等使坡顶荷载增加，或由于打桩、车辆行驶等引起振动，都会使土坡原有的稳定性平衡遭到破坏，导致土坡滑动。

4.2.2　简单土坡稳定分析

1. 无黏性土坡的稳定性分析

无黏性土坡即是由粗颗粒土所堆筑的土坡。无黏性土坡的滑动一般为浅层平面型滑动，其稳定性分析比较简单。

根据实际观测，无黏性土坡破坏时的滑动面往往接近于一个平面。因此，在分析无黏性土坡稳定时，为计算简化，一般均假定滑动面是平面，如图 4 – 30 所示。

已知土坡（如图 4 – 30）高为 H，坡角为 β，土的重度为 γ，土的抗剪强度 $\tau_f = \sigma \tan\varphi$。若假定滑动面是通过坡脚 A 的平面 AC，AC 的倾角为 α，则可计算滑动土体 ABC 沿 AC 面上滑动的稳定安全系数 K 值。

图 4 – 30　无黏性土坡稳定分析模型

沿土坡长度方向截取单位长度土坡，作为平面应变问题分析。已知滑动土体 ABC 的重力为 W：

$$W = \gamma \cdot S_{\triangle ABC} \tag{4 – 23}$$

W 在滑动面 AC 上的平均法向分力 N 及由此产生的抗滑力 T_f 为：

$$\begin{cases} N = W\cos\alpha \\ T_f = N\tan\varphi = W\cos\alpha\tan\varphi \end{cases} \tag{4 – 24}$$

W 在滑动面 AC 上产生的平均下滑力 T 为：

$$T = W\sin\alpha \tag{4 – 25}$$

土坡的滑动稳定安全系数 K 为：

$$K = \frac{T_f}{T} = \frac{W\cos\alpha\tan\varphi}{W\sin\alpha} = \frac{\tan\varphi}{\tan\alpha} \tag{4 – 26}$$

安全系数 K 随倾角 α 的增大而减小。当 $\alpha = \beta$ 时滑动稳定安全系数最小，即土坡面上的一层土是最容易滑动的。无黏性土坡的滑动稳定安全系数可取为：

$$K = \frac{\tan\varphi}{\tan\beta} \tag{4 – 27}$$

当坡角 β 等于土的内摩擦角 φ 时，即稳定安全系数 $K = 1$ 时，土坡处于极限平衡状态。因此，无黏性土土坡的极限坡角等于土的内摩擦角 φ，此坡角称为土坡自然休止角。只要坡角 $\beta < \varphi(K > 1)$，土坡就是稳定的。可以看出，无黏性土坡的稳定性与坡高无关，与坡体材料的重量无关，仅取决于 β 和 φ。为了保证土坡具有足够的安全储备，工程中一般要求 $K \geqslant 1.25 \sim 1.30$。

2. 黏性土坡的稳定性分析

黏性土坡发生滑坡时，其滑动面形状多为一曲面。在理论分析中，一般将此曲面简化为圆弧面，并按平面问题处理。圆弧滑动面的形式有以下三种：圆弧滑动面通过坡脚 B 点［图 4 – 31(a)］，称为坡脚圆；圆弧滑动面通过坡面上 E 点［图 4 – 31(b)］，称为坡面圆；圆弧滑动面发生在坡角以外的 A 点［图 4 – 31(c)］，且圆心位于坡面中点的垂直线上，称为中点圆。

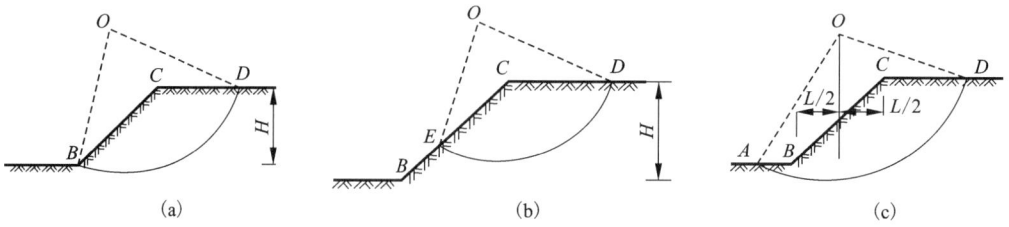

图 4-31 黏土土坡的滑动面形式

(a)坡脚圆；(b)坡面圆；(c)中点圆

土坡稳定分析时采用圆弧滑动面首先由彼德森(K. E. Petterson，1916)提出，此后费伦纽斯(W. Fellernius，1927)和泰勒(D. W. Taylor，1948)做了研究和改进。他们提出的分析方法可以分为两类：土坡圆弧滑动按整体稳定分析法，主要适用于均质简单土坡；用条分法分析土坡稳定，对非均质土坡、土坡外形复杂及土坡部分在水下时均适用。

由于整体分析法对于非均质的土坡或比较复杂的土坡(如土坡形状比较复杂、或土坡上有荷载作用、或土坡中有水渗流时等)均不适用，费伦纽斯(W. Fellenius. 1927)提出了黏性土土坡稳定分析的条分法。由于此法最先在瑞典使用，又称为瑞典条分法。毕肖普(A. W. Bishop，1955)对此法进行改进，提高了条分法的计算精度。下面简要介绍瑞典条分法的基本知识。

(1)瑞典条分法的基本原理

如图 4-32 所示土坡，取单位长度土坡按平面问题计算。设可能的滑动面是一圆弧 AD，其圆心为 O，半径为 R。将滑动土体 $ABCDA$ 分成许多竖向土条，土条宽度一般可取 $b=0.1R$。

任一土条 i 上的作用力包括：土条的重力 W_i，其大小、作用点位置及方向均已知。滑动面 ef 上的法向反力 N_i 及切向反力 T_i，假定 N_i、T_i 作用在滑动面 ef 的中点，它们的大小均未知。土条两侧的法向力 E_i、E_{i+1} 及竖向剪切力 X_i、X_{i+1}，其中 E_i 和 X_i 可由前一个土条的平衡条件求得，而 E_{i+1} 和 X_{i+1} 的大小未知，E_{i+1} 的作用点位置也未知。

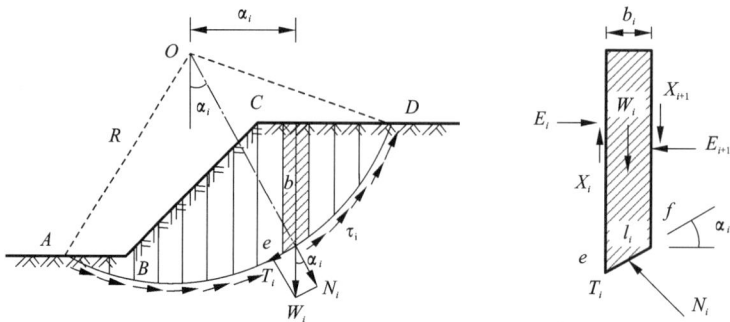

图 4-32 土坡稳定分析的瑞典条分法

　　由此看到，土条 i 的作用力中有 5 个未知数，但只能建立 3 个平衡条件方程，故为非静定问题。为了求得 N_i 和 T_i 值，必须对土条两侧作用力的大小和位置作适当假定。瑞典条分法假设不考虑土条两侧的作用力，也即假设 E_i 和 X_i 的合力等于 E_{i+1} 和 X_{i+1} 的合力，同时，它们的作用线重合，因此土条两侧的作用力相互抵消。这时土条 i 仅有作用力 W_i，N_i 及 T_i，根据平衡条件可得：

$$\begin{cases} N_i = W_i \cos\alpha_i \\ T_i = W_i \sin\alpha_i \end{cases} \tag{4-28}$$

滑动面 ef 上土的抗剪强度为：

$$\tau_{fi} = \sigma_i \tan\varphi_i + c_i = \frac{1}{l_i}(N_i \tan\varphi_i + c_i l_i) = \frac{1}{l_i}(W_i \cos\alpha_i \tan\varphi_i + c_i l_i) \tag{4-29}$$

式中：α_i——土条 i 滑动面的法线与竖直线的夹角，$(°)$；

　　　l_i——土条 i 滑动面 ef 的弧长，m；

　　　c_i，φ_i——滑动面上土的黏聚力及内摩擦角，kPa，$(°)$。

　　土条 i 上的作用力对圆心 O 产生的滑动力矩 M_s 及抗滑力矩 M_r 分别为：

$$\begin{cases} M_s = T_i R = W_i \sin\alpha_i R \\ M_r = \tau_{fi} l_i R = (W_i \cos\alpha_i \tan\varphi_i + c_i l_i) R \end{cases} \tag{4-30}$$

整个土坡相应于滑动面 AD 时的稳定安全系数为：

$$K = \frac{M_r}{M_s} = \frac{\sum_{i=1}^{n}(W_i \cos\alpha_i \tan\varphi_i + c_i l_i)}{\sum_{i=1}^{n} W_i \sin\alpha_i} \tag{4-31}$$

　　（2）最危险滑动面圆心位置的确定

　　上述稳定安全系数 K 是对于某一个假定滑动面求得的。因此，需要试算许多个可能的滑动面，相应于最小安全系数 K_{min} 的滑动面即为最危险滑动面。工程中，若 $K_{min} \geqslant 1.2$，则一般认为黏性土边坡为稳定的。

　　瑞典条分法实际上是一种试算法，由于计算工作量大，一般利用计算机完成。

　　为了减轻试算工作量，费伦纽斯指出土的内摩擦角 $\varphi = 0$ 的简单土坡最危险滑弧为通过坡脚的圆弧，其圆心 O 位于图 4-33（a）中 AO 与 BO 两线的交点，图中 β_1、β_2 与坡角或坡度有关，可查表 4-5。当 $\varphi \neq 0$ 时，费伦纽斯认为最危险的滑弧圆心将沿图 4-33（b）中的 MO 线向左上方移动，O 点的位置仍可按表 4-5 确定。M 点则位于坡顶之下 $2H$ 深处，距坡脚的水平距离为 $4.5H$。具体计算时沿 MO 延长线上取 O_1、O_2、O_3 等作为圆心，绘出相应的通过坡脚的滑弧，分别求出各滑弧的稳定安全系数 K_1、K_2、K_3 等，绘出 K 的曲线后就可求出最小的稳定安全系数 K_{min}（相应的圆心为 O_n），如图 4-33（b）所示。

　　实际上，用上述步骤确定的 K_{min} 还不一定是最小的稳定安全系数，尚需过 O_n 点作 MO 的垂直线 EF，在 EF 线上 O_n 的两侧再取几个圆心 O_6、O_7、O_8 等，分别求出相应的安全系数，从而按上法确定该土坡的最小稳定安全系数值 K_{min}。

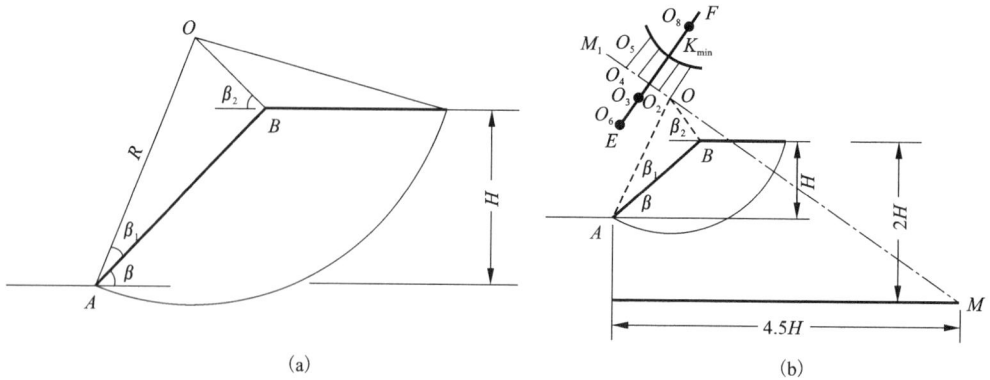

图4-33 最危险滑动圆心位置的确定

表4-5 β_1、β_2 的数值

坡角 β	坡度1：m（垂直：水平）	β_1	β_2
60°	1：0.58	29	40
45°	1：1	28	37
23°47	1：1.5	26	35
26°34	1：2.0	25	35
18°26	1：3.0	25	35
11°19	1：5.0	25	37

4.3 支护结构

基坑（槽）开挖过程中，基坑土体的稳定，主要依靠土体内颗粒间存在的内摩擦力和黏聚力来保持平衡。一旦土体在外力作用下失去平衡，坑壁就会坍塌。为了防止土壁坍塌，确保施工安全，在基坑（槽）开挖深度超过一定限度时，土壁应做成有斜率的边坡。当场地受限制不能做成斜坡或为减少挖方量不采用斜坡时，应加以临时支护以保持土壁的稳定。

一、边坡坡度允许值

土方边坡大小，应根据土质条件、开挖深度、地下水位、施工方法及开挖后边坡留置时间的长短、坡顶有无荷载以及相邻建筑物情况等因素而定。当地质条件良好，土质均匀且地下水位低于基坑（槽）底面标高时，挖方边坡可做成直立壁不加支撑，但深度不宜超过表4-6规定：

表 4-6　直立壁不加支撑挖方深度

土的类别	挖方深度/m
密实、中密的砂土和碎石类土(充填物为砂土)	1.0
硬塑、可塑的砂土及粉质黏土	1.25
硬塑、可塑的黏土和碎石类土(充填物为黏性土)	1.5
坚硬的黏土	2.0

若不符合上述要求时,可采用放坡开挖。对永久性挖方边坡应按设计要求放坡,对临时性挖方边坡值应符合表 4-7 规定:

表 4-7　临时性挖方边坡值

土的类别		边坡值(高:宽)
砂土(不包括细砂、粉砂)		1:1.25 ~ 1:1.50
一般黏性土	硬	1:0.75 ~ 1:1.00
	硬、塑	1:1.00 ~ 1:1.25
	软	1:1.5 或更缓
碎石类土	充填坚硬、硬塑黏性土	1:0.5 ~ 1:1.00
	充填砂土	1:1.25 ~ 1:1.50

注:1. 设计有要求时,应符合设计标准。

　　2. 如采用降水或其他加固措施,可不受本表限制,但应计算复核。

　　3. 开挖深度,对软土不应超过 4 m,对硬土不应超过 8 m。

二、支护结构的类型与特点

为保证地下结构施工及基坑周边环境的安全,对基坑侧壁采用的支挡、加固与保护措施统称为基坑支护。基坑支护结构主要承受基坑土方开挖卸荷时所产生的土压力、水压力和附加荷载产生的侧压力,起到挡土和止水作用,是保证基坑稳定的一种施工临时措施。

支护结构按其受力状况可分为重力式支护结构和非重力式支护结构两类。深层搅拌水泥土桩、水泥旋喷桩和土钉墙等皆属于重力式支护结构。钢板桩、H 型钢桩、混凝土灌注桩和地下连续墙等皆属于非重力式支护结构。

支护结构根据不同的开挖深度和不同的工程地质与水文地质等条件,可选用悬臂式支护结构或设有撑锚体系的支护结构。悬臂式支护结构由挡墙和冠梁组成,设有撑锚体系的支护结构由挡墙、冠梁和撑锚体系三部分组成。

1. 挡墙

挡墙主要起挡土和止水作用,其种类很多,下面主要介绍常用几种:

(1)钢板桩

钢板桩是带锁口的热轧型钢制成。常用的截面型式有平板型、波浪型板桩等。钢板桩通过锁口连接、相互咬合而形成连续的钢板桩挡墙(图 4-34)。

图 4 - 34 钢板桩图

钢板桩在软土层施工方便，在砂砾层及密实砂土中则施工困难。打设后可立即组织土方开挖和基础施工，除可起挡土作用外，还有一定止水作用。但一次性投资较大，若施工完后拔出重复使用，可节省成本。另外钢板桩的刚度较低，一般当基坑开挖深度为 4 ~ 6 m 时就需设置支撑（或拉锚）体系。它适用于基坑深度不太大的软土地层的基坑支护。

（2）混凝土灌注桩挡墙

混凝土灌注桩作为支护结构的挡墙，其布置方式有连续式排列、间隔式排列和交错相接排列等型式。由于目前的施工技术使桩与桩之间仍会有间隙，因此仅用于无挡水要求的基坑支护。

混凝土灌注桩挡墙具有平面布置灵活，施工工艺简单，成本低，无噪声，无挤土，对周围环境不会造成危害等优点。但挡墙是由单桩排列而成，所以整体性较差，因此，使用时需在单桩顶部设置一道钢筋混凝土圈梁（亦称冠梁）将单桩连成整体，以提高排桩挡墙的整体性和刚度。

（3）深层搅拌水泥土桩（图 4 - 35、图 4 - 36）

深层搅拌水泥土桩，采用水泥作为固化剂，通过深层搅拌机械，在地基土中将土和固化剂强制拌合。利用土和固化剂之间所产生的一系列物理化学反应后，使软土硬化成水泥土柱状加固体。施工时将桩体相互搭接（通常搭接宽度为 150 ~ 200 mm），形成具有一定强度和整体性的深层搅拌水泥土挡墙，简称水泥土墙。

水泥土墙属于重力式支护结构，它利用其自身重力挡土，同时由于桩体相互搭接形成连续整体，又能形成隔水帷幕。由于抗拉强度低，宽度往往比较大。适用于软土地基，开挖深度不大于 6 m 的基坑支护。

（4）地下连续墙（图 4 - 37）

地下连续墙系沿拟建工程基坑周边，利用专门的挖槽设备，在泥浆护壁的条件下，每次

图 4 - 35 水泥搅拌机图

图 4-36 水泥搅拌桩图

(1)定位；(2)喷浆搅拌下沉；(3)喷浆搅拌上升；(4)重复喷浆搅拌下沉；(5)重复搅拌喷浆上升；(6)完毕

开挖一定长度(一个单元槽段)的沟槽，在槽内放置钢筋笼，利用导管法浇筑水下混凝土。施工时，每个单元槽段之间，通过接头管等方法处理后，形成一道连续的地下钢筋混凝土封闭墙体，简称地下连续墙。它既可挡土，又可挡水，也可以作为建筑物的承重结构。

地下连续墙整体性好，刚度大，变形小，能承受较大的竖向荷载及水平荷载。但成槽需专用设备，工程造价高。适用于地下水位高的软土地基，或基坑开挖深度大，且与邻近的建筑物、道路等市政设施等相距较近时的深基坑支护。

图 4-37 地下连续墙图

2.冠梁

在钢筋混凝土灌注桩挡墙、水泥土墙和地下连续墙顶部设置的一道钢筋混凝土圈梁，称为冠梁，亦称为压顶梁。

施工时应先将桩顶或地下连续墙顶上的浮浆凿除，清理干净，并将外露的钢筋伸入冠梁内，与冠梁混凝土浇筑成一体，有效地将单独的挡土构件连系起来，以提高挡墙的整体性和刚度，减少基坑开挖后挡墙顶部的位移。冠梁宽度不小于桩径或墙厚，高度不小于400 mm，冠梁可按构造配筋，混凝土强度等级宜大于C20。

3. 撑锚体系

对较深基坑的支护结构，为改善挡墙的受力状况，减少挡墙的变形和位移，应设置撑锚体系，撑锚体系按其工作特点和设置部位，可分为坑内支撑体系和坑外拉锚体系。

（1）坑内支撑体系

坑内支撑体系由支撑、腰梁和立柱等构件组成，承受挡墙所传递的土压力、水压力等。如图4-38所示，根据不同的基坑宽度和开挖深度，可采用无中间立柱的对撑，有中间立柱的单层或多层水平支撑，当基坑平面尺寸很大而开挖深度不太大时，可采用斜撑。

图4-38 坑内支撑形式

（a）对撑；（b）两层水平支撑；（c）斜撑

水平支撑的布置应根据基坑平面形状、大小、深度和施工要求，应避开地下结构的柱网或墙轴线，相邻水平支撑净距一般不小于4 m。立柱应布置在纵横向水平撑的交点处，并避开地下结构柱、梁与墙的位置，间距一般不大于15 m，其下端应支撑在较好的土层中。斜撑宜对称布置，水平间距不宜大于6 m，斜撑与基坑底面之间的夹角，一般不宜大于35°，在地下水位较高的软土地区不宜大于26°，当斜撑长度大于15 m时，宜在斜撑中部设置立柱，且斜撑底部应具备可靠的水平力传递条件。

支撑结构体系必须具有足够的强度、刚度和稳定性，节点构造合理，安全可靠，能满足支护结构变形控制要求，同时要方便土方开挖和地下结构施工。

（2）坑外拉锚体系

坑外拉锚体系由杆件与锚固体组成。根据拉锚体系的设置方式及位置不同，可分为两类：

1）水平拉杆沿基坑外地表水平设置（图4-39），一端与挡墙顶部连接，另一端锚固在锚碇上，用于承受挡墙所传递的土压力、水压力和附加荷载等产生的侧压力。拉杆通过开沟浅埋于地表下，以免影响地面交通，锚碇位置应处于地层滑动面之外，以防止坑壁土体整体滑动时，引起支护结构整体失稳。拉杆通常采用粗钢筋或钢绞线。根据使用时间长短和周围环境情况，事先应对拉杆采取相应的防腐措施，拉杆中间设有紧固器，将挡墙拉紧之后即可进行土方开挖作业。

此法施工简便，经济可行，适用于土质条件较好，开挖深度不大，基坑周边有较开阔施工场地时的基坑支护。

2）土层锚杆在坑外土层中设置（图4-40），锚杆的一端与挡墙连结，另一端锚固在土层中，利用土层的锚固力承受挡墙所传递的土压力、水压力等侧压力。锚杆通常采用粗钢筋或钢绞线，成孔后放入锚杆并注浆，在锚固段长度范围内形成抗拔力，只要抗拔力大于挡墙侧压力产生的锚杆轴向力，支护结构就能保持稳定。

由于软土、淤泥质土中抗拔力低,故土层锚杆适用于地质条件为砂土或黏性土地层的深基坑支护。当地质条件太差或环境不允许时(建筑红线外的地下空间不允许侵占或锚杆范围内存在着深基础、沟管等障碍物)不宜采用。

图 4-39 锚碇式支护结构
1—挡墙;2—拉杆;
3—锚碇桩;4—主动滑动面

图 4-40 锚杆式支护结构
1—挡墙;2—土层锚杆;
3—主动滑动面;L_f—非锚固段长度;
L_e—锚固段长度

三、支护结构的选型原则

支护结构的选型应满足下列基本要求:
(1)符合基坑侧壁安全等级要求,确保坑壁稳定,施工安全;
(2)确保邻近建筑物、道路、地下管线等的正常使用;
(3)方便土方开挖和地下结构工程施工;
(4)做到经济合理、工期短、效益好。

基坑支护结构型式,应根据上述基本要求,并综合考虑基坑周边环境、开挖深度、工程地质和水文地质条件、施工作业设备、挖土方案、施工季节、工期及造价等因素,经技术经济比较后优选确定。在工程实践中,可参照《建筑边坡工程技术规范》GB 50330—2013、《建筑基坑支护技术规程》JGJ 120—2012 及相关文献资料等。

模块小结

本模块主要介绍了挡土墙与边坡工程的相关知识。应理解静止土压力、主动土压力和被动土压力的概念、形成条件和三者的关系,重点掌握朗肯和库伦两种土压力理论的基础、假设条件、适用条件和具体的计算方法,理解两种土压力理论的异同点和在实际工程中的应用范围,并应能进行简单重力式挡土墙的设计。

思考题

1. 影响土压力的因素有哪些?
2. 土压力有哪三种?并简述在它们的作用下,挡土墙相应的位移情况?
3. 简述挡土墙的主要结构形式。

思考题答案

4. 朗肯土压力理论的基本假定是什么？

5. 库仑土压力理论的基本假定是什么？

6. 简述增加挡土墙抗滑移稳定性的措施。

7. 简述增加挡土墙抗倾覆稳定性的措施。

8. 简述挡土墙的排水措施。

9. 简述重力式挡土墙的设计步骤。

10. 影响土坡稳定性的因素有哪些？

11. 简述基坑支护结构的概念及分类。

习题答案

习 题

1. 已知某挡土墙高 4.5 m，墙背垂直光滑，墙后填土水平，该挡土墙无任何位移，填土重力密度为 $r=18.0$ kN/m³，静止土压力系数 $K_0=0.55$。试计算作用在墙背的静止土压力大小及其作用点，并绘出土压力沿墙高的分布图。

2. 有一挡土墙高 5 m，墙背竖直、光滑，墙后填土表面水平，填土的物理力学指标 $c=10$ kPa，$\varphi=150$，$r=18.5$ kN/m³。求主动土压力并绘出主动土压力分布图。

3. 有一挡土墙高 5 m，墙背竖直、光滑、墙后填土水平，填土的重度 $r=18$ kN/m³，内摩角 $\varphi=200$，黏聚力 $c=20$ kPa，求被动土压力并绘出被动土压力分布图。

4. 已知某挡土墙高 5 m，墙背竖直、光滑、墙后填土表面水平。填土为粗砂，重度 $r=18$ kN/m³，内摩擦角为 320，在填土表面作用均布荷载 $q=20$ kPa。计算挡土墙上的土主压力。

5. 挡土墙高 5 m，墙背直立、光滑，墙后填土水平，共分两层，各土层的物理力学指标如图所示，试求主动土压力并绘出土压力分布图。（见图 4-41）

图 4-41 习题 5 附图

6. 某挡土墙高度 5 m，墙背倾斜 $\alpha=160$，墙后填土为粉质黏土，$\gamma_d=17.5$ kN/m³，$w=12\%$，$\varphi=300$，$\delta=150$，$\beta=150$，$c=5$ kPa。挡土墙的排水措施齐全。按《规范》法计算作用在该挡土墙上的主动土压力。

7. 挡土墙高 6 m，$\alpha=75°$，$\beta=0$，$\delta=0$，$\gamma=18$ kN/m³，$c=0$，求主动土压力。（见图 4-42）

8. 挡土墙高 4 m，$\varphi=30°$，$\alpha=90°$，$\beta=0$，$\delta=0$，$\gamma=18.5$ kN/m³，$c=0$，基底摩擦系数 $\mu=0.5$，墙身由 MU30 毛石和 M5.0 混合砂浆砌筑，砌体重度 $\gamma=22$ kN/m³。验算挡土墙的稳定性（见图 4-43）

图 4 - 42 习题 7 附图

图 4 - 43 习题 8 附图

自测题

自测题答案

4.1 挡土墙的认知与设计

一、名词解释

1. 挡土墙：
2. 土压力
3. 重力式挡土墙：
4. 静止土压力：
5. 主动土压力：
6. 被动土压力：
7. 朗肯土压力理论：
8. 库伦土压力理论：

二、填空题

1. 根据墙体的位移和墙后填土所处的应力状态，土压力可分为_____、_____
____和被动土压力三种。

2. 在相同条件下，产生主动土压力所需的墙身位移 Δa 与产生主动土压力所需的墙身位
移 Δp 的大小关系是_____。

3. 朗肯土压力理论假设：墙背垂直光滑，_____。

4. 当墙后填土有地下水时，作用在挡土墙上的侧向压力有土压力和_____两
部分。

5. 墙后为黏性填土时，主动土压力强度包括两部分，一部分是由土的自重引起的土压
力，另一部分是由_____引起的土压力。

6. 挡土墙在满足_____的条件下，库仑土压力理论和郎肯土压力理论计算得到的
土压力是一致的。

7. 挡土墙的稳定性验算包括抗倾覆验算和_____验算。

8. 墙后填土选用粗粒土相对于选用黏性土，静止土压力的变化是_____。

9. 在挡土墙断面设计验算中考虑的主要外荷载是_____。

三、选择题

1. 在相同条件下，主动土压力 E_a 与被动土压力 E_p 的大小关系是(　　)。

A. $E_a \leqslant E_p$ 　　　　B. $E_a < E_p$ 　　　　C. $E_a \geqslant E_p$ 　　　　D. $E_a > E_p$

2. 按挡土墙的结构特点，下例类型的挡土墙属于重力式挡土墙的是(　　)。

A. 石砌衡重式挡土墙 　　　　　　　B. 钢筋混凝土悬臂式挡土墙

C. 锚杆式挡土墙 　　　　　　　　　D. 锚定板挡土墙

3. 库仑土压力理论的基本假设包括(　　)。

A. 墙后填土是无黏性土 　　　　　　B. 破裂面为平面

C. 墙后填土是黏性土 　　　　　　　D. 破裂体视为刚体

4. 郎肯土压力理论与库仑土压力理论计算所得的土压力相同的条件是(　　)。

A. 墙后填土为无黏性土； 　　　　　B. 墙背直立、光滑、填土水平

C. 挡土墙刚度无穷大 　　　　　　　D. 墙后无地下水

5. 当挡土墙后填土中有地下水时，墙背所受的总压力将(　　)。

A. 增大 　　　　　B. 减小 　　　　　C. 不变 　　　　　D. 无法确定

6. 在进行重力式挡土墙的抗滑移稳定验算时，墙背的压力通常采用(　　)。

A. 主动土压力与静止土压力的合力 　B. 静止土压力

C. 被动土压力 　　　　　　　　　　D. 主动土压力

7. 挡土墙抗倾覆验算应满足(　　)。

A. $K_t \geqslant 1.6$ 　　　　B. $K_s \geqslant 1.6$ 　　　　C. $K_t \geqslant 1.3$ 　　　　D. $K_s \geqslant 1.3$

8. 挡土墙抗倾覆验算应满足(　　)。

A. $K_t \geqslant 1.6$ 　　　　B. $K_s \geqslant 1.6$ 　　　　C. $K_t \geqslant 1.3$ 　　　　D. $K_s \geqslant 1.3$

9. 设计中选择挡土墙的形式时，应遵循的原则是(　　)。

A. 挡土墙的用途，高度与重要性 　　B. 建筑场地的地形与地质条件

C. 尽量就地取材，因地制宜 　　　　D. 挡墙结构型式安全而经济

10. 确定挡土墙墙背和填土间的摩擦角是，重点考虑的因素包括(　　)。

A. 排水条件 　　　　　　　　　　　B. 墙背的粗糙程度

C. 墙后填土的摩擦角 　　　　　　　D. 挡土墙的重要性

4.2　边坡稳定性计算

一、名词解释

1. 天然土坡：

2. 人工土坡：

二、填空题

1. 黏性土土坡稳定性分析的条分法，其基本原理是：假定土坡的滑动面为＿＿＿＿＿＿面。

技能训练题

在指导教师和工程现场技术人员指导下，参观各种形式的已建挡土墙工程。并以一个待建挡土墙工程为工作任务，通过查阅地质勘察文件、设计任务书等资料，分析挡土墙工程的现场条件，设计重力式挡土墙。主要完成以下设计任务：1)结合工程现场实际情况，选择墙后填料；2)设计挡土墙的尺寸、计算土压力，验算挡土墙地基承载力；3)试验算挡土墙的抗倾覆稳定性、抗滑稳定性；4)提出稳定性不满足要求时的处理措施，指导施工；5)结合施工项目部的实际技术水平和相关技术标准，编制该工程挡土墙的专项施工方案。

模块五　浅基础工程

建筑施工现场专业技术岗位资格考试和技能实践要求

- 熟悉浅基础工程的基本知识，能识读浅基础施工图，指导基础工程的现场施工。

教学目标

【知识目标】

- 熟悉浅基础的类型及适用条件；
- 掌握基础底面尺寸的确定方法；
- 熟悉天然地基上浅基础的设计过程和构造要求；
- 掌握浅基础结构施工图识读方法。

【能力目标】

- 能识读各类浅基础施工图；
- 能进行简单的浅基础设计，并能指导浅基础工程的现场施工。

【素质目标】

- 通过本模块学习，熟悉影响基础结构安全的要素，培养学生理论联系实践的工程素质；
- 通过本模块的学习，锻炼学生动手能力和解决实际问题能力，培养学生的团队协作精神。

5.1　浅基础工程的认知

地基基础设计是建筑结构设计的重要内容之一，基础施工是施工现场技术人员的重要工作内容之一，直接关系到建筑物的安全和正常使用。所有建筑物都建造在一定地层上，如果建筑物基础直接建造在未经加固的天然地层上，这种地基称为天然地基。若天然地层不足以承受建筑物上部结构传来的荷载，而需要经过人工加固，才能在其上建造地基，这种地基称为人工地基。在工程实践中，一般埋深 5 m 以内且用常规方法施工的基础称为浅基础，当基础埋置在较深的土层上时，通常称为深基础。本模块主要介绍天然地基上的浅基础设计相关内容。

5.1.1　浅基础的分类

根据基础的材料、受力性能及构造特点，可将浅基础分类如下。

1. 刚性基础

刚性基础又称为无筋扩展基础，主要指由砖、毛石、混凝土或毛石混凝土、灰土和三合土等材料组成的，且不需配置钢筋的墙下条形基础或柱下独立基础。常用于层数较少的民用建筑。

(1)砖基础

以砖为砌筑材料，形成的建筑物基础(图5-1)。砖基础是我国传统的砖木结构砌筑方法，现代常与混凝土结构配合修建住宅、校舍、办公等低层建筑。常见的砌筑方法为"二皮一收"或"二、一间隔收"。砌筑时为保证基础最底层的整体性良好，底层采用"全丁法"砌筑。"一皮"即一层砖，标志尺寸为60 mm。

砖基础的特点是抗压性能好，整体性、抗拉、抗弯、抗剪性能较差，材料易得，施工操作简便，造价较低。适用于地基坚实、均匀，上部荷载较小，六层和六层以下的一般民用建筑和墙承重的轻型厂房基础工程。

图5-1　砖基础

(2)毛石基础

毛石基础(图5-2)是用强度等级不低于MU30的毛石，不低于M5的砂浆砌筑而形成。为保证砌筑质量，毛石基础每台阶高度和基础的宽度不宜小于400 mm，每阶两边各伸出宽度不宜大于200 mm。石块应错缝搭砌，缝内砂浆应饱满，且每步台阶不应少于两皮毛石，石块上下皮竖缝必须错开(不少于10 cm，角石不少于15 cm)，做到丁顺交错排列。

毛石基础的抗冻性较好，在寒冷潮湿地区可用于6层以下建筑物基础。整体性欠佳，故有振动的建筑很少采用。

(3)混凝土和毛石混凝土基础

混凝土基础(图5-3)的强度、耐久性和抗冻性均较好，其混凝土强度等级一般采用C15以上，常用于荷载较大的墙柱基础。

毛石混凝土基础是在混凝土基础中加入一定比例的毛石而形成的基础(图5-3)。如毛石混凝土带形基础、毛石混凝土垫层等。也有用在大体积混凝土浇筑，为了减少水泥用量、减少发热量对结构产生的病害，在浇筑混凝土时加入一定量毛石。浇筑混凝土墙体较厚时，也掺入一定量的毛石，如毛石混凝土挡土墙等。掺入的毛石一般为体积的25%左右，毛石的粒径控制在200 mm以下。具体操作为分层浇筑混凝土浆，再分层投入毛石、保证浆体充分包裹住毛石，毛石在结构体空间中应保证其布置均匀。

室外设计地面

室内设计地面

$b_1 \leqslant 20$

$\geqslant 40$

d

h_1

h_1

$\dfrac{b}{2}$ $\dfrac{b}{2}$

b

$h_1 \geqslant (1.25 \sim 1.5) b_1$

且 $h_1 \geqslant 400$ mm

图 5-2 毛石基础

柱下砼基础

掺入毛石
节约水泥

墙下砼基础

图 5-3 混凝土和毛石混凝土基础

(4)三合土基础

三合土基础(图 5-4)是石灰、砂、骨料(矿渣、碎砖或碎石)等三种材料,按 1:2:4 ~ 1:3:6 的体积比进行配合,然后在基槽内分层夯实,每层夯实前虚铺 220 mm,夯实后净剩 150 mm。三合土铺筑至设计标高后,在最后一遍夯打时,宜浇注石灰浆,待表面灰浆略为风干后,再铺上一层砂子,最后整平夯实。

这种基础在我国南方地区应用很广。它的造价低廉,施工简单,但强度较低,所以一般只用于四层以下的民用建筑基础。

(5)灰土基础

灰土基础是由石灰、土和水按比例配合,经分层夯实而成的基础。灰土强度在一定范围内随含灰量的增加而增加。但超过限度后,灰土的强度反而会降低。

b

h

灰土或
三合土

图 5-4 三合土基础

灰土基础的优点是施工简便，造价较低，就地取材，可以节省水泥、砖石等材料。缺点是它的抗冻、耐水性能差，在地下水位线以下或很潮湿的地基上不宜采用。多用于五层以下的民用建筑基础。

2. 钢筋混凝土扩展基础

扩展基础又称为柔性基础，为扩散上部结构传来的荷载，使作用在基底的压应力满足地基承载力的设计要求，且基础内部的应力满足材料强度的设计要求，通过向侧边扩展一定底面积的基础。主要包括柱下钢筋混凝土独立基础(图5-6)和钢筋混凝土条形基础(图5-5)。

这类基础的抗压、抗弯和抗剪性能良好，在设计中广泛使用，相同条件下比刚性基础的基础高度小，适于荷载大或土质软的情况下采用，特别适用于宽基浅埋的场所。

图5-5 钢筋混凝土条形基础

(a)墙下钢筋混凝土条形基础；(b)柱下钢筋混凝土条形基础

（1）钢筋混凝土条形基础

条形基础是指基础长度远远大于宽度的一种基础形式。按上部结构分为墙下条形基础和柱下条形基础。基础的长度大于或等于 10 倍基础的宽度。

1）墙下钢筋混凝土条形基础

墙下钢筋混凝土条形基础广泛应用于砌体结构，常有不带肋与带肋两种形式。如果地基土质分布较不均匀，在水平方向压缩性差异较大，为了减小基础不均匀沉降和增强基础的整体性，可做成带肋条形基础。

2）柱下钢筋混凝土条形基础

当地基较为软弱、柱荷载或地基压缩性分布不均匀，常将同一方向（或同一轴线）上若干柱子的基础连成一体而形成柱下条形基础。这种基础的抗弯刚度较大，因而具有调整不均匀沉降的能力，并能将所承受的集中柱荷载较均匀地分布到整个基底面积上。柱下条形基础是常用于软弱地基上框架或排架结构的一种基础形式。

（2）钢筋混凝土独立基础

钢筋混凝土独立基础常用于柱下，也用于一般的高耸构筑物，如水塔、烟囱等。柱下基础首先考虑设计为独立基础。当柱荷载大、地基承载力低或柱荷载差过大、地基土质变化较大时，采用独立基础无法满足设计要求时，可考虑采用柱下条形基础、筏形基础或其他基础形式。

图 5-6　柱下钢筋混凝土独立基础

（a）现浇柱下钢筋混凝土阶梯形独立基础；（b）现浇柱下钢筋混凝土锥形独立基础；

（c）预制柱下钢筋混凝土独立杯口基础

3. 柱下十字形基础

当荷载较大的高层建筑或地基土软弱，单向的条形基础底面积不足以承受上部结构荷载时，需要基础纵横两向都具有一定的抗弯刚度来调整基础的不均匀沉降，可在纵、横两方向将柱基础连成十字交叉条形基础(图5-7)。

4.筏板基础

筏板基础又叫满堂基础(图5-8)。它是把柱下独立基础或者条形基础全部用连系梁联系起来,下面再整体浇注底板,由底板、梁等整体组成。地基软弱而荷载较大,采用十字交叉基础不能满足地基承载力要求,采用筏形基础,其整体性好,能很好地抵抗地基不均匀沉降。可用于多种结构,如框架、框剪、剪力墙结构及砌体结构。特别适用于采用地下室的建筑物以及大型的储液结构物(如水池、油库等)。

图5-7 柱下十字形基础   图5-8 筏板基础

筏板基础分为平板式筏基和梁板式筏基,平板式筏板基础是一块等厚度的钢筋混凝土平板,筏板的厚度与建筑物的高度及受力条件有关,通常不小于200 mm,对于高层建筑,通常根据建筑物的层数按每层50 mm确定筏板的厚度。当在柱间设有梁时,则形成梁板式筏形基础,如图5-8所示。

5.1.2 浅基础构造要求

1.刚性基础的构造要求

因刚性基础材料的抗拉和抗剪强度比抗压强度低得多,为避免基础受到冲切而拉裂,其台阶的宽高比允许值 b_2/H_0 应满足表5-1要求。

表5-1 无筋扩展基础台阶宽高比的允许值

基础材料	质量要求	台阶宽高比的允许值		
		$p_k \leqslant 100$	$100 < p_k \leqslant 200$	$200 < p_k \leqslant 300$
混凝土基础	C15 混凝土	1:1.00	1:1.00	1:1.25
毛石混凝土基础	C15 混凝土	1:1.00	1:1.25	1:1.50
砖基础	砖不低于 MU10、砂浆不低于 M5	1:1.50	1:1.50	1:1.50
毛石基础	砂浆不低于 M5	1:1.25	1:1.50	—

基础材料	质量要求	台阶宽高比的允许值		
		$p_k \leqslant 100$	$100 < p_k \leqslant 200$	$200 < p_k \leqslant 300$
灰土基础	体积比为 3:7 或 2:8 的灰土，其最小干密度： 粉土 1550 kg/m³ 粉质黏土 1500 kg/m³ 黏土 1450 kg/m³	1:1.25	1:1.50	—
三合土基础	体积比 1:2:4 ~ 1:3:6 （石灰：砂：骨料），每层约虚铺 220 mm，夯至 150 mm	1:1.50	1:2.00	—

注：①p_k 为作用标准组合时的基础底面处的平均压力值，kPa；②阶梯形毛石基础的每阶伸出宽度，不宜大于 200 mm；③当基础由不同材料叠合组成时，应对接触部分作抗压验算；④混凝土基础单侧扩展范围内基础底面处的平均压力值超过 300 kPa 时，尚应进行抗剪验算；对基底反力集中于立柱附近的岩石地基，应进行局部受压承载力验算。

采用无筋扩展基础的钢筋混凝土柱，如图 5－9 所示，其柱脚高度 h_1 不得小于 b_1，并不应小于 300 mm 且不小于 20 d。当柱纵向钢筋在柱脚内的竖向锚固长度不满足锚固要求时，可沿水平方向弯折，弯折后的水平锚固长度不应小于 10 d 也不应大于 20 d（注：d 为柱中的纵向受力钢筋的最大直径）。

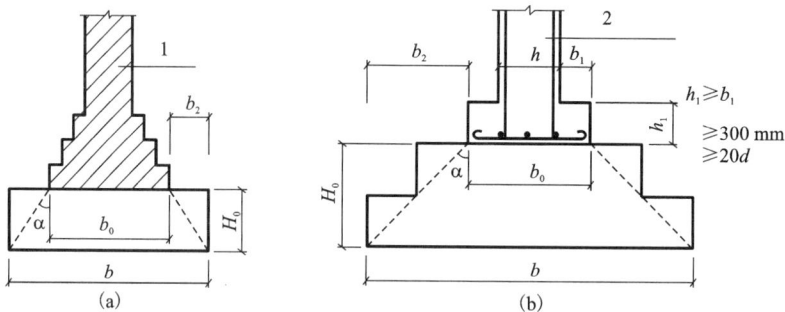

图 5－9　无筋扩展基础构造示意

2. 扩展基础的构造要求

（1）锥形基础的边缘高度，不宜小于 200 mm，且两个方向的坡度不宜大于 1:3，其顶部四周应水平放宽至少 50 mm，阶梯形基础的每阶高度，宜为 300 ~ 500 mm。

（2）钢筋混凝土基础下通常设素混凝土垫层，垫层高度不宜小于 70 mm，通常取 100 mm，混凝土强度等级应为 C15。垫层两边各伸出基础底板 50 mm。

（3）扩展基础受力钢筋最小配筋率不应小于 0.15%，底板受力钢筋的最小直径不应小于 10 mm；间距不应大于 200 mm，也不应小于 100 mm。墙下钢筋混凝土条形基础纵向分布钢筋的直径不小于 8 mm；间距不应大于 300 mm。每延米分布钢筋的面积不小于受力钢筋面积的 15%。当有垫层钢筋保护层的厚度不应小于 40 mm；当无垫层不应小于 70 mm。

（4）基础底板混凝土强度等级不应低于 C20。

（5）当柱下钢筋混凝土独立基础的边长和墙下钢筋混凝土的宽度大于或等于 2.5 m 时，底板受力筋的长度可取边长或宽度的 0.9 倍，并宜交错布置（如图 5 - 10）。

图 5 - 10　柱下独立基础底板受力钢筋布置

（6）基础底板在 T 形及十字形交接处，底板横向受力筋仅沿一个主要受力方向底板宽度的 1/4 处。在拐角处底板横向受力钢筋应沿两个方向布置（如图 5 - 11）。

图 5 - 11　墙下条形基础纵横交叉处底板受力钢筋布置

3. 钢筋混凝土柱和剪力墙纵向受力钢筋在基础内的锚固长度

（1）钢筋混凝土柱和剪力墙纵向受力钢筋在基础内的锚固长度（l_a）应根据现行国家标准《混凝土结构设计规范》（GB 50010—2010）有关规定确定；

（2）抗震设防烈度为 6 度、7 度、8 度和 9 度地区的建筑工程，纵向受力钢筋的抗震锚固长度（l_{aE}）应按下式计算：

1）一、二级抗震等级纵向受力钢筋的抗震锚固长度（l_{aE}）：$l_{aE} = 1.15\,l_a$；

2）三级抗震等级纵向受力钢筋的抗震锚固长度（l_{aE}）：$l_{aE} = 1.05\,l_a$；

3）四级抗震等级纵向受力钢筋的抗震锚固长度（l_{aE}）：$l_{aE} = l_a$。

（3）当基础高度小于 l_a（l_{aE}）时，纵向受力钢筋的锚固总长度除符合上述要求外，其最小直锚段的长度不应小于 $20\,d$，弯折段的长度不应小于 $150\,mm$。

4. 现浇柱基础的插筋

其插筋的数量、直径以及钢筋种类应与柱内纵向受力钢筋相同。插筋的锚固长度应满足前述第 3 条的规定，插筋与柱的纵向受力钢筋的连接方法，应符合现行国家标准《混凝土结构设计规范》（GB 50010）的有关规定。插筋的下端宜作成直钩放在基础底板钢筋网上。当符合下列条件之一时，可仅将四角的插筋伸至底板钢筋网上，其余插筋锚固在基础顶面下 l_a 或 l_{aE} 处（图 5 – 12）。

（1）柱为轴心受压或小偏心受压，基础高度大于等于 1200 mm；

（2）柱为大偏心受压，基础高度大于等于 1400 mm。

5. 预制钢筋混凝土柱与杯口基础的连接（图 5 – 13）

图 5 – 12　现浇柱的基础中插筋构造示意

图 5 – 13　预制钢筋混凝土柱与杯口基础的连接示意

注：$a_2 \geqslant a_1$；1—焊接网

（1）柱的插入深度

可按表 5 – 2 选用，并应满足钢筋锚固长度的要求及吊装时柱的稳定性。

表 5 – 2　柱的插入深度 h_1 ／mm

矩形或工字形柱				双肢柱
$h < 500$	$500 \leqslant h < 800$	$800 \leqslant h \leqslant 1000$	$h > 1000$	
$h \sim 1.2h$	h	$0.9h$ 且 $\geqslant 800$	$0.8h$ $\geqslant 1000$	$(1/3 \sim 2/3)h_a$ $(1.5 \sim 1.8)h_b$

注：① h 为柱截面长边尺寸；h_a 为双肢柱全截面长边尺寸；h_b 为双肢柱全截面短边尺寸；② 柱轴心受压或小偏心受压时，h_1 可适当减小，偏心距大于 $2h$ 时，h_1 应适当加大。

（2）基础的杯底厚度和杯壁厚度

表 5-3　基础的杯底厚度和杯壁厚度

柱截面长边尺寸 h/mm	杯底厚度 a_1/mm	杯壁厚度 t/mm
$h < 500$	$\geqslant 150$	$150 \sim 200$
$500 \leqslant h < 800$	$\geqslant 200$	$\geqslant 200$
$800 \leqslant h < 1000$	$\geqslant 200$	$\geqslant 300$
$1000 \leqslant h < 1500$	$\geqslant 250$	$\geqslant 350$
$1500 \leqslant h < 2000$	$\geqslant 300$	$\geqslant 400$

注：①双肢柱的杯底厚度值，可适当加大；②当有基础梁时，基础梁下的杯壁厚度，应满足其支承宽度的要求；③柱子插入杯口部分的表面应凿毛，柱子与杯口之间的空隙，应用比基础混凝土强度等级高一级的细石混凝土充填密实，当达到材料设计强度的70%以上时，方能进行上部吊装。

（3）当柱为轴心受压或小偏心受压且 $t/h_2 \geqslant 0.65$ 时，或大偏心受压且 $t/h_2 \geqslant 0.75$ 时，杯壁可不配筋；当柱为轴心受压或小偏心受压且 $0.5 \leqslant t/h_2 < 0.65$ 时，杯壁可按表 5-4 构造配筋；其他情况下，应按计算配筋。

表 5-4　杯壁构造配筋

柱截面长边尺寸/mm	$h < 1000$	$1000 \leqslant h < 1500$	$1500 \leqslant h \leqslant 2000$
钢筋直径/mm	$8 \sim 10$	$10 \sim 12$	$12 \sim 16$

注：表中钢筋置于杯口顶部，每边两根。

6. 预制钢筋混凝土柱（包括双肢柱）与高杯口基础的连接（图 5-14）

插入深度应符合普通杯口基础的相关规定，杯壁厚度应符合表 5-5 的规定。

高杯口基础短柱的纵向钢筋（图 5-15），除满足计算要求外，在非地震区及抗震设防烈度低于 9 度地区，且满足前述的要求时，短柱四角纵向钢筋的直径不宜小于 20 mm，并延伸至基础底板的钢筋网上；短柱长边的纵向钢筋，当长边尺寸小于或等于 1000 mm 时，其钢筋直径不应小于 12 mm，间距不应大于 300 mm；当长边尺寸大于 1000 mm 时，其钢筋直径不应小于 16 mm，间距不应大于 300 mm，且每隔一米左右伸下一根并作 150 mm 的直钩支承在基础底部的钢筋网上，其余钢筋锚固至基础底板顶面下 L_a 处。短柱短边每隔 300 mm 应配置直径不小于 12 mm 的纵向钢筋且每边的配筋率不少于 0.05% 短柱的截面面积。短

图 5-14　高杯口基础

H—短柱高度

柱中杯口壁内横向箍筋不应小于 Φ8@150；短柱中其他部位的箍筋直径不应小于 8 mm，间距不应大于 300 mm；当抗震设防烈度为 8 度和 9 度时，箍筋直径不应小于 8 mm，间距不应大于 150 mm。

表 5-5　高杯口基础的杯壁厚度 t

h/mm	t/mm
600 < h ≤ 800	≥250
800 < h ≤ 1000	≥300
1000 < h ≤ 1400	≥350
1400 < h ≤ 1600	≥400

图 5-15　高杯口基础构造配筋

1—杯口壁内横向箍筋 Φ8@150；2—顶层焊接钢筋网；3—插入基础底部的纵向钢筋不应少于每米 1 根；
4—短柱四角钢筋一般不小于 Φ20；5—短柱长边纵向钢筋当 $h_3 \leqslant 1000$ 用 Φ12@300，当 $h_3 > 1000$ 用 Φ16@300；
6—按构造要求；7—短柱短边纵向钢筋每边不小于 $0.05\% b_3 h_3$（不小于 Φ12@300）

7. 柱下条形基础的构造

除应符合本节第 2 条扩展基础的构造要求外，尚应符合下列规定：

（1）柱下条形基础梁的高度宜为柱距的 1/4～1/8。翼板厚度不应小于 200 mm。当翼板厚度大于 250 mm 时，宜采用变厚度翼板，其顶面坡度宜小于或等于 1:3；

（2）条形基础的端部宜向外伸出，其长度宜为第一跨距的 0.25 倍；

（3）现浇柱与条形基础梁的交接处，基础梁的平面尺寸应大于柱的平面尺寸，且柱的边缘至基础梁边缘的距离不得小于 50 mm（图 5-16）；

（4）条形基础梁顶部和底部的纵向受力钢筋除应满足计算要求外，顶部钢筋应按计算配筋全部贯通，底部通长钢筋不应少于底部受力钢筋截面总面积的1/3；

（5）柱下条形基础的混凝土强度等级，不应低于C20。

8. 筏板基础的基本构造要求

筏形基础的混凝土强度等级不应低于C30，当有地下室时应采用防水混凝土。对重要建筑，宜采用自防水并设置架空排水层。

图5－16　现浇柱与条形基础梁交接处平面尺寸
1—基础梁；2—柱

采用筏形基础的地下室，钢筋混凝土外墙厚度不应小于250 mm，内墙厚度不宜小于200 mm。墙的截面设计除满足承载力要求外，尚应考虑变形、抗裂及外墙防渗等要求。墙体内应设置双面钢筋，钢筋不宜采用光面圆钢筋，水平钢筋的直径不应小于12 mm，竖向钢筋的直径不应小于10 mm，间距不应大于200 mm。

地下室底层柱、剪力墙与梁板式筏基的基础梁连接的构造应符合下列规定：

（1）柱、墙的边缘至基础梁边缘的距离不应小于50 mm（图5－17）；

(a)　　　　　　　　　　(b)

(c)　　　　　　　　　　(d)

图5－17　地下室底层柱或剪力墙与梁板式筏基的基础梁连接的构造要求
1—基础梁；2—柱；3—墙

（2）当交叉基础梁的宽度小于柱截面的边长时，交叉基础梁连接处应设置八字角，柱角与八字角之间的净距不宜小于 50 mm[图 5 - 17(a)]；

（3）单向基础梁与柱的连接，可按图 5 - 17(b)、(c)采用；

（4）基础梁与剪力墙的连接，可按图 5 - 17(d)采用。

5.2 浅基础设计

5.2.1 基础埋置深度的确定

地基中基础埋置深度一般是指基础底面到室外设计地面的距离，简称基础埋深，如图 5 - 18。基础埋深对结构物的牢固、稳定与正常使用具有重要意义。

影响基础埋置深度的因素如下：

（1）建筑物的用途及基础形式和构造

确定基础埋深时应了解建筑物的用途及使用要求。当有地下室、设备基础和地下设施时，往往要求加大基础的埋深。基础的形式和构造有时也对基础埋深起决定性作用。例如采用无筋扩展基础，当基础底面积确定后，由于基础本身的构造要求（即满足台阶宽高比允许值要求），就决定基础最小高度，也决定了基础的埋深。

图 5 - 18　基础埋深

（2）作用在地基上的荷载大小和性质

基础埋深的选择必须考虑荷载的性质和大小的影响。对同一层土，荷载小的基础可能是良好的持力层；而对荷载大的基础则可能不适宜作持力层。尤其是承受较大的水平荷载的基础或承受较大的上拔力的基础，往往需要有较大的基础埋深，以提供足够的抗拔阻力，保证基础的稳定性。《建筑地基基础设计规范》(GB 50007—2011)还强调高层建筑基础的埋置深度应满足地基承载力、变形和稳定性要求。位于岩石地基上的高层建筑，其基础埋深应满足抗滑稳定性要求。在抗震设防区，除岩石地基外，天然地基上的箱形和筏形基础其埋置深度不宜小于建筑物高度的1/15，桩箱或桩筏基础的埋置深度（不计桩长）不宜小于建筑物高度的1/18。

（3）工程地质和水文地质条件

应从两方面考虑，一是合理选择持力层，二是考虑地下水的水位和水质。当上层地基的承载力大于下层时，宜利用上层作为持力层。当下层土承载力大于上层土时，则应进行方案比较后，再确定基础埋在哪一层。此外，还应考虑地基在水平方向是否均匀。如果存在地下水，基础宜埋在地下水位以上，当必须埋在地下水位以下时，应采取地基土在施工时不受扰动的措施。对于有侵蚀性的水，应采取防止基础受侵蚀破坏的措施。当基础埋置在易风化岩层的岩层上，施工时应在基坑开挖后立即铺筑垫层。

（4）相邻建筑物的基础埋深

一般新建筑物基础埋深不宜大于相邻原基础的埋梁。当必须深于原基础时，两基础之间应保持一定净距，数值根据原有建筑荷载大小和土质情况确定，一般取两相邻底面高差的 1 ~ 2 倍(图 5 – 19)。当墙下条形基础有不同埋深时，应沿基础纵向做成台阶形，并由深到浅过渡。

图 5 – 19　相邻建筑间的相邻基础埋深及间距要求
1—原有基础；2—新基础

(5)地基土冻胀和融陷的影响

地表以下一定深度的地层温度是随大气温度而变化的。当地层温度低于 0 ~ 1℃时，土中部分孔隙水将冻结成冻土。在冻胀、强冻胀、特强冻胀地基上，应采用下列防冻害措施：

1)对在地下水以上的基础，基础侧面应回填非冻胀性的中砂或粗砂，其厚度不应小于200 mm。对在地下水位以下的基础，可采用桩基础、保温性基础、自锚式基础(冻土层下有扩大板或扩底短桩)，也可将独立基础或条形基础做成正梯形的斜面基础。

2)宜选择地势高、地下水位低，地表排水良好的建筑场地。对于低洼场地，建筑物的室外地坪标高应至少高出自然地面 300 ~ 500 mm，其范围不宜小于建筑四周向外各一倍冻结深度距离的范围。

3)应做好排水设施，施工和使用期间防止水浸入建筑地基。在山区应设截水沟或在建筑物下设置暗沟，以排走地表水和潜水。

4)在强冻胀性和特强冻胀性地基，其基础结构应设置钢筋混凝土圈梁和基础梁，并控制建筑的长高比。

5.2.2　基础底面尺寸的确定

1.地基基础设计的基本规定

(1)地基基础设计等级

地基基础设计应根据地基复杂程度、建筑物规模和功能特征以及由于地基问题可能造成建筑物破坏或影响正常使用的程度分为三个设计等级，设计时应根据具体情况，按表 5 – 6 选用。

表 5 – 6　地基基础设计等级

设计等级	建筑和地基类型
甲　级	重要的工业与民用建筑物 30 层以上的高层建筑 体型复杂，层数相差超过 10 层的高低层连成一体建筑物 大面积的多层地下建筑物(如地下车库、商场、运动场等) 对地基变形有特殊要求的建筑物 复杂地质条件下的坡上建筑物(包括高边坡) 对原有工程影响较大的新建筑物 场地和地基条件复杂的一般建筑物 位于复杂地质条件及软土地区的二层及二层以上地下室的基坑工程 开挖深度大于 15 m 的基坑工程 周边环境条件复杂、环境保护要求高的基坑工程

设计等级	建筑和地基类型
乙 级	除甲级、丙级以外的工业与民用建筑物 除甲级、丙级以外的基坑工程
丙 级	场地和地基条件简单、荷载分布均匀的七层及七层以下民用建筑及一般工业建筑；次要的轻型建筑物 非软土地区且场地地质条件简单、基坑周边环境条件简单、环境保护要求不高且开挖深度小于 5.0 m 的基坑工程

（2）地基基础设计规定

根据建筑物地基基础设计等级及长期荷载作用下地基变形对上部结构的影响程度，地基基础设计应符合下列规定：

1）所有建筑物的地基计算均应满足承载力计算的有关规定。

2）设计等级为甲级、乙级的建筑物，均应按地基变形设计。

3）设计等级为丙级的建筑物有下列情况之一时应作变形验算：

①地基承载力特征值小于 130 kPa，且体型复杂的建筑；

②在基础上及其附近有地面堆载或相邻基础荷载差异较大，可能引起地基产生过大的不均匀沉降时；

③软弱地基上的建筑物存在偏心荷载时；

④相邻建筑距离近，可能发生倾斜时；

⑤地基内有厚度较大或厚薄不均的填土，其自重固结未完成时。

4）对经常受水平荷载作用的高层建筑、高耸结构和挡土墙等，以及建造在斜坡上或边坡附近的建筑物和构筑物，尚应验算其稳定性。

5）基坑工程应进行稳定性验算。

6）建筑地下室或地下构筑物存在上浮问题时，尚应进行抗浮验算。

7）地基基础的设计使用年限不应小于建筑结构的设计使用年限。

8）表 5 – 7 所列范围之外设计等级为丙级的建筑物可不作变形验算。

（3）地基基础荷载效应计算规定

1）作用效应与相应的抗力限值计算规定

①按地基承载力确定基础底面积及埋深或按单桩承载力确定桩数时，传至基础或承台底面上的作用效应应按正常使用极限状态下作用的标准组合。相应的抗力应采用地基承载力特征值或单桩承载力特征值。

②计算地基变形时，传至基础底面上的作用效应应按正常使用极限状态下作用的准永久组合，不应计入风荷载和地震作用。相应的限值应为地基变形允许值。

③计算挡土墙、地基或滑坡稳定以及基础抗浮稳定时，作用效应应按承载能力极限状态下作用的基本组合，但其分项系数均为1.0。

④在确定基础或桩基承台高度、支挡结构截面、计算基础或支挡结构内力、确定配筋和验算材料强度时，上部结构传来的作用效应和相应的基底反力、挡土墙土压力以及滑坡推力，应按承载能力极限状态下作用的基本组合，采用相应的分项系数。当需要验算基础裂缝

宽度时，应按正常使用极限状态作用的标准组合。

⑤基础设计安全等级、结构设计使用年限、结构重要性系数应按有关规范的规定采用，但结构重要性系数（γ_0）不应小于1.0。

表5-7　可不作地基变形验算的设计等级为丙级的建筑物范围

地基主要受力层情况	地基承载力特征值 f_{ak}/kPa		$80 \leqslant f_{ak}$ <100	$100 \leqslant f_{ak}$ <130	$130 \leqslant f_{ak}$ <160	$160 \leqslant f_{ak}$ <200	$200 \leqslant f_{ak}$ <300
	各土层坡度/%		≤5	≤10	≤10	≤10	≤10
建筑类型	砌体承重结构、框架结构/层数		≤5	≤5	≤6	≤6	≤7
	单层排架结构（6 m柱距）	单跨 吊车额定起重量/t	10~15	15~20	20~30	30~50	50~100
		单跨 厂房跨度/m	≤18	≤24	≤30	≤30	≤30
		多跨 吊车额定起重量/t	5~10	10~15	15~20	20~30	30~75
		多跨 厂房跨度/m	≤18	≤24	≤30	≤30	≤30
	烟囱	高度/m	≤40	≤50	≤75		≤100
	水塔	高度/m	≤20	≤30	≤30		≤30
		容积/m³	50~100	100~200	200~300	300~500	500~1000

注：①地基主要受力层系指条形基础底面下深度为3b（b为基础底面宽度），独立基础下为1.5b，且厚度均不小于5 m的范围（二层以下一般的民用建筑除外）；②地基主要受力层中如有承载力特征值小于130 kPa的土层时，表中砌体承重结构的设计，应符合《建筑地基基础设计规范》第7章的有关要求；③表中砌体承重结构和框架结构均指民用建筑，对于工业建筑可按厂房高度、荷载情况折合成与其相当的民用建筑层数；④表中吊车额定起重量、烟囱高度和水塔容积的数值系指最大值。

2）作用效应组合方法

①正常使用极限状态下，标准组合的效应设计值（S_k）

$$S_k = S_{Gk} + S_{Q1k} + \psi_{c2} S_{Q2k} + \cdots + \psi_{ci} S_{Qik} \qquad (5-1)$$

式中：S_{Gk}——永久作用标准值（G_k）的效应；

　　　S_{Qik}——第 i 个可变作用标准值（Q_{ik}）的效应；

　　　ψ_{ci}——第 i 个可变作用（Q_i）的组合值系数，按现行国家标准《建筑结构荷载规范》（GB 50009）的规定取值。

②准永久组合的效应设计值（S_k）

$$S_k = S_{Gk} + \psi_{q1} S_{Q1k} + \psi_{q2} S_{Q2k} + \cdots + \psi_{qi} S_{Qik} \qquad (5-2)$$

式中：ψ_{qi}——第 i 个可变作用的准永久值系数，按现行国家标准《建筑结构荷载规范》（GB 50009）的规定取值。

③承载能力极限状态下，由可变作用控制的基本组合的效应设计值（S_d）

$$S_d = \gamma_G S_{Gk} + \gamma_{Q1} S_{Q1k} + \gamma_{Q2} \psi_{c2} S_{Q2k} + \cdots + \gamma_{Qi} \psi_{ci} S_{Qik} \qquad (5-3)$$

式中：γ_G——永久作用的分项系数，按现行国家标准《建筑结构荷载规范》（GB 50009）的规定

取值;

γ_{Qi}——第 i 个可变作用的分项系数,按现行国家标准《建筑结构荷载规范》(GB 50009)的规定取值。

④对由永久作用控制的基本组合,基本组合的效应设计值(S_d)简化规则为:

$$S_d = 1.35S_k \qquad (5-4)$$

式中:S_k——标准组合的作用效应设计值。

2. 确定基础底面尺寸

地基基础设计时,要求作用在基础底面上的压力标准值 p_k 小于或等于修正后的地基承载力特征值 f_a,即:

$$p_k \leqslant f_a \qquad (5-5)$$

式中:p_k——相应于作用的标准组合时,基础底面处的平均压力值,kPa;

f_a——修正后的地基承载力特征值,kPa。

当偏心荷载作用时,除符合式(5-5)要求外,尚应符合下式规定:

$$p_{kmax} \leqslant 1.2f_a \qquad (5-6)$$

式中:p_{kmax}——相应于作用的标准组合时,基础底面边缘的最大压力值,kPa。

(1)轴心受压基础底面尺寸的确定

作用在基础底面上的平均压应力应小于或等于地基承载力设计值。

$$p_k = \frac{F_k + G_k}{A} \qquad (5-7)$$

式中:F_k——相应于作用的标准组合时,上部结构传至基础顶面的竖向力值,kN;

G_k——基础自重和基础上的土重,kN,$G_k = \gamma_G A \bar{h}$,γ_G 表示基础及其回填土的平均重度,一般取 20 kN/m³,当有地下水时,取为有效重度 10.0 kN/m³;

A——基础底面面积,m²。

由此可得,基础底面积为:

对于矩形基础:$A = l \cdot b \geqslant \dfrac{F_k}{f_a - \gamma_G \bar{h}}$。一般来说,对于柱下独立矩形基础,基础地面长短边的比例 n($n = l/b$,l 表示长边,b 表示短边)一般取 1.5 ~ 2.0。

当为条形基础时,通常沿着墙体纵向取单位长度 1 m 为计算单元,F_k 即为每延米的荷载,那么条形基础的宽度可表示为:$b \geqslant \dfrac{F_k}{f_a - \gamma_G \bar{h}}$。

【例题 5-1】 墙下条形基础在荷载效应标准值组合时,作用在基础顶面上的轴向力 F_k = 280 kN/m,基础埋深 d = 1.5 m,室内外高差 0.6 m,地基为黏土(η_b = 0.3,η_d = 1.6),其重度 γ = 18 kN/m³,地基承载力特征值 f_{ak} = 150 kPa。求该条形基础宽度。

图5-20 轴心受压基础

【解】 1)求修正后的地基承载力特征值

假定基础宽度 $b < 3$ m，因埋深 $d > 0.5$ m，故进行地基承载力深度修正。

$$
\begin{aligned}
f_a &= f_{ak} + \eta_d \gamma_m (d - 0.5) \\
&= 150 + 1.5 \times 18 \times (1.5 - 0.5) \\
&= 178.8 (\text{kPa})
\end{aligned}
$$

2)求基础宽度

因为室内外高差 0.6 m，故基础自重计算高度

$$
\overline{h} = 1.5 + \frac{0.6}{2} = 1.8 (\text{m})
$$

基础宽度：

$$
b \geqslant \frac{F_k}{f_a - \gamma_G \overline{h}} = \frac{280}{178.8 - 20 \times 1.8} = 1.96 (\text{m})
$$

取 $b = 2$ m，由于与假定相符，最后取 $b = 2$ m。

(2)偏心受压基础底面尺寸的确定

框架柱和排架柱基础通常都是典型的偏心受压基础，基地压力呈梯形分布，如图 5-21 所示。

$$
p_{kmax} = \frac{F_k + G_k}{A} + \frac{M_k}{W} \qquad (5-8)
$$

$$
p_{kmin} = \frac{F_k + G_k}{A} - \frac{M_k}{W} \qquad (5-9)
$$

式中：M_k——相应于作用的标准组合时，作用于基础底面的力矩值，$kN \cdot m$；

W——基础底面的抵抗矩，m^3；

p_{kmin}——相应于作用的标准组合时，基础底面边缘的最小压力值，kPa。

当基础底面形状为矩形且偏心距 $e = \frac{M_k}{F_k + G_k} \geqslant \frac{l}{6}$ 时(图 5-22)时，p_{kmax} 应按下式计算：

$$
p_{kmax} = \frac{2(F_k + G_k)}{3ba} \qquad (5-10)
$$

式中：b——垂直于力矩作用方向的基础底面边长，m；

a——单向偏心荷载合力作用点至基础底面最大压力边缘的距离，m。

在偏心荷载作用下，基础底面积通常采用试算的方法确定，其具体步骤如下：

图 5-21　偏心受压基础

图 5-22　偏心荷载($e > l/6$)
下基底压力计算示意

l—力矩作用方向基础底面边长

1）假定基础底宽 $b \leqslant 3$ m 进行承载力修正，初步确定承载力特征值 f_a；

2）先按中心受压估算基底面积 A_0，然后考虑偏心影响将 A_0 扩大 $10\% \sim 40\%$，即：

$$A = (1.1 \sim 1.4)A_0 = (1.1 \sim 1.4)\frac{F_k}{f_a - \gamma_G \bar{h}} \qquad (5-11)$$

3）承载力验算：对于矩形基础，基底边长短边之比取 $l/b = 1.5 \sim 2.0$，初步确定基底的边长尺寸，并计算基底边缘的最大和最小压力，要求最大压力满足 $p_{kmax} \leqslant 1.2f_a$，同时基底的平均压力满足 $\bar{p} = \dfrac{p_{kmax} + p_{kmin}}{2} \leqslant f_a$。如不满足地基承载力要求，需要重新调整基底尺寸，直至符合要求位置。

【例题 5-2】 某柱下矩形单独基础。已知按荷载效应标准组合传至基础顶面的内力值 $F_k = 920$ kN，$V_k = 15$ kN，$M_k = 235$ kN·m；地基为粉质黏土，其重度为 $\gamma = 18.5$ kN/m³，地基承载力特征值 $f_{ak} = 180$ kPa（$\eta_b = 0.3$，$\eta_d = 1.6$）基础埋深 $d = 1.2$ m，试确定基础底面尺寸。

【解】（1）求修正后的地基承载力特征值

假定基础宽度 $b < 3$ m，则：

$$\begin{aligned} f_a &= f_{ak} + \eta_d \gamma_m (d - 0.5) \\ &= 180 + 1.6 \times 18.5 \times (1.2 - 0.5) \\ &= 200.72 \, (\text{kPa}) \end{aligned}$$

（2）初步按轴心受压基础估算基底面积：

$$A_0 = \frac{F_k}{f_a - \gamma_G \bar{h}} = \frac{920}{200.72 - 20 \times 1.2} = 5.2 \, (\text{m}^2)$$

考虑偏心荷载的影响，将底面积 A_0 增大 20%，则 $A = 5.2 \times 1.2 = 6.24 \, (\text{m}^2)$。

取基底长短边之比 $l/b = 2$，得：

$$b = 1.8 \text{ m}, \ l = 3.6 \text{ m}。$$

（3）验算地基承载力

基础及其台阶上土重：

$$G_k = \gamma_G A \bar{h} = 20 \times 3.6 \times 1.8 \times 1.2 = 155.52 \, (\text{kN})$$

基底处力矩：

设基础高度为 0.9 m

$$M_k = 235 + 15 \times 0.9 = 248.5 \, (\text{kN·m})$$

偏心矩：

$$e = \frac{M_k}{F_k + G_k} = \frac{248.5}{920 + 155.52} = 0.23 \, (\text{m}) \leqslant \frac{l}{6} = 0.6 \, (\text{m})$$

基底边缘最大压力：

$$\begin{aligned} \frac{p_{kmax}}{p_{kmin}} &= \frac{F_k + G_k}{A}\left(1 \pm \frac{6e}{l}\right) = \frac{920 + 155.52}{3.6 \times 1.8}\left(1 \pm \frac{6 \times 0.23}{3.6}\right) \\ &= \begin{array}{l} 229.6 \, (\text{kPa}) \leqslant 1.2f_a = 240.86 \, (\text{kPa}) \\ 102.3 \, (\text{kPa}) > 0 \end{array} \end{aligned}$$

基底压力平均值：

$$\bar{p}_k = \frac{p_{kmax} + p_{kmin}}{2} = \frac{229.6 + 102.3}{2} \approx 165(kPa) < f_a = 200.72(kPa)$$

地基承载验算满足要求，故基底尺寸 $l = 3.6$ m，$b = 1.8$ m 合适。

3. 地基软弱下卧层验算

当地基受力层范围内有软弱下卧层时，应按下式验算软弱下卧层的地基承载力：

$$p_z + p_{cz} \leqslant f_{az} \tag{5-12}$$

式中：p_z——相应于作用的标准组合时，软弱下卧层顶面处的附加压力值，kPa，如图 5-23；

　　　p_{cz}——软弱下卧层顶面处土的自重压力值，kPa；

　　　f_{az}——软弱下卧层顶面处经深度修正后的地基承载力特征值，kPa。

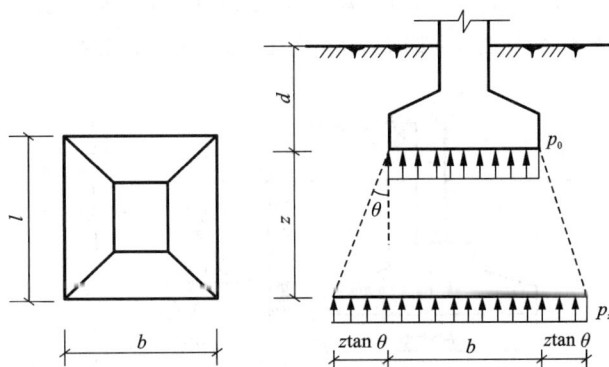

图 5-23　软弱下卧层地基应力计算图

对条形基础和矩形基础，式(5-12)中的 p_z 值可按下列公式简化计算：

条形基础

$$p_z = \frac{b(p_k - \sigma_c)}{b + 2z\tan\theta} \tag{5-13}$$

矩形基础

$$p_z = \frac{lb(p_k - p_c)}{(b + 2z\tan\theta)(l + 2z\tan\theta)} \tag{5-14}$$

式中：b——矩形基础或条形基础底边的宽度，m；

　　　l——矩形基础底边的长度，m；

　　　σ_c——基础底面处土的自重压力值，kPa；

　　　z——基础底面至软弱下卧层顶面的距离，m；

　　　θ——地基压力扩散线与垂直线的夹角，(°)，可按表 5-8 采用。

表 5 - 8 地基压力扩散角 θ

E_{s1}/E_{s2}	z/b	
	0.25	0.50
3	6°	23°
5	10°	25°
10	20°	30°

注：①E_{s1}为上层土压缩模量；E_{s2}为下层土压缩模量；②z/b < 0.25 时取 θ = 0°，必要时，宜由试验确定；z/b > 0.50 时 θ 值不变；③z/b 在 0.25 ~ 0.50 之间可插值使用。

【例题 5 - 3】 某柱下钢筋混凝土独立基础，上部结构传到基础顶面的轴心压力为 F_k = 1300 kN，基础底面尺寸为 3.0 m×5.1 m，基础埋深 d = 1.5 m，持力层为粉质黏土，承载力特征值 f_a = 140 kPa，土层分布如图 5 - 24 所示，试验算基础底面尺寸是否合适。

图 5 - 24 例题 5 - 3 附图

【解】 （1）求修正后的地基承载力特征值持力层为粉质黏土，由 e = 0.75，I_L = 0.38，查表得 η_b = 0.3，η_d = 1.6

b = 3 m，则基底以上土的加权平均重度为：

$$\gamma_m = \frac{1.0 \times 19 + 0.5 \times (19 - 10)}{1.0 + 0.5} = 15.67(kN/m^3)$$

$$f_a = f_{ak} + \eta_d \gamma_m (d - 0.5)$$
$$= 140 + 1.6 \times 15.67 \times (1.5 - 0.5) = 165.07(kPa)$$

（2）持力层承载力验算

基础自重及回填土重量为：

$G_k = 3.0 \times 5.1 \times [1.0 \times 20 + 0.5 \times (20 - 10)] = 382.5(kN)$

基底压力 P_k 为：

$$p_k = \frac{F_k + G_k}{A} = \frac{1300 + 382.5}{3.0 \times 5.1} = 110 \text{ kPa} < f_a = 165.07(kPa)$$

地基持力层承载力满足设计要求。

（3）软弱下卧层承载力验算

由软弱下卧层为淤泥质土，查表得：$\eta_b = 0$，$\eta_d = 1.0$

软弱下卧层顶面以上土的加权平均重度为：

$$\gamma_m = \frac{1.0 \times 19 + 3.0 \times (19 - 10)}{1.0 + 3.0} = 11.50 (\text{kN/m}^3)$$

故软弱下卧层修正后的地基承载力特征值为：

$$f_{az} = f_{ak} + \eta_d \gamma_m (d + z - 0.5)$$
$$= 80 + 1.0 \times 11.5 \times (1.5 + 2.5 - 0.5) = 120.25 (\text{kPa})$$

基底附加压力 P_0 为：

$$p_0 = p_k - \gamma_m d = 110 - 15.67 \times 1.5 = 86.5 (\text{kPa})$$

地基压力扩散角 θ 为：

$$\frac{E_{s1}}{E_{s2}} = \frac{7.5}{2.5} = 3 \qquad \frac{z}{b} = \frac{2.5}{3} = 0.83 > 0.5$$

查表 5－8，得 $\theta = 23°$

软弱下卧层顶面处的附加应力为：

$$p_z = \frac{blp_0}{(b + 2z\tan\theta)(l + 2z\tan\theta)} = \frac{3 \times 5.1 \times 86.5}{(3 + 2 \times 2.5 \times \tan23°)(5.1 + 2 \times 2.5 \times \tan23°)} = 35.8 (\text{kPa})$$

下卧层顶面处的自重应力 P_{CZ} 为：$P_{cz} = 19.0 \times 1 + 9 \times 3.0 = 46 (\text{kPa})$

$p_z + p_{cz} = 35.8 + 46 = 81.8 \text{ kPa} < f_{az} = 120.25 \text{ kPa}$

经验算软弱下卧层承载力满足，因此基础底面尺寸 3.0 m×5.1 m 合适。

5.2.3　无筋扩展基础的设计

1. 无筋扩展基础（又称为刚性基础）设计内容

无筋扩展基础设计主要包括基础底面尺寸、基础剖面尺寸及其构造措施。因刚性基础材料的抗弯、抗拉能力很低，故常设计成轴心受压基础。其基础底面尺寸除满足地基承载力要求外，基础底面宽度还应符合台阶宽高比或刚性角要求（见图 5－9）。无筋扩展基础的构造措施见本模块 5.1.2 节。

基础高度应满足下式要求：

$$H_0 \geqslant \frac{b - b_0}{2\tan\alpha} \tag{5-15}$$

式中：b——基础底面宽度，m；

　　　b_0——基础顶面的墙体宽度或柱脚宽度，m；

　　　H_0——基础高度，m；

　　　$\tan\alpha$——基础台阶宽高比 b_2/H_0，b_2 为基础台阶宽度，m，允许值见表 5－1。

2. 无筋扩展基础设计步骤

（1）确定基底面积 $b \times l$；

（2）选择无筋扩展基础类型；

（3）按宽高比决定台阶高度与宽度——从基底开始向上逐步收小尺寸，使基础顶面低于室外地面至少 0.1 m，否则应需修改尺寸或基底埋深；

（4）基础材料强度小于柱的材料强度时，应验算基础顶面的局部抗压强度，如不满足，应扩大柱脚的底面积；

（5）为了节省材料，刚性基础通常做成台阶形。基础底部常做成一个垫层，垫层材料一般为灰土、三合土或素混凝土，厚度大于或等于 100 mm。薄的垫层不作为基础考虑，对于厚度为 150~250 mm 的垫层，可以看成基础的一部分。

【例题 5−4】 某中学教学楼承重墙厚 240 mm，地基第一层土为 0.8 m 厚的杂填土，重度 17 kN/m³；第二层为粉质黏土层，厚 5.4 m，重度 18 kN/m³，$f_{ak}=180$ kPa。$\eta_b=0.3$，$\eta_d=1.6$。已知上部墙体传来的竖向荷载值 $F_k=210$ kN/m，室内外高差为 0.45 m，试设计该承重墙下条形基础。

【解】 （1）计算经修正后的地基承载力设计值

选择粉质黏土层作为持力层，初步确定基础埋深 $d=1.0$ m。基础埋深范围内土体的加权平均重度为：

$$\gamma_m = \frac{\gamma_1 h_1 + \gamma_2 h_2}{d} = \frac{17 \times 0.8 + 18 \times 0.2}{0.8 + 0.2} = 17.2 (\text{kN/m}^3)$$

所以，经深宽修正后的地基承载力为：

$$f_a = f_{ak} + \eta_d \gamma_m (d - 0.5) = 180 + 1.6 \times 17.2 \times (1.0 - 0.5) = 193.76 (\text{kPa})$$

（2）确定基础宽度

$$b \geqslant \frac{F_k}{f_a - \gamma_G \bar{h}} = \frac{210}{193.76 - 20 \times \left(1.0 + \dfrac{0.45}{2}\right)} = 1.24 (\text{m})$$

取基础宽度 $b = 1.3$ m。

（3）选择基础材料，并确定基础剖面尺寸

基础下层采用 350 mm 厚 C15 素混凝土层，其上层采用 MU10 或 M5 砂浆砌二、一间隔收的砖墙放大脚。

混凝土基础基底压力：

$$p_k = \frac{F_k + G_k}{A} = \frac{210 + 20 \times 1.3 \times 1.0 \times 1.225}{1.3 \times 1.0} = 186 (\text{kPa}) < 200 (\text{kPa})$$

由表 5−1 查得混凝土基础宽高比允许值 $[b_2/h_0] = 1:1$，混凝土垫层每边收进 350 mm，基础高 350 mm。

砖墙放大脚所需台阶数：$n = \dfrac{1300 - 240 - 2 \times 350}{60} \times \dfrac{1}{2} = 3$

墙体放大脚基础总高度：$H = 120 \times 2 + 60 \times 1 + 350 = 650 (\text{mm})$

（4）基础剖面图，如图 5−25 所示。

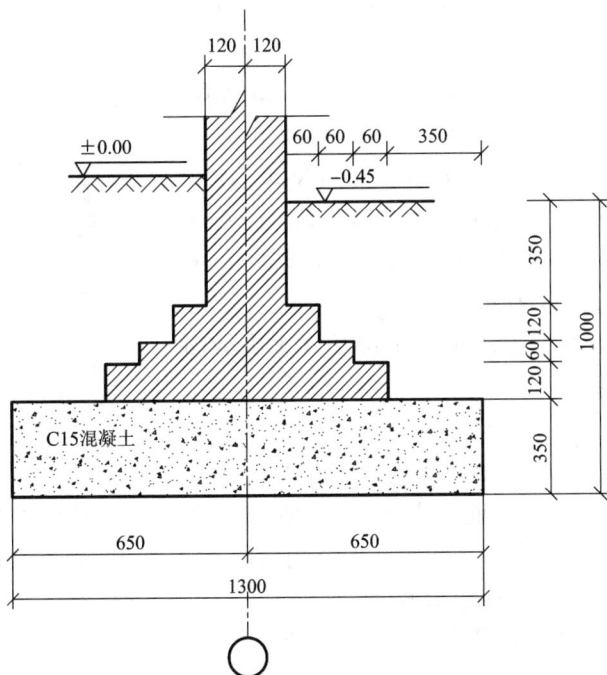

图 5 – 25 基础剖面图

5.2.4 墙下钢筋混凝土条形基础设计

1. 设计原则

（1）基础底面宽度应根据地基承载力要求确定；

（2）基础底板厚度是根据底板的抗剪强度确定；

（3）验算抗剪强度时，基底荷载采用基底净反力，底板厚度 h 可先按经验设 $h = b/8$，b 为底板的宽度，按悬臂板计算基底的内力；

（4）基础底板的配筋，应按抗弯计算确定；

（5）当基础的混凝土强度等级小于柱的混凝土强度等级时，尚应验算柱下基础顶面的局部受压承载力。

2. 设计内容

墙下钢筋混凝土条形基础设计内容主要包括确定基础宽度、底板厚度、底板配筋及构造措施。

（1）轴心荷载作用

1）基底宽度

按 5.2.2 节相关公式确定基底宽度。

2）基础底板厚度的确定

基础底板如同倒置的悬臂板，在地基净反力 p_j 作用下基础的最大内力实际发生在悬臂的根部。墙下条形基础通常沿墙长取单位长度 1 m 分析（如图 5 – 26），I—I 截面弯矩设计值和剪力设计值分别为：$M = \dfrac{1}{2} p_j \left(\dfrac{b-a}{2} \right)^2$ 和 $V = p_j \left(\dfrac{b-a}{2} \right)$。

其底板厚度按下式验算墙与基础底板交接处截面受剪承载力确定。

$$V \leq 0.7\beta_{hs}f_tA_0 \qquad (5-16)$$

$$\beta_{hs} = (800/h_0)^{1/4} \qquad (5-17)$$

式中：V——墙与基础交接处的剪力设计值，kN；

β_{hs}——受剪切承载力截面高度影响系数，当 $h_0 <$ 800 mm 时，取 $h_0 = 800$ mm；当 $h_0 > 2000$ mm 时，取 $h_0 = 2000$ mm。

A_0——验算截面处基础底板的单位长度垂直截面有效面积，m^2。

3）基础底板配筋

基础底板配筋分为沿底板宽度 b 方向设置的受力筋和沿墙长方向设置的构造分布筋，其配筋除满足计算和最小配筋率要求外，尚应符合本模块 5.2.1 节的构造要求。计算最小配筋率时，对阶形或锥形基础截面，可将其截面折算成矩形截面。

基础底板受力钢筋可按下式计算。

$$A_s = \frac{M}{0.9f_yh_0} \qquad (5-18)$$

式中：A_s——条形基础每延米长基础底板受力钢筋截面面积，mm^2/m；

M——墙与基础交接处的弯矩设计值。

（2）偏心荷载作用

1）基底宽度

按 5.2.2 节相关公式确定基底宽度。

2）基础高度的确定

偏心荷载作用下，基底净反力一般呈梯形分布，如图 5-27。基底受压偏心距为 $e_0 = \dfrac{M}{F}$。最大地基净反力和最小地基净反力分别为：$p_{jmax} = \dfrac{F}{b}\left(1 + \dfrac{6e_0}{b}\right)$ 和 $p_{jmin} = \dfrac{F}{b}\left(1 - \dfrac{6e_0}{b}\right)$。可以求出，底板悬臂支座处 I—I 截面的地基净反力为：$p_{jI} = p_{jmin} + \dfrac{b+a}{2b}(p_{jmax} - p_{jmin})$。所以，I—I 截面弯矩设计值和剪力设计值分别为：取 $p_j = \dfrac{1}{2}(p_{jI} + p_{jmax})$，$M = \dfrac{1}{2}P_j\left(\dfrac{b-a}{2}\right)^2$，$V = p_j\left(\dfrac{b-a}{2}\right)$。

在求出危险截面的弯矩设计值和剪力设计值后，可以按照轴心受压基础的相关公式计算基础底板的厚度和配筋，并满足相关构造要求。

图 5-26 墙下条形基础轴心压力作用下的受力分析

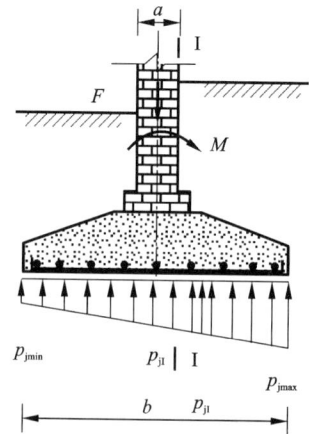

图 5-27 墙下条形基础偏心荷载作用下的受力分析

【例题 5 - 5】　砖墙,底层厚度为 0.37 m,相应于荷载效应基本组合时,作用基础顶面上的荷载 $F = 235$ kN/m,基础埋深 1.0 m,已知条形基础宽度 2 m,基础材料采用 C20 混凝土,$f_t = 1.1$ N/mm²,钢筋采用 HPB300,$f_y = 270$ N/mm²。确定墙下钢筋混凝土条形基础的底板厚度及配筋。

【解】　(1)地基净反力

$$p_j = \frac{F}{b} = \frac{235}{2} = 117.5(\text{kPa})$$

(2)计算基础悬臂部分最大内力

$$a_1 = \frac{2 - 0.37}{2} = 0.815(\text{m})$$

$$M = \frac{1}{2}p_j a_1^2 = \frac{1}{2} \times 117.5 \times 0.815^2 = 39 \times 10^6(\text{N} \cdot \text{mm})$$

$$V = p_j a_1 = 117.5 \times 0.815 = 95.76(\text{kN})$$

(3)初步确定基础底板厚度

一般先按 $h = b/8$ 的经验值,然后再进行抗剪验算。

$$h = \frac{b}{8} = \frac{2.0}{8} = 0.25(\text{m})$$

取 $h = 0.3$ m $= 300$ mm,$h_0 = 300 - 45 = 255(\text{mm})$。

(4)受剪承载力验算

$0.7\beta_{hs} f_t A_0 = 0.7 \times 1.0 \times 1.2 \times 1000 \times 255 \times 10^{-3} = 196.35(\text{kN}) > V = 95.76(\text{kN})$

(5)基础底板配筋

$$A_s = \frac{M}{0.9 h_0 f_y} = \frac{39 \times 10^6}{0.9 \times 255 \times 270} = 629.39(\text{mm}^2)$$

选用 $\phi 12@140(A_s = 808 \text{ mm}^2)$,分布钢筋选用 $\phi 8@300$。(如图 5 - 28)

图 5 - 28　基础结构剖面图

5.2.5 柱下钢筋混凝土独立基础的设计

1. 柱下钢筋砼独立基础设计内容

设计内容包括确定基础底面积、基础高度、底板配筋及相关构造要求。

（1）基础底面积

按 5.2.2 节相关公式确定基底尺寸。

（2）基础高度

柱下钢筋混凝土单独基础的底板厚度取决于底板的冲切强度或抗剪强度。当冲切破坏锥体（图 5－29）落在基础底板以内时，应验算柱与基础交接处以及基础变阶处的冲切承载力（图 5－30）；当基础底面短边尺寸小于或等于柱宽加两倍基础有效高度时，应按受剪验算柱与基础交接处和基础变阶处（图 5－31）的基础受剪承载力。

图 5－29 柱下独立基础冲切破坏示意

1）当 $a_t + 2h_0 < b$ 时

对矩形截面柱的矩形基础，应验算柱与基础交接处以及基础变阶处的受冲切承载力。柱下独立基础的受冲切承载力应按下列公式验算：

$$F_l \leqslant 0.7\beta_{hp}f_t a_m h_0 \tag{5-19}$$

$$a_m = (a_t + a_b)/2 \tag{5-20}$$

$$F_l = p_j A_l \tag{5-21}$$

式中：β_{hp}——受冲切承载力截面高度影响系数，当 h 不大于 800 mm 时，β_{hp} 取 1.0，当 h 大于等于 2000 mm 时，β_{hp} 取 0.9，其间按线性内插法取用；

f_t——混凝土轴心抗拉强度设计值，kPa；

h_0——基础冲切破坏锥体的有效高度，m；

a_m——冲切破坏锥体最不利一侧计算长度，m；

a_t——冲切破坏锥体最不利一侧斜截面的上边长，m，当计算柱与基础交接处的受冲切承载力时，取柱宽，当计算基础变阶处的受冲切承载力时，取上阶宽；

a_b——冲切破坏锥体最不利一侧斜截面在基础底面积范围内的下边长，m，当冲切破坏锥体的底面落在基础底面以内［图 5－30(a)、(b)］，计算柱与基础交接处的受冲切承载力时，取柱宽加两倍基础有效高度，当计算基础变阶处的受冲切承载力时，取上阶宽加两倍该处的基础有效高度；

p_j——扣除基础自重及其上土重后相应于作用的基本组合时的地基土单位面积净反力，kPa，对偏心受压基础可取基础边缘处最大地基土单位面积净反力；

A_l——冲切验算时取用的部分基底面积，m^2［图 5 - 30（a）、（b）中的阴影面积 $ABCDEF$］；

F_l——相应于作用的基本组合时作用在 A_l 上的地基土净反力设计值，kPa。

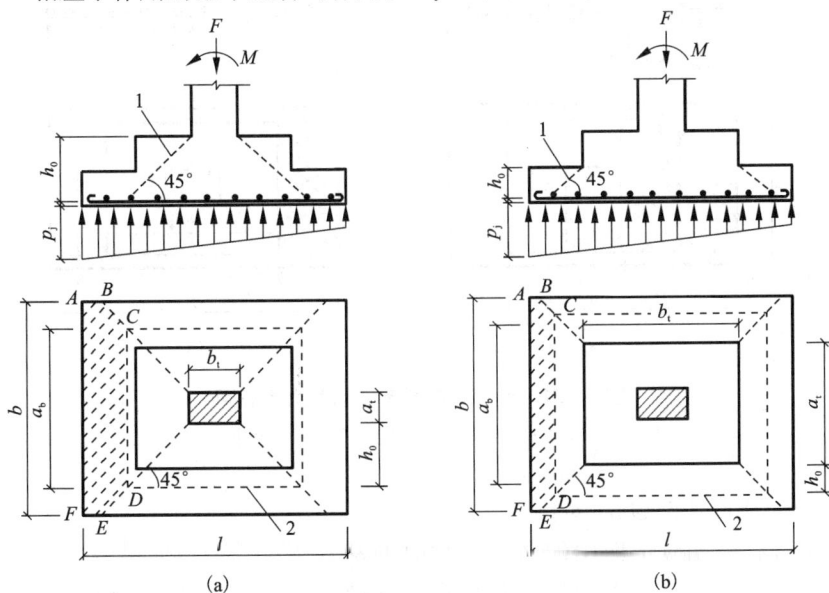

图 5 - 30 计算阶形基础的受冲切承载力截面位置

（a）柱与基础交接处；（b）基础变阶处

1—冲切破坏锥体最不利一侧的斜截面；2—冲切破坏锥体的底面线

阶梯形基础，尚需验算变阶处的受冲切承载力，此时可将上阶底周边视为柱周边，用台阶的平面尺寸，代替柱截面尺寸，验算方法同前。

2）当 $a_t + 2h_0 > b$ 时

应验算柱与基础交接处和基础变阶处（图 5 - 31）的基础受剪承载力。按下列公式验算：

$$V \leqslant 0.7\beta_{hs}f_t A_0 \qquad (5-16a)$$

式中：A_0——验算截面处基础底板的垂直截面有效面积。按实际有效截面积计算。

式中其它符号的意义同式（5 - 16）。

（3）基础底板的配筋（图 5 - 32）

当台阶的宽度比小于或等于 2.5 和偏心距小于或等于 1/6 基础宽度时，柱下矩形独立基础截面的最大弯矩可按下列公式计算：

$$M_{\mathrm{I}} = \frac{1}{12}a_1^2\left[(2b+a)(p_{j\max}+p_{jI})+(p_{j\max}-p_{j\min})b\right] \qquad (5-22)$$

$$M_{\mathrm{II}} = \frac{1}{48}(b-a)^2(2l+h)(p_{j\max}+p_{j\min}) \qquad (5-23)$$

式中：M_{I}、M_{II}——截面 Ⅰ—Ⅰ、Ⅱ—Ⅱ 处相应于作用的基本组合时的弯矩设计值（kN·m）；

a_1——截面 Ⅰ—Ⅰ 至基底边缘最大反力处的距离（m）；

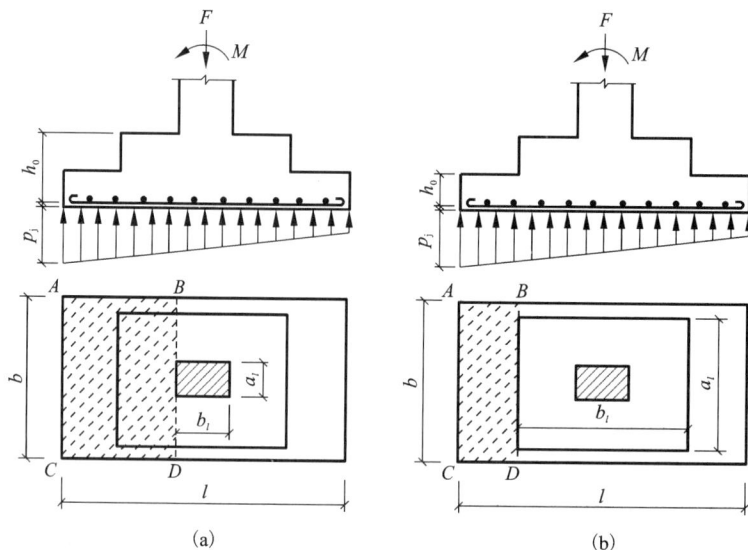

图 5 - 31 验算基础受剪切承载力示意图

（a）墙（柱）与基础交接处；（b）基础变阶处

l、b——基础底面的边长（m）；

P_{jmax}、P_{jmin}——相应于作用的基本组合时的基础底面边缘最大和最小地基净反力设计值（kPa）；

P_{j1}——相应于作用的基本组合时在截面I—I处基础底面地基净反力设计值（kPa）。

当为台阶式基础时，计算台阶处的配筋时，只需将式（5 - 22）和式（5 - 23）中的 a_1 换成台阶边至基底边缘最大反力处的距离（m），a 换成台阶短边的宽度 a_1，将式（5 - 23）中 h 换成台阶长边的宽度 b_1 进行计算即可。

平行基底 l 方向的受力钢筋面积为：

$$A_{sI} = \frac{M_I}{0.9h_0f_y} \qquad (5 - 24)$$

平行基底 b 方向的受力钢筋面积为：

$$A_{sII} = \frac{M_{II}}{0.9h_0f_y} \qquad (5 - 25)$$

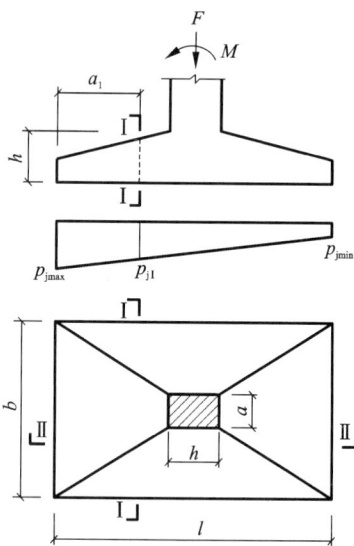

图 5 - 32 矩形基础底板的配筋计算示意图

【例题 5 - 6】 某柱下钢筋混凝土独立基础的底面尺寸 $l \times b = 3000$ mm $\times 2200$ mm，柱截面尺寸 $a \times h = 400$ mm $\times 400$ mm，基础埋深 $d = 1500$ mm，如图 5 - 33 所示，基础底板厚度 $h = 500$ mm，$h_0 = 460$ mm，柱传来相应于荷载效应基本组合时的轴向力设计值 $F = 750$ kN，弯矩设计值 $M = 110$ kN·m，混凝土强度等级 C20，$f_t = 1.1$ N/mm²，HPB300 级钢筋，$f = 270$ N/mm²，基础下设置 100 mm 厚 C10 混凝土垫层，试验算基础底板厚度，并计算基础底板配筋。

【解】　(1)计算基底净反力的偏心距：

$$e_0 = \frac{M}{F} = \frac{110}{750} = 0.15(\text{m}) < \frac{l}{6} = 0.5(\text{m})$$

基底净反力呈梯形分布。

(2)计算基底边缘处的最大、最小净反力和柱边净反力：

$$\left.\begin{array}{c} p_{j\max} \\ p_{j\min} \end{array}\right\} = \frac{F}{A}\left(1 \pm \frac{6e}{l}\right) = \frac{750}{3 \times 2.2} \times \left(1 \pm \frac{6 \times 0.15}{3}\right) = \begin{cases} 147.7(\text{kPa}) \\ 79.5(\text{kPa}) \end{cases}$$

$$p_{jI} = 79.5 + \frac{147.7 - 79.5}{3.0}(1.5 + 0.2) = 118.15(\text{kPa})$$

(3)验算基础底板厚度：

基础短边长度 $b = 2.2$ m，柱截面尺寸为 400 mm×400 mm

$$b = 2.2\ \text{m} > a_t + 2h_0 = 0.4 + 2 \times 0.46 = 1.32(\text{m})$$

于是应按下式验算柱与基础交接处的基础冲切承载力：

$$F_1 \leqslant 0.7\beta_{hp}f_t a_m h_0 \qquad a_m = (a_t + a_b)/2 \qquad F_1 = p_j A_1$$

$$p_j = p_{j\max} = 147.7(\text{kPa}) \qquad a_m = (0.4 + 0.4 + 2 \times 0.46)/2 = 0.86\ \text{m}$$

$$0.7\beta_{hp}f_t a_m h_0 = 0.7 \times 1.0 \times 1.1 \times 10^3 \times 0.86 \times 0.46 = 304.6(\text{kN})$$

$$A_1 = \left(\frac{l}{2} - \frac{b_t}{2} - h_0\right)b - \left(\frac{b}{2} - \frac{a_t}{2} - h_0\right)^2 = \left(\frac{3}{2} - \frac{0.4}{2} - 0.46\right) \times 2.2 - \left(\frac{2.2}{2} - \frac{0.4}{2} - 0.46\right)^2$$

$$= 1.6544\ \text{m}^2$$

$$F_1 = 147.7 \times 1.6544 = 244.4(\text{kN}) < 0.7\beta_{hp}f_t a_m h_0 = 304.6(\text{kN})$$

所以，取 $h = 500$ mm，能满足要求。

(4)计算基础底板配筋：

设计控制截面在柱边处，此时相应的 $a = 0.4$ m，$h = 0.4$ m，$p_{jI} = 118.15(\text{kPa})$

长边方向：

$$M_I = \frac{1}{12}a_1^2\left[(2b + a)(p_{j\max} + p_{jI}) + (p_{j\max} - p_{j\min})b\right]$$

$$= \frac{1}{12} \times 1.3^2\left[(2 \times 2.2 + 0.4)(147.7 + 118.15) + (147.7 - 79.5) \times 2.2\right]$$

$$= 200.85\ \text{kN·m}$$

短边方向：

$$M_{II} = \frac{1}{48}(b - a)^2(2l + h)(p_{j\max} + p_{j\min}) = \frac{1}{48}(2.2 - 0.4)^2 \times (2 \times 3 + 0.4)(147.7 + 79.5)$$

$$= 98.2(\text{kN·m})$$

则长边芳向配筋：

$$A_{sI} = \frac{M_I}{0.9h_0 f_y} = \frac{200.85 \times 10^6}{0.9 \times 460 \times 270} = 1797(\text{mm}^2)$$

因根据构造要求，基础底板的钢筋间距应在 100～200 mm 之间，在 2.2 m 宽度范围内的钢筋数量 $n = 12$～23 根之间。

选用钢筋①12Φ14@200，$A_s = 1848$ mm^2

短边方向配筋：

$$A_{s\text{II}} = \frac{M_{\text{II}}}{0.9h_0f_y} = \frac{98.2 \times 10^6}{0.9 \times 460 \times 270} = 879 (\text{mm}^2)$$

因根据构造要求，基础底板的钢筋间距应在 $100 \sim 200$ mm 之间，在 3.0 m 宽度范围内的钢筋数量 $n = 16 \sim 31$ 根之间。

选用钢筋①$16\phi10@200$，$A_s = 1256$ mm^2

柱下钢筋混凝土独立基础计算与配筋布置图如图 $5-33$ 所示。

图 5 – 33　柱下钢筋混凝土独立基础计算与配筋布置图

5.2.6　减少不均匀沉降损害的措施

当建筑物的不均匀沉降过大时，建筑物将开裂损坏并影响使用，对高压缩性土、膨胀土、湿陷性黄土以及软硬不均等不良地基上的建筑物，由于总沉降量大，故不均匀沉降相应也大。如何防止或减轻不均匀沉降，是设计中必须认真思考的问题。通常的方法有：①采用桩基础或其他深基础；②对地基进行处理，以提高原地基的承载力和压缩模量；③在建筑、结构和施工中采取措施。总之，采取措施的目的一方面是减少建筑物的不均匀沉降，另一方面是增强上部结构对沉降和不均匀沉降的适应能力。

1. 建筑措施

目的是提高建筑物的整体刚度，以增强抵抗不均匀沉降危害性的能力。

（1）建筑物体型力求简单

当建筑物体型比较复杂时，宜根据其平面形状和高度差异情况，在适当部位用沉降缝将其划分成若干个刚度较好的单元；当高度差异或荷载较大时，可将两者隔开一定的距离，当拉开距离后的两个单元必须连接时，应采用能自由沉降的连接构造。

（2）设置沉降缝

当建筑物设置沉降缝（从基础至屋面垂直断开）时，应符合下例规定：

1）建筑物的下例部位，宜设置沉降缝：

①建筑平面的转折部位；

②高度或荷载差异较大处；

③地基土的压缩性有显著差异处；

④建筑结构或基础类型不同处；

⑤分期建造房屋的交界处；

⑥长高比过大的砌体承重结构或钢筋混凝土框架结构的适当部位。

2）沉降缝应有足够的宽度（表5-9）

表5-9　房屋沉降缝的宽度

房屋层数	沉降缝宽度/mm
二至三层	50~80
四至五层	80~120
五层以上	不少于120

（3）保持相邻建筑物基础间的净距（表5-10）

表5-10　相邻建筑物基础间的净距

影响建筑的预估沉降/mm	被影响建筑的长高比	
	$2.0 \leq L/H_f < 3.0$	$3.0 \leq L/H_f < 5.0$
70~150	2~3	3~6
160~250	3~6	6~9
260~400	6~9	9~12
>400	9~12	不小于12

注：①表中 L 为建筑物长度或沉降缝分隔的单位长度，m；H_f 为自基础底面标高算起的建筑物高度，m。②当被影响建筑的长高比为 $1.5 < L/H_f < 2.0$ 时，其间净距可适当缩小。

（4）相邻高耸结构或对倾斜要求严格的构筑物的外墙间隔距离，应根据倾斜允许值计算确定。

（5）建筑物各组成部分的标高，应根据可能产生的不均匀沉降采取下例相应措施：

1）室内地坪和地下设施的标高，应根据预估沉降量予以提高。建筑物各部分（或设备之间）有联系时，可将沉降较大的标高提高。

2）建筑物与设备之间，应留有净空。当建筑物有管道穿过时，应预留孔洞，或采用柔性的管道接头等。

2. 结构措施

（1）减轻结构自重

1）选用轻型结构，减少墙体自重，采用架空地板代替室内回填土；

2）设地下室或半地下室，采用覆土少、自重轻的基础形式；

3）调整各部分的荷载分布、基础宽度或基础埋深；

4）对不均匀沉降要求严格的建筑物，可选用较小的基底压力。

（2）对于建筑体型复杂、荷载差异较大的框架结构，可采用箱基、桩基、筏基等加强基础整体刚度，减少不均匀沉降。

（3）对于砌体承重结构的房屋，宜采用下列措施增强整体刚度和承载力：

1）对于三层和三层以上的房屋，其长高比 L/H_f 宜小于或等于 2.5；当房屋的长高比 2.5 $<L/H_f\leqslant3.0$ 时，宜做成纵墙不转折或少转折，并控制其内横墙间距或增强基础刚度和承载力。当房屋的预估最大沉降量小于或等于 120 mm 时，其长高比可不受限制。

2）墙体内宜设置钢筋混凝土圈梁或钢筋砖圈梁。

3）在墙体上开洞时，宜在开洞部位配筋或采用构造柱及圈梁加强。

（4）设置圈梁

1）在多层房屋的基础和顶层处应各设置一道，其他各层可隔层设置，必要时可逐层设置。单层工业厂房、仓库，可结合基础梁、连系梁、过梁等看情况而设置。

2）圈梁应设置在外墙、内纵墙和主要内横墙上，并宜在平面内连成封闭系统。

3. 施工措施

（1）注意施工顺序：先高后低，先重后轻，先主体后附属。

（2）注意对淤泥和淤泥质土基槽底面的保护，减少扰动。

（3）在已建成的房屋周围不应堆大量的地面荷载，以免引起附加沉降。

5.3 浅基础结构施工图识读

5.3.1 独立基础平法施工图识读

1. 独立基础平法施工图的表示方法

独立基础平法施工图，有平面注写与截面注写两种表达方式，可根据具体工程情况选择一种，或两种方式相结合进行独立基础施工图设计。当绘制独立基础平面布置图时，应将独立基础平面与基础所支承的柱一起绘制。

在独立基础平面布置图上应标注基础定位尺寸。当独立基础的柱中心线或杯口中心线与建筑轴线不重合时，应标注其定位尺寸。编号相同且定位尺寸相同的基础，可选择一个进行标注。

2. 独立基础编号

各种独立基础的编号按表 5-11 规定确定。

表 5-11 独立基础编号

类型	基础底板截面形状	代号	序号	说明
普通独立基础	阶形	DJ$_J$	××	1. 单阶截面即为平板独立基础 2. 坡形截面基础底板可为四坡、三坡、双坡及单坡
	坡形	DJp	××	
杯口独立基础	阶形	BJ$_J$	××	
	坡形	BJp	××	

3. 独立基础的平面注写方式

独立基础的平面注写方式，分为集中标注和原位标注两部分内容。

（1）集中标注

对于普通独立基础和杯口独立基础的集中标注,系在基础平面图上集中引注以下内容:基础编号、截面竖向尺寸、配筋三项必注内容,以及当基础底面标高与基础底面基准标高不同时的相对标高高差和必要的文字注解两项选注内容。独立基础集中标注的具体内容规定如下:

1)注写独立基础编号(必注内容)

按表5-11中的编号规则标注在基础平面布置图中。

2)注写独立基础截面竖向尺寸(必注内容)

①普通独立基础:注写 $h_1/h_2/\cdots$。如图5-34、图5-35。

图5-34　阶形截面普通独立基础竖向尺寸

图5-35　坡形截面普通独立基础竖向尺寸

②杯口独立基础

当基础为阶形截面,竖向尺寸分两组,一组表达杯口内,另一组表达杯口外,两组以","分隔,注写为:u_0/u_1,$h_1/h_2/\cdots$。如图5-36。

当基础为坡形截面,竖向尺寸分两组,一组表达杯口内,另一组表达杯口外,两组以","分隔,注写为:a_0/a_1,$h_1/h_2/\cdots$。如图5-37。

图5-36　阶形截面杯口独立基础竖向尺寸

3)注写独立基础配筋(必注内容)

①注写独立基础底板配筋

以B代表各种独立基础底板的底部配筋。X向配筋以X打头、Y向配筋以Y打头注写。当两向配筋相同时,则以X&Y打头注写。

例如,当(矩形)独立基础底板配筋标注为:B:XΦ16@150,YΦ16@200(如图5-38)。表示基础底板底部配置HRB400级钢筋,X向直径为Φ16,分布间距150;Y向直径为Φ16,分布间距200 mm。

图5-37　坡形截面杯口独立基础竖向尺寸

图5-38　独立基础底板配筋示意图

②注写杯口独立基础顶部焊接钢筋网

以 Sn 打头引注杯口顶部焊接钢筋网的各边钢筋。如图 5-39。

图 5-39　杯口基础顶部焊接钢筋网示意

(a)单杯口基础顶部焊接钢筋网示意；(b)双杯口基础顶部焊接钢筋网示意

③注写高杯口独立基础的杯壁外侧和短柱配筋

以 O 代表杯壁外侧和短柱配筋。先注写杯壁外侧和短柱竖向纵筋，再注写横向箍筋。注写为："角筋/长边中部筋/短边中部筋，箍筋(两种间距)"；当为杯壁水平截面为正方形时，注写为：角筋/x 边中部筋/y 边中部筋，箍筋(两种间距，杯口范围内箍筋间距/短柱范围内箍筋间距)。

例如，当高杯口独立基础的杯壁外侧和短柱配筋标注为：O：4 ⊉20/⊉16@ 220/⊉16@ 200，φ10@ 150/300。表示高杯口独立基础的杯壁外侧和短柱配置 HRB400 级竖向钢筋和 HPB235 级箍筋。其竖向钢筋为：4 ⊉20 角筋、⊉16@ 220 长边中部筋和⊉16@ 200 短边中部筋；其箍筋直径为φ10，杯口范围间距 150 mm，短柱范围间距 300 mm。如图 5-40。

④注写普通独立深基础短柱竖向尺寸及钢筋

当独立基础埋深较大，设置短柱时，短柱配筋应注写在独立基础中。具体注写规定如下：

以 DZ 代表普通独立基深础短柱。先注写短柱纵筋，再注写箍筋，最后注写短柱标高范围。注写为：角筋/长边中部筋/短边中部筋，箍筋，短柱标高范围；当短柱水平截面为正方形时，注写为：角筋/x 边中部筋/y 中部筋，箍筋，短柱标高范围。如图 5-41。

图 5-40　高杯口独立基础杯壁配筋示意

图 5-41　独立基础短柱配筋示意

4）注写基础底面标高（选注内容）

当独立基础的底面标高与基础底面基准标高不同时，应将独立基础底面标高直接注写在"（　　）"内。

5）必要的文字注解（选注内容）

当独立基础的设计有特殊要求时，宜增加必要的文字注解。例如，基础底板配筋长度是否采用减短方式等，可在该项内注明。

（2）原位标注

钢筋混凝土和素混凝土独立基础的原位标注，系在基础平面布置图上标注独立基础的平面尺寸。对相同编号的基础，可选择一个进行原位标注。当平面图形较小时，可将所选定进行原位标注的基础按比例适当放大，其他相同编号者仅注编号。原位标注的内容规定如下：

1）普通独立基础

原位标注 x，y，x_c、y_c，x_i、y_i，其中，x，y 为普通独立基础两向边长，x_c、y_c 为柱截面尺寸，x_i、y_i 为阶宽或坡形平面尺寸（当设置短柱时，尚应标注短柱的截面尺寸）。如图 5-42。

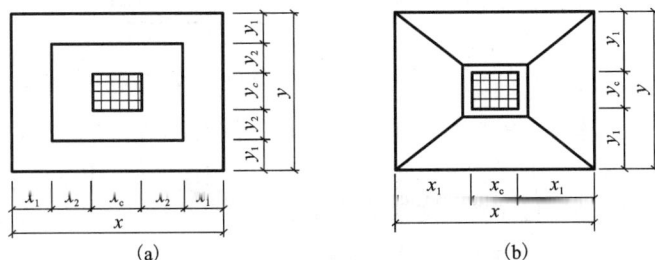

图 5-42　普通独立基础原位标注

（a）对称阶形截面普通独立基础原位标注；（b）对称坡形截面普通独立基础原位标注

2）杯口独立基础

原位标注 x、y，x_u、y_u，t_i，x_i、y_i，$i=1，2，3，\cdots$其中，x、y 为杯口独立基础两向边长，x_u、y_u 为杯口上口尺寸，t_i 为杯壁厚度，x_i、y_i 为阶宽或坡形截面尺寸。杯口上口尺寸 x_u、y_u，按柱截面边长两侧双向各加 75 mm。设计不注杯口下口尺寸，其为插入杯口的相应柱截面边长尺寸每边各加 50 mm。如图 5-43。

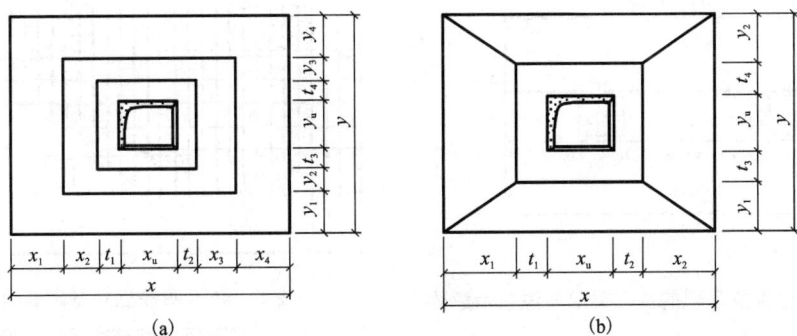

图 5-43　杯口独立基础原位标注

（a）阶形截面杯口独立基础原位标注；（b）坡形截面杯口独立基础原位标注

197

（3）多柱独立基础平面标注

多柱独立基础的编号、几何尺寸和配筋的标注方法与单柱独立基础相同。当为双柱独立基础且柱距较小时，通常仅设置基础底部钢筋。当柱距较大时，除基础底部配筋外，尚需在两柱间配置基础顶部钢筋或设置基础梁。当为四柱独立基础时，通常设置两道平行的基础梁，需要时可在两道基础梁之间配置基础顶部钢筋。多柱独立基础顶部配筋和基础梁的注写方法规定如下：

1）注写双柱独立基础底板顶部配筋

双柱独立基础的顶部配筋，通常分布在双柱中心线两侧，注写为：双柱间纵向受力钢筋/分布钢筋。当纵向受力钢筋在基础底板顶面非满布时，应注明总根数。例如 T：11 Φ18@ 100/ ϕ10@ 200，表示独立基础顶部配置纵向受力钢筋 HRB400 级，直径为 Φ18 设置 11 根，间距 100，分布筋 HPB300 级，直径为 ϕ10，分布间距 200。如图 5 - 44。

T：11Φ18@100/ϕ10@200

基础顶部纵向受力钢筋

分布钢筋

图 5 - 44　双柱独立基础顶部配筋示意图

2）注写双柱独立基础的基础梁配筋

当双柱独立基础为基础底板与基础梁相结合时，注写基础梁的编号、几何尺寸和配筋，注写示意如下。如 JL××（1）表示该基础梁为 1 跨，两端无外伸；JL××（1A）表示该基础梁为 1 跨，一端外伸；JL××（1B）表示该基础梁为 1 跨，两端均有外伸。基础梁的注写规定与条形基础的基础梁的注写规定相同。如图 5 - 45 所示。

3）注写配置两道基础梁的四柱独立基础底板顶部配筋

当四柱独立基础已设置两道平行的基础梁时，根据内力需要可在双梁之间及梁的长度范围内配置基础顶部钢筋，注写为：梁间受力钢筋/分布钢筋。例 T：Φ16@ 120/ϕ10@ 200，表示在四柱独立基础顶部两道基础梁之间配置受力钢筋 HRB400 级，直径为 Φ16，间距 120；分布筋 HPB300 级，直径为 ϕ10，分布间距 200。如图 5 - 46 所示。

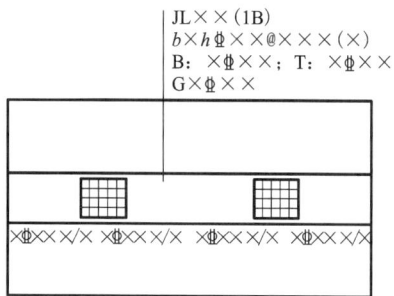

JL××（1B)
$b \times h \Phi \times \times @ \times \times \times (\times)$
B：$\times \Phi \times \times$；T：$\times \Phi \times \times$
G$\times \Phi \times \times$

T：Φ16@120/ϕ10@200

分布钢筋　基础顶部梁间受力钢筋

JL××(1B)

图 5 - 45　双柱独立基础的基础梁配筋注写示意图

**图 5 - 46　四柱独立基础底板顶部
基础梁间配筋注写示意图**

采用平面注写方式表达的独立基础设计施工示意图，如图 5 - 47 所示。

图5-47 采用平面注写方式表达的独立基础设计施工图示意图

4.独立基础的截面注写方式

独立基础的截面注写方式，又可分为截面标注和列表注写（结合截面示意图）两种表达方式。采用截面注写方式，应在基础平面布置图上对所有基础进行编号。

对单个基础进行截面标注的内容和形式，与传统"单构件正投影表示方法"基本相同。对于已在基础平面布置图上原位标注清楚的该基础的平面几何尺寸，在截面图上可不再重复表达，具体表达内容可参照《混凝土结构施工图平面整体表示方法制图规则和构造详图》（11G101—3）中相应的标准构造。

对多个同类基础，可采用列表注写（结合截面示意图）的方式进行集中表达。表中内容为基础截面的几何数据和配筋等，在截面示意图上应注标与表中栏目相对应的代号。列表的具体内容规定如下。普通独立基础列表注写的方式进行集中注写栏目如表5-12。某框架结构独立柱基础 J-1 截面列表注写如图5-48。

表5-12　普通独立基础几何尺寸和配筋表

截面编号/截面号	截面几何尺寸				底部配筋（B）	
	x, y	x_c, y_c	x_i, y_i	$h_1/h_2/\cdots$	X 向	Y 向

(a)

基础编号	类型	基础平面尺寸									基底标高 D	基础高度					底板配筋	
		A	A1	A2	A3	C	B	B1	B2	B3		H	H1	H2	H3	H0	①	②
J-1	I	2000		400	600		2000		400	600	-1.800	700		350	350		Φ12@100	Φ12@100

(b)

图5-48　某框架柱独立柱基础列表注写

（a）基础截面示意；（b）基础截面注写列表

5.3.2　条形基础平法施工图识读

1.条形基础平法施工图的表示方法

条形基础平法施工图，有平面注写与截面注写两种表达方式，设计者可根据具体工程情况选择一种,或将两种方式相综合进行条形基础的施工图设计。当绘制条形基础平面布置图时,应将条形基础平面与基础所支承的上部结构的柱、墙一起绘制。当基础底面标高不同时,需注明与基础底面基准标高不同之处的范围和标高。当梁板式基础梁中心或板式条形基础板中心与建筑定位轴线不重合时,应标注其定位尺寸。对于编号相同的条形基础,可仅选择一个进行标注。

条形基础可分为梁板式条形基础和板式条形基础两类。梁板式条形基础适用于钢筋混凝土框架结构、框架-剪力墙结构、框支结构和钢结构,平法施工图将梁板式分解为基础梁和条形基础底板分别进行表达。板式条形基础适用于钢筋混凝土剪力墙结构和砌体结构,平法施工图仅表示条形基础底板。

条形基础编号分为基础梁和条形基础底板编号,如表5-13所示。

表5-13 条形基础梁及底板编号

类 型		代号	序号	跨数及有无外伸
基 础 梁		JL	××	(××)端部无外伸
条形基础底板	坡形	TJB_P	××	(××A)端部一端外伸
	阶形	TJB_J	××	(××B)端部两端外伸

2. 基础梁平面注写方式

基础梁的平面注写方式,分集中标注和原位标注两部分内容。

(1)集中标注

基础梁的集中标注内容为:基础梁编号、截面尺寸、配筋三项必注内容,以及当基础梁底面标高与基础底面基准标高不同时的相对标高高差和必要的文字注解两项选注内容。

1)基础梁编号(必注内容)。

2)基础梁截面尺寸(必注内容)。注写为 $b \times h$,其中 b 为梁宽,h 为梁高。加腋梁注写为 $b \times h$,$Yc_1 \times c_2$,c_1 腋长,c_2 为腋高。

3)基础梁配筋(必注内容)。

①基础梁箍筋

当具体设计仅采用一种箍筋间距时,注写钢筋级别、直径、间距和肢数,箍筋肢数注在"( )"内。当具体设计采用两种箍筋时,用"/"分隔不同箍筋,按照从基础梁两端向跨中的顺序注写。先注写第1段箍筋(在前面加注箍筋道数),在斜线后再注写第2段箍筋(不再加注箍筋道数)。例如:9φ10@150/200(2),表示箍筋强度等级为HPB300,直径为10 mm,梁端间距为150 mm,设置9道,跨中间距为200 mm,均为2肢箍。

②注写基础梁底部、顶部及侧面纵向钢筋

底部钢筋:以B打头,梁底贯通纵筋,当跨中根数少于箍筋肢数时,需要在跨中增设梁底部架立筋以固定箍筋,采用"+"将贯通纵筋与架立筋相连,架立筋注写在加号后面的括号内。

顶部钢筋:以T打头,注写梁顶部贯通纵筋。注写时用分号";"将底部与顶部贯通纵筋分隔开。

侧面纵向钢筋:以大写字母G打头注写梁两侧面对称设置的纵向构造钢筋的总配筋值(当梁腹板净高 h_w 不小于450 mm时,根据需要配置)。

当梁底部或顶部贯通纵筋多于一排时，用斜线"/"将各排纵筋自上而下分开。例如 B：4 Φ28；T：12Φ28 7/5，表示梁底部配置贯通纵筋为 4Φ28；梁顶部配置贯通纵筋，上一排为 7Φ28，下一排为 5Φ28，共 12Φ28。

施工时应注意：一是基础梁的底部贯通纵筋，可在跨中 1/3 跨度范围内采用搭接连接、机械连接或对焊连接。二是基础梁的顶部贯通纵筋，可在距柱根 1/4 净跨长度范围内采用搭接连接，或在柱根附近采用机械连接或焊接，且应严格控制接头百分率。

4）注写基础梁底面标高（选注内容）

当条形基础的底面标高与基础底面基准标高不同时，将条形基础底面标高注写在"（   ）"内。

5）必要的文字注解（选注内容）

当基础梁的设计有特殊要求时，宜增加必要的文字注解。

（2）基础梁的原位标注

1）基础梁端或梁在柱下区域的底部全部纵筋（包括底部非贯通纵筋和已集中注写的底部贯通纵筋）

当梁端或梁在柱下区域的底部纵筋多于一排时，用"/"将各排纵筋自上而下分开。当同排纵筋有两种直径时，用"＋"将两种直径的纵筋相联。

当梁中间支座或梁在柱下区域两边的底部纵筋配置不同时，需在支座两边分别标注。当梁中间支座两边的底部纵筋相同时，可仅在支座的一边标注。

当梁端（柱下）区域的底部全部纵筋与集中注写过的底部贯通纵筋相同时，可不再重复做原位标注。

2）基础梁的附加箍筋或（反扣）吊筋

当两向基础梁十字交叉，但交叉位置无柱时，应根据抗力需要设置附加箍筋或吊筋。将附加箍筋或吊筋直接画在平面图十字交叉梁中刚度较大的条形基础主梁上，原位直接引注总配筋值。当多数附加箍筋或（反扣）吊筋相同时，可在条形基础平法施工图上统一注明。少数与统一注明值不同时，再原位直接引注。

3）基础梁外伸部位的变截面高度尺寸

当基础梁外伸部位采用变截面高度时，在该部位原位注写 $b \times h_1/h_2$，h_1 为根部截面高度，h_2 为尽端截面高度。

4）原位注写修正内容

在基础梁上集中标注的某项内容不适用于某跨或某外伸部位时，将其修正内容原位标注在该跨或该外伸部位。施工时原位标注取值优先。

3. 条形基础底板的平面注写方式

条形基础底板的平面注写方式，也分集中标注和原位标注两部分内容。

（1）集中标注

条形基础底板的集中标注内容为：条形基础底板编号、截面竖向尺寸、配筋三项必注内容，以及条形基础底板底面标高（与基础底面基准标高不同时）、必要的文字注解两项选注内容。素混凝土条形基础底板的集中标注，除无底板配筋内容外与钢筋混凝土条形基础底板相同。

集中标注具体规定如下：

1）底板编号：阶形截面，编号加下标"J"，如 TJB$_J$××（××）；坡形截面，编号加下标

"P",如 $TJB_p \times \times (\times \times)$。

2)截面竖向尺寸:当条形基础底板为坡形截面时,注写为 h_1/h_2。当条形基础底板为阶形截面时,注写为 $h_1/h_2/\cdots$。

3)注写条形基础底板底部及顶部配筋(必注内容)

以 B 打头,注写条形基础底板底部的横向受力钢筋;以 T 打头,注写条形基础底板顶部的横向受力钢筋;注写时,用"/"分隔条形基础底板的横向受力钢筋和构造钢筋。如图 5-49。

图 5-49　条形基础底板底部配筋示意图

4)底板底面标高(选注内容)

当条形基础底板的底面标高与条形基础底面基准标高不同时,应将条形基础底板底面标高注写在"(　　)"内。

5)必要的文字注解(选注内容)。

(2)条形基础底板的原位标注

条形基础底板的原位标注主要内容是原位注写条形基础底板的平面尺寸和注写修正内容。

1)原位注写条形基础底板的平面尺寸

原位标注 b、b_i,$i=1,2,\cdots$。其中,b 为基础底板总宽度,b_i 为基础底板台阶的宽度。当基础底板采用对称于基础梁的坡形截面或单阶形截面时,b_i 可不注。

素混凝土条形基础底板的原位标注与钢筋混凝土条形基础底板相同。对于相同编号的条形基础底板,可仅选择一个进行标注。

梁板式条形基础存在双梁共用同一基础底板的情况,墙下条形基础也存在双墙共用同一基础底板的情况,当为双梁或为双墙且梁或墙荷载差别较大时,条形基础两侧可取不同的宽度,实际宽度以原位标注的基础底板两侧非对称的不同台阶宽度 b_i 进行表达。如图 5-50。

图 5-50　双梁条形基础底板顶部配筋示意图

2)原位注写修正内容

当在条形基础底板上集中标注的某项内容,如底板截面竖向尺寸、底板配筋、底板底面标高等，不适用于条形基础底板的某跨或某外伸部分时，可将其修正内容原位标注在该跨或该外伸部位，施工时原位标注取值优先。

4. 条形基础的截面注写方式

条形基础的截面注写方式，又可分为截面标注和列表注写（结合截面示意图）两种表达方式。采用截面注写方式，应在基础平面布置图上对所有条形基础进行编号。

对条形基础进行截面标注的内容和形式，与传统"单构件正投影表示方法"基本相同。如图 5 – 51。对于已在基础

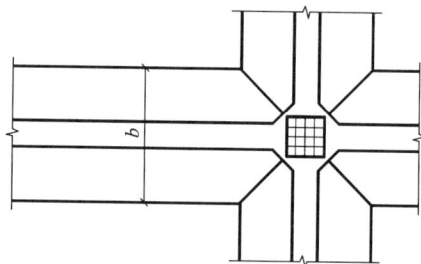

图 5 – 51　条形基础底板平面尺寸原位标注

平面布置图上原位标注清楚的该条形基础梁和条形基础底板的水平尺寸，可不在截面图上重复表达，具体表达内容可参照《混凝土结构施工图平面整体表示方法制图规则和构造详图》（11G101—3）中相应的标准构造。

对多个条形基础可采用列表注写（结合截面示意图）的方式进行集中表达。表 5 – 14、表 5 – 15 中内容为条形基础截面的几何数据和配筋，截面示意图上应标注与表中栏目相对应的代号。

表 5 – 14　基础梁几何尺寸和配筋表

基础梁编号/ 截面号	截面几何尺寸		配筋	
	$b \times h$	加腋 $c_1 \times c_2$	底部贯通纵筋 + 非贯通纵筋，顶部贯通纵筋	第一种箍筋/ 第二种箍筋

表 5 – 15　条形基础底板几何尺寸和配筋表

基础梁编号/ 截面号	截面几何尺寸			底部配筋	
	b	b_i	h_1/h_2	横向受力钢筋	纵向受力钢筋

5.3.3　梁板式筏形基础平法施工图识读

1. 梁板式筏形基础平法施工图的表示方法

梁板式筏形基础平法施工图，系在基础平面布置图上采用平面注写方式进行表达。当绘制基础平面布置图时，应将梁板式筏形基础与其所支承的柱、墙一起绘制。当基础底面标高不同时，需注明与基础底面基准标高不同之处的范围和标高。通过选注基础梁底面与基础平板底面的标高高差来表达梁与板的位置关系，可明确为低板位（梁底与板底标高相等）、高板位（梁顶与板顶标高相等）和中板位（板在梁的中间部位）三种不同位置组合的筏形基础。

2. 梁板式筏形基础构件的类型与编号

梁板式筏形基础由基础主梁、基础次梁、基础平板等构成，编号按表 5 – 16 的规定。

表 5 – 16 梁板式筏形基础构件编号

构件类型	代号	序号	跨数及有无外伸
基础主梁（柱下）	JL	××	（××）或（××A）或（××B）
基础次梁	JCL	××	
梁板筏基础平板	LPB	××	

3. 基础主梁与基础次梁的平面注写方式（图 5 – 52）

基础主梁 JL 与基础次梁 JCL 的平面注写，分为集中标注与原位标注两部分内容。基础主梁 JL 与基础次梁 JCL 的集中标注内容为：基础梁编号、截面尺寸、配筋三项必注内容，以及基础梁底面标高高差（相对于筏形基础平板底面标高）一项选注内容。具体要求与条形基础梁的制图规则一样，这里不再重复。

4. 梁板式筏形基础平板的平面注写方式（图 5 – 52）

梁板式筏形基础平板 LPB 的平面注写，分板底部与顶部贯通纵筋的集中标注与板底部附加非贯通纵筋的原位标注两部分内容。当仅设置贯通纵筋而未设置附加非贯通纵筋时，则仅做集中标注。

（1）集中标注

以板厚相同、基础平板底部与顶部贯通纵筋配置相同的区域为同一板区。筏基平板 LPB 贯通纵筋，在所表达的板区双向均为第一跨（X 与 Y 双向首跨）的板上引出。集中标注的内容规定如下：注写筏基平板编号；注写筏基平板截面尺寸，以 $h = ×××$ 表示板厚；注写底部与顶部贯通纵筋及其总长度，先注 X 向底部（B）贯通纵筋与顶部（T）贯通纵筋及纵向钢筋长度范围，再注 Y 向底部（B）贯通纵筋与顶部（T）贯通纵筋及纵向钢筋长度范围。

贯通纵筋的总长度注写在括号中，注写方式为"跨数及有无外伸"，其表达形式为：（××）（无外伸）、（××A）（一端有外伸）或（××B）（两端有外伸）。例如 X：B⊕22@150；T⊕20@150；（5B），表示基础平板 X 向底部配置直径⊕22 间距 150 的贯通纵筋，顶部配置直径为⊕20 间距 150 的贯通纵筋，纵向总长度为 5 跨两端有外伸。

（2）原位标注：主要表达板底部附加非贯通纵筋。

1）注写位置及内容

板底部原位标注的附加非贯通纵筋，应在配置相同跨的第一跨表达（当在基础梁悬挑部位单独配置时则在原位表达）。在配置相同跨的第一跨（或基础梁外伸部位），垂直于基础梁绘制一段中粗虚线（当该筋通长设置在外伸部位或短跨板下部时，应画至对边或贯通短跨），在虚线上注写编号、配筋值、横向布置的跨数及是否布置到外伸部位。

板底部附加非贯通纵筋向两边跨内的伸出长度值注写在线段的下方位置。当该筋向两侧对称伸出时，可仅在一侧标注，另一侧不注。当布置在边梁下时，向基础平板外伸部位一侧的伸出长度与方式按标准构造，设计不注。底部附加非贯通筋相同者，可仅注写一处，其他只注写编号。

原位注写的底部附加非贯通纵筋与集中标注的底部贯通钢筋，宜采用"隔一布一"的方式布置。例：原位注写的基础平板底部附加非贯通纵筋为⑤Φ22@300(3)，该3跨范围集中标注的底部贯通纵筋为 B Φ22@300，在该3跨支座处实际横向设置的底部纵筋合计为Φ22@150。其他与⑤号筋相同的底部附加非贯通纵筋可仅注编号⑤。

2）注写修正内容

当集中标注的某些内容不适用于梁板式筏形基础平板某板区的某一板跨时，应由设计者在该板跨内注明，施工时应按注明内容取用。

3）当若干基础梁下基础平板的底部附加非贯通纵筋配置相同时（其底部、顶部的贯通纵筋可以不同），可仅在一根基础梁下做原位注写，并在其他梁上注明"该梁上基础平板底部附加非贯通纵筋同××基础梁"。

5. 其他标注内容

（1）当在基础平板周边沿侧面设置纵向构造钢筋时，应在图中注明。

（2）应注明基础平板外伸部位的封边方式，当采用 U 形钢筋封边时应注明其规格、直径及间距。

（3）当基础平板外伸变截面高度时，应注明外伸部位的 h_1/h_2，h_1 为板根部截面高度，h_2 为板尽端截面高度。当基础平板厚度大于 2 m 时，应注明具体构造要求。应注明混凝土垫层厚度与强度等级。

（4）当在基础平板外伸阳角部位设置放射筋时，应注明放射筋的强度等级、直径、根数以及设置方式等。当在板的分布范围内采用拉筋时，应注明拉筋的强度等级、重径、双向间距等。

（5）结合基础主梁交叉纵筋的上下关系，当基础平板同一层面的纵筋相交叉时，应注明何向纵筋在下，何向纵筋在上。

5.3.4　平板式筏形基础平法施工图识图

1. 平板式筏形基础平法施工图的表示方法

平板式筏形基础平法施工图，是指在基础平面布置图上采用平面注写方式表达。当绘制基础平面布置图时，应将平板式筏形基础与其所支承的柱、墙一起绘制。当基础底面标高不同时，需注明与基础底面基准标高不同之处的范围和标高。

平板式筏形基础分为柱下板带和跨中板带，也可不分板带，按基础平板进行表达。平板式筏形基础构件编号按表5-17规定执行。

表 5-17　平板式筏形基础构件编号

构件类型	代号	序号	跨数及有无外伸
柱下板带	ZXB	××	(××)或(××A)(××B)
跨中板带	KZB	××	(××)或(××A)(××B)
平板筏基础平板	BPB	××	

2. 柱下板带、跨中板带的平面注写方式

柱下板带 ZXB 与跨中板带 KZB 的平面注写，分板带底部与顶部贯通纵筋的集中标注与板带底部附加非贯通纵筋的原位标注两部分内容。

（1）集中标注

柱下板带 ZXB 与跨中板带 KZB 的集中标注，应在第一跨（X 向为左端跨，Y 向为下端跨）引出，具体内容如下：注写编号；注写截面尺寸，注写 $b = \times\times\times\times$ 表示板带宽度；注写底部与顶部贯通纵筋，注写底部贯通纵筋（B 打头）与顶部贯通纵筋（T 打头）的规格与间距，用分号"；"将其分隔开。柱下板带的柱下区域，通常在其底部贯通纵筋的间隔内插空设有（原位注写的）底部附加非贯通纵筋。例：B Φ22@300；T Φ25@150 表示板带底部配置Φ22 间距 300 的贯通纵筋，板带顶部配置Φ25 间距 150 的贯通纵筋。

（2）原位标注

柱下板带与跨中板带原位标注的内容，主要为底部附加非贯通纵筋。具体规定如下：

1）注写内容：以一段与板带同向的中粗虚线代表附加非贯通纵筋。其中柱下板带应贯穿其柱下区域绘制，跨中板带应横贯柱中线绘制。在虚线上注写底部附加非贯通纵筋的编号（如①、②等）、钢筋级别、直径、间距，以及自柱中线分别向两侧跨内的伸出长度值。当向两侧对称伸出时，长度值可取一侧标注，另一侧不注。外伸部位的伸出长度与方式按标准构造，设计不注。对同一板带中底部附加非贯通筋相同者，可仅在一根钢筋上注写，其他可仅在中粗虚线上注写编号。

原位注写的底部附加非贯通纵筋与集中标注的底部贯通纵筋，宜采用"隔一布一"的方式布置，即柱下板带或跨中板带底部附加非贯通纵筋与贯通纵筋交错插空布置，其标注间距与底部贯通纵筋相同（两者实际组合后的间距为各自标注间距的 1/2）。例如：柱下区域注写底部附加非贯通纵筋③Φ22@300，集中标注的底部贯通纵筋也为 BΦ22@300，表示在柱下区域实际设置的底部纵筋为Φ22@150，其他部位与③号筋相同的附加非贯通纵筋仅注编号③。

当跨中板带在轴线区域不设置底部附加非贯通纵筋时，则不做原位标注。

2）注写修正内容。当在柱下板带、跨中板带上集中标注的某些内容（如截面尺寸、底部与顶部贯通纵筋）不适用于某跨或某外伸部分时，则将修正的数值原位标注在该跨或该外伸部位，施工时原位标注取值优先。

3. 平板式筏形基础平板 BPB 的平面注写方式

平板式筏形基础平板 BPB 的平面注写，分板底部与顶部贯通纵筋的集中标注与板底部附加非贯通纵筋的原位标注两部分内容。当仅设置底部与顶部贯通纵筋而未设置底部附加非贯通纵筋时，则仅做集中标注。

（1）集中标注

平板式筏形基础平板 BPB 的集中标注，除编号以外，其他注写内容与梁板式筏形基础平板 LPB 基本相同。当某向底部贯通纵筋或顶部贯通纵筋的配置，在跨内有两种不同间距时，先注写跨内两端的第一种间距，并在前面加注纵筋根数（以表示其分布的范围）；再注写跨中部的第二种间距（不需加注根数）；两者用"/"分隔。例如 X：B12 Φ22@150/200；T10 Φ20@150/200 表示基础平板 X 向底部配置有Φ22 的贯通纵筋，跨两端间距为 150 配 12 根，跨中间距为 200；X 向顶部配置Φ20 的贯通纵筋，跨两端间距为 150 配 10 根，跨中间距为 200（纵向总长度略）。

（2）原位标注

平板式筏形基础平板 BPB 的原位标注，主要表达横跨柱中心线下的底部附加非贯通纵筋。注写规定如下：

1）原位注写位置及内容。在配置相同的若干跨的第一跨下，垂直于柱中线绘制一段中粗虚线代表底部附加非贯通纵筋，在虚线上的注写与梁板式筏形基础平板 LPB 的注写内容一样。

当柱中心线下的底部附加非贯通纵筋沿柱中心线连续若干跨配置相同时，则在该连续跨的第一跨下原位注写，且将同规格配筋连续布置的跨数注在括号里；当有些跨配置不同时，则应分别原位注写。外伸部位的底部附加非贯通纵筋应单独注写。

当底部附加非贯通纵筋横向布置在跨内有两种不同间距的底部贯通纵筋区域时，其间距应分别对应为两种，其注写形式与贯通纵筋保持一致，即先注写跨内两端的第一种间距，并在前面加注纵筋根数；再注写跨中部的第二种间距（不需加注根数）；两者用"／"隔开。

2）当某些柱中心线下的基础平板底部附加非贯通纵筋横向配置相同时，可仅在一条中心线下做原位注写，并在其他柱中心线上注明"该柱中心线下基础平板底部附加非贯通纵筋同××柱中心线"。

5.3.5 实训项目：某工程基础平法施工图识读

识读某工程筏板基础平法施工图（见书末插页图5-52），指出其各集中标注和原位标注的含义。

模块小结

本模块主要介绍了浅基础的类型、构造要求、设计方法及浅基础平法施工图的识读等内容，重点讨论了以下方面：

（1）浅基础的分类及基本构造要求。

（2）基础埋置深度和基础底面尺寸确定方法。

（3）刚性基础、钢筋混凝土条形基础和柱下独立基础的设计。

（4）减少不均匀沉降的措施有建筑措施和结构措施。

（5）独立基础、条形基础及筏形基础的平法施工图识读。

思考题

思考题答案

1. 地基基础设计有哪些要求和基本规定？

2. 什么是基础埋置深度？确定基础埋深时应考虑哪些因素？

3. 当基础埋深较浅而基础和底面积很大时宜采用何种基础？

4. 当有软弱下卧层时如何确定基础底面积？

5. 在工程中减轻不均匀沉降的措施有哪些？

6. 对于普通独立基础和杯口独立基础的集中标注，在基础平面图上集中引注哪些内容？

7. DJ_P ×× 表示什么基础？其竖向尺寸为300/280，表达了什么信息？

8.当为双柱独立基础时,钢筋如何设置?

9.基础梁宽度宜比柱截面宽度大多少比较合适?

10.独立基础底板配筋有哪些构造要求?

习　题

习题答案

1.某六层建筑物柱截面尺寸为 $400\ \mathrm{mm} \times 400\ \mathrm{mm}$,已知上部结构传至柱顶的荷载效应标准组合值为 $F_\mathrm{k} = 640\ \mathrm{kN}$, $M_\mathrm{k} = 80\ \mathrm{kN} \cdot \mathrm{m}$,基础埋深 $d = 1.2\ \mathrm{m}$,持力层为粉质黏土,重度 $\gamma = 18\ \mathrm{kN/m^3}$,孔隙比 $e = 0.85$,承载力特征值 $f_\mathrm{ak} = 160\ \mathrm{kPa}$。试确定基础底面尺寸。

2.已知某五层砖混结构宿舍楼的外墙厚 $370\ \mathrm{mm}$,上部结构传至基础顶面的竖向荷载标准组合值为 $178\ \mathrm{kN/m}$,基础埋深为 $1.8\ \mathrm{m}$,室内外高差为 $0.3\ \mathrm{m}$,已知土层分布为:第一层,杂填土,厚 $0.4\ \mathrm{m}$, $\gamma = 16.8\ \mathrm{kN/m^3}$;第二层,粉质黏土,厚 $4.4\ \mathrm{m}$, $\gamma = 19.1\ \mathrm{kN/m^3}$,承载力特征值 $f_\mathrm{ak} = 129\ \mathrm{kPa}$, $e = 0.75$, $I_\mathrm{L} = 0.4$, $E_\mathrm{s} = 10\ \mathrm{MPa}$;第三层,淤泥质粉质黏土,厚 $8\ \mathrm{m}$, $\gamma_\mathrm{sat} = 17.6\ \mathrm{kN/m^3}$, $E_\mathrm{s} = 2\ \mathrm{MPa}$, $f_\mathrm{ak} = 60\ \mathrm{kPa}$;地下水位位于地面下 $4.8\ \mathrm{m}$ 处。试确定基础底面尺寸。

3.某中学教学楼承重墙厚 $240\ \mathrm{mm}$,地基第一层土为 $0.6\ \mathrm{m}$ 厚的杂填土,重度 $17.5\ \mathrm{kN/m^3}$;第二层为粉质黏土层,厚 $6.4\ \mathrm{m}$,重度 $18.5\ \mathrm{kN/m^3}$, $f_\mathrm{ak} = 180\ \mathrm{kPa}$。 $\eta_\mathrm{b} = 0.3$, $\eta_\mathrm{d} = 1.6$。已知上部墙体传来的竖向荷载值 $F_\mathrm{K} = 280\ \mathrm{kN/m}$,室内外高差为 $0.45\ \mathrm{m}$,试设计该承重墙下条形基础。

4.已知某厂房墙厚 $240\ \mathrm{mm}$,墙下采用钢筋混凝土条形基础,相应与荷载效应基本组合时作用在基础顶面上的竖向荷载为 $265\ \mathrm{kN/m}$,弯矩为 $10.6\ \mathrm{kN} \cdot \mathrm{m}$,基础底面宽度为 $2\ \mathrm{m}$,基础埋深 $1.5\ \mathrm{m}$。试设计该钢筋混凝土条形基础。

5.某柱下台阶形基础,柱子截面为尺寸为 $450\ \mathrm{mm} \times 450\ \mathrm{mm}$,基础底面尺寸为 $2500\ \mathrm{mm} \times 3500\ \mathrm{mm}$,基础高度为 $500\ \mathrm{mm}$,第一阶高 $300\ \mathrm{mm}$,第二阶高 $200\ \mathrm{mm}$,第一阶台阶尺寸为 $1650 \times 2050\ \mathrm{mm}$,上部结构传到基础顶面的相应与荷载效应基本组合的竖向荷载值为 $F = 775\ \mathrm{kN}$, $M = 135\ \mathrm{kN} \cdot \mathrm{m}$,基础采用混凝土强度等级为 $\mathrm{C}20(f_\mathrm{t} = 1.1\ \mathrm{N/mm^2})$, HPB300 钢筋 $(f_\mathrm{y} = 270\ \mathrm{N/mm^2})$,基础埋深为 $1.5\ \mathrm{m}$。试设计柱下钢筋混凝土独立基础。

自测题

自测题答案

一、单项选择题

1.进行刚性基础的结构设计时,其基础的高度应由(　　)

A.台阶允许宽高比确定　　　　　　　　B.基础材料抗剪强度验算确定

C.地基承载力验算确定　　　　　　　　D.基础材料抗拉强度验算确定

2.浅基础的埋置深度(　　)。

A.小于 $5\ \mathrm{m}$　　　B.大于 $5\ \mathrm{m}$　　　C.小于 $6\ \mathrm{m}$　　　D.大于 $6\ \mathrm{m}$

3.如果建筑物的长高比比较小,则建筑物(　　)

A. 整体刚度较差　　　　　　　　　　B. 整体刚度较好

C. 调整地基不均匀沉降的能力较差　　D. 较容易产生不均匀沉降

4. 下列哪种基础不属于浅基础(　　)。

A. 柱下独立基础　　B. 十字交叉基础　　C. 墙下条形基础　　D. 沉井

5. 软弱下卧层的验算应满足(　　)。

A. $P_z + P_{cz} \geqslant f_{az}$ 　　 B. $P_z + P_{cz} \leqslant f_{az}$ 　　 C. $P_z - P_{cz} \leqslant f_{az}$ 　　 D. $P_z - P_{cz} \geqslant f_{az}$

二、填空题

1. 按地基的承载力特征值初步确定基础底面积以后,如持力层下有软弱下卧层的话,还应验算地基的_____。

2. 影响土的冻胀性大小的因素包括温度的因素、水的因素以及_____的因素。

3. 砖基础常见的砌筑方式有"二、一间隔法"和_____。

三、名词解释

1. 基础埋置深度

2. 浅基础

3. 箱形基础

4. 毛石基础

5. 基础

四、简答题

1. 何谓基础埋置深度?选择基础埋置深度应考虑哪些因素的影响?

2. 天然浅基础有哪些类型?各有何特点?

3. 建筑物地基设计时,将地基与基础视为一个整体进行设计,设计时应满足哪些要求?

技能训练题

1. 题目:识读图5-53所示独立柱基础施工图,并完成该独立基础的钢筋工程下料计算,提交钢筋下料计算书。

图 5 - 53 某框架结构独立柱基础 J - 1 施工图(单位：mm)

混凝土基础表

基础编号	类型	基 础 平 面 尺 寸									基底标高	基 础 高 度					底板配筋	
		A	A1	A2	A3	C	B	B1	B2	B3	D	H	H1	H2	H3	H0	①	②
J-1	I	2000		400	600		2000		400	600	-1.800	700		350	350		Φ12@100	Φ12@100

模块六   桩基础工程

建筑施工现场专业技术岗位资格考试和技能实践要求

- 理解桩基础设计的基本知识，能正确识读桩基础施工图和指导桩基础施工。

教学目标

【知识目标】
- 理解桩基础的特点、类型及应用。
- 熟悉桩承载力的确定方法、桩基础的设计要点及构造要求。

【能力目标】
- 能完成简单桩基础设计，能正确识读和应用桩基础结构施工图。

【素质目标】
- 培养学生理论联系实践的工程素质。
- 培养学生在桩基础工程项目中良好的组织、协调和沟通能力。

6.1   桩基础工程的认知

当上部建筑物荷载较大，而适合于作为持力层的土层又埋藏较深，用天然浅基础或仅作简单的地基加固仍不能满足要求时，常采用深基础方案。深基础主要有桩基础、沉井和地下连续墙等几种类型，其中以桩基础的应用最为广泛（图6-1）。

图6-1　桩基础

（a）低承台桩基础；（b）高承台桩基

桩基础由桩身和桩顶的承台共同组成。若桩身全部埋于土中,承台底面与土体接触,则称为低承台桩基[图6-1(a)];若桩身上部露出地面而承台底位于地面以上,则称为高承台桩基[图6-1(b)]。建筑桩基通常为低承台桩基础。

6.1.1 桩基础的类型

按不同的分类标准,桩有不同的分类方式。

1. 按承载性状分类

(1)摩擦型桩

摩擦桩:在承载能力极限状态下,桩顶竖向荷载由桩侧阻力承受,桩端阻力小到可忽略不计[图6-2(a)]。

端承摩擦桩:在承载能力极限状态下,桩顶竖向荷载主要由桩侧阻力承受[图6-2(b)]。

(2)端承型桩

端承桩:在承载能力极限状态下,桩顶竖向荷载由桩端阻力承受,桩侧阻力较小,可忽略不计[图6-2(c)]。

图6-2 桩按承载性能分类
(a)摩擦桩;(b)端承摩擦桩;(c)端承桩;(d)摩擦端承桩

摩擦端承桩:在承载能力极限状态下,桩顶竖向荷载主要由桩端阻力承受[图6-2(d)]。

2. 按成桩方法分类

(1)非挤土桩:干作业法钻(挖)孔灌注桩、泥浆护壁法钻(挖)孔灌注桩、套管护壁法钻(挖)孔灌注桩(图6-3)。

(2)部分挤土桩:长螺旋压灌灌注桩、冲孔灌注桩、钻孔挤扩灌注桩、搅拌劲性桩、预钻孔打入(静压)预制桩、打入(静压)式敞口钢管桩、敞口预应力混凝土空心桩和H型钢桩。

(3)挤土桩:沉管灌注桩、沉管夯(挤)扩灌注桩、打入(静压)预制桩、闭口预应力混凝土空心桩和闭口钢管桩(图6-4)。

3. 按桩径大小分类

(1)小直径桩:$d \leqslant 250$ mm;

(2)中等直径桩:250 mm $< d <$ 800 mm;

(3)大直径桩:$d \geqslant 800$ mm。

图 6 − 3 螺旋钻孔灌注桩施工示意图

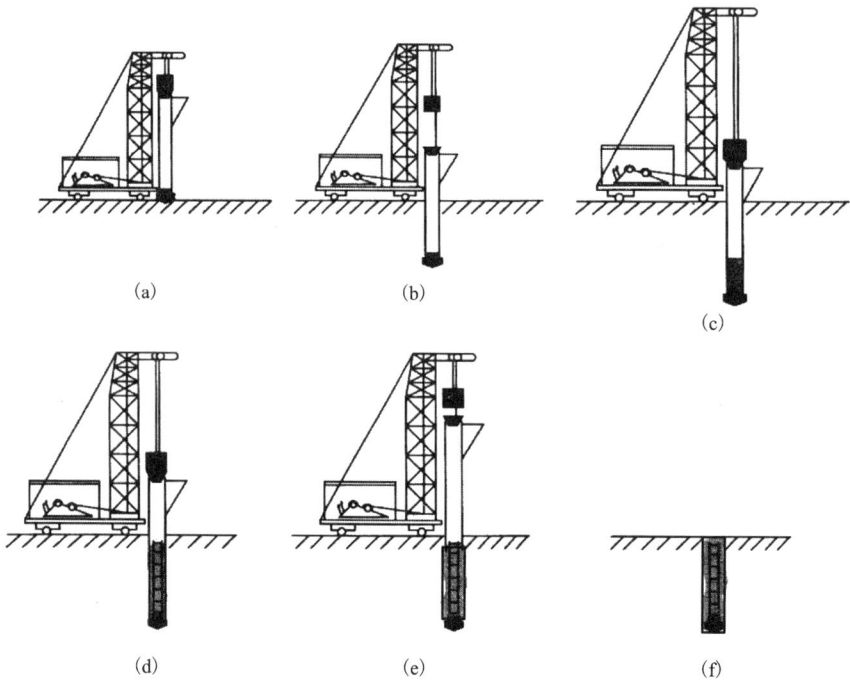

(a)　(b)　(c)　(d)　(e)　(f)

图 6 − 4　锤击沉管灌注桩施工程序示意图
(a)就位；(b)锤击沉管；(c)首次灌注混凝土；
(d)边拔管、边锤击、边继续灌注混凝土；(e)安放钢筋笼,继续灌注混凝土；(f)成桩

6.1.2　桩基础构造要求

1. 基桩布置

基桩是指桩基础中的单桩,复合基桩是指单桩及其对应面积的承台下地基土组成的复合承载基桩。基桩的最小中心距应符合表 6 − 1 的规定。当施工中采取减小挤土效应的可靠措施时,可根据当地经验适当减小。

表 6-1　桩的最小中心距

土类与成桩工艺		排数不少于 3 排且桩数不少于 9 根的磨擦型桩桩基	其他情况
非挤土灌注桩		3.0d	3.0d
部分挤土桩		3.5d	3.0d
挤土桩	非饱和土	4.0d	3.5d
	饱和黏性土	4.5d	4.0d
钻、挖孔扩底桩		2D 或 D+2.0 m(当 D>2 m)	1.5D 或 D+1.5 m(当 D>2 m)
沉管夯扩、钻孔挤扩桩	非饱和土	2.2D 且 4.0d	2.0D 且 3.5d
	饱和黏性土	2.5D 且 4.5d	2.2D 且 4.0d

注：①d 为圆桩直径或方桩边长，D 为扩大端设计直径；②当纵横向桩距不相等时，其最小中心距应满足"其他情况"一栏的规定；③当为端承型桩时，非挤土灌注桩的"其他情况"一栏可减小至 2.5d。

排列基桩时，宜使桩群承载力合力点与竖向永久荷载合力作用点重合，并使基桩受水平力和力矩较大方向有较大抗弯截面模量。对于桩箱基础、剪力墙结构桩筏(含平板和梁板式承台)基础，宜将桩布置于墙下。对于框架—核心筒结构桩筏基础应按荷载分布考虑相互影响，将桩相对集中布置于核心筒和柱下。

应选择较硬土层作为桩端持力层。桩端全断面进入持力层的深度，对于黏性土、粉土不宜小于 2 d、砂土不宜小于 1.5 d、碎石类土不宜小于 1 d。当存在软弱下卧层时，桩端以下硬持力层厚度不宜小于 3 d。

对于嵌岩桩，嵌岩深度应综合荷载、上覆土层、基岩、桩径、桩长诸因素确定；对于嵌入倾斜的完整和较完整岩的全断面深度不宜小于 0.4 d 且不小于 0.5 m，倾斜度大于 30% 的中风化岩，宜根据倾斜度及岩石完整性适当加大嵌岩深度；对于嵌入平整、完整的坚硬岩和较硬岩的深度不宜小于 0.2 d，且不应小于 0.2 m。

2.基桩构造

(1)灌注桩

1)配筋率

当桩身直径为 300 ~ 2000 mm 时，正截面最小配筋率不宜小于 0.2% ~ 0.65%。对受荷载特别大的桩、抗拔桩和嵌岩端承桩应根据计算确定配筋率，并不应小于上述规定值。

2)配筋长度

端承型桩和位于坡地岸边的基桩应沿桩身等截面或变截面通长配筋。桩径大于 600 mm 的摩擦型桩配筋长度不应小于 2/3 桩长。当受水平荷载时，配筋长度尚不宜小于 $4.0/\alpha$(α 为桩的水平变形系数)。对于受地震作用的基桩，桩身配筋长度应穿过可液化土层和软弱土层，进入稳定土层的深度不应小于：对于碎石土，砾、粗、中砂，密实粉土，坚硬黏土为(2~3)d；对其他非岩石土为(4~5)d。受负摩阻力的桩、因先成桩后开挖基坑而随地基土回弹的桩，其配筋长度应穿过软弱土层并进入稳定土层，进入的深度不应小于 2~3 倍桩身直径。专用抗拔桩及因地震作用、冻胀或膨胀力作用而受拔力的桩，应等截面或变截面通长配筋。

3)主筋构造

对于受水平荷载的桩，主筋不应小于8φ12；对于抗压桩和抗拔桩，主筋不应少于6φ10；纵向主筋应沿桩身周边均匀布置，其净距不应小于60 mm。

4）箍筋构造

箍筋应采用螺旋式，直径不应小于6 mm，间距宜为200～300 mm；受水平荷载较大的桩基、承受水平地震作用的桩基以及考虑主筋作用计算桩身受压承载力时，桩顶以下5 d范围内的箍筋应加密，间距不应大于100；当桩身位于液化土层范围内时箍筋应加密；当考虑箍筋受力作用时，箍筋配置应符合现行国家标准《混凝土结构设计规范》（GB 50010—2010）的有关规定；当钢筋笼长度超过4 m时，应每隔2 m设一道直径不小于12 mm的焊接加劲箍筋。

5）桩身混凝土强度等级与保护层厚度

桩身混凝土强度等级不得小于C25，混凝土预制桩尖强度等级不得小于C30。灌注桩主筋的混凝土保护层厚度不应小于35 mm，水下灌注桩的主筋混凝土保护层厚度不得小于50 mm。四类、五类环境中桩身混凝土保护层厚度应符合国家现行标准《港口工程混凝土结构设计规范》（JT267）、《工业建筑防腐蚀设计规范》（GB 50046）的相关规定。

6）扩底灌注桩扩底端尺寸规定（图6-5）

对于持力层承载力较高、上覆土层较差的抗压桩和桩端以上有一定厚度较好土层的抗拔桩，可采用扩底。扩底端直径与桩身直径之比D/d，应根据承载力要求及扩底端面和桩端持力层土性特征以及扩底施工方法确定：挖孔桩的D/d不应大于3，钻孔桩的D/d不应大于2.5。扩底端侧面的斜率应根据实际成孔及土体自立条件确定：a/h_c可取1/4～1/2，砂土可取1/4，粉土、黏性土取1/3～1/2。抗压桩扩底端底面宜呈锅底形，矢高h_b可取（0.15～0.20）D。

图6-5　扩底桩构造

（2）混凝土预制桩

混凝土预制桩的截面边长不应小于200 mm，预应力混凝土预制实心桩的截面边长不宜小于350 mm。预制桩的混凝土强度等级不宜低于C30，预应力混凝土实心桩的混凝土强度等级不应低于C40，预制桩纵向钢筋的混凝土保护层厚度不宜小于30 mm。

预制桩的桩身配筋应按吊运、打桩及桩在使用中的受力等条件计算确定。采用锤击法沉桩时，预制桩的最小配筋率不宜小于0.8%。静压法沉桩时，最小配筋率不宜小于0.6%，主筋直径不宜小于14 mm，打入桩桩顶以下（4～5）d长度范围内箍筋应加密，并设置钢筋网片。

预制桩的分节长度应根据施工条件及运输条件确定，每根桩的接头数量不宜超过3个。预制桩的桩尖可将主筋合拢焊在桩尖辅助钢筋上，对于持力层为密实砂和碎石类土时，宜在桩尖处包以钢钣桩靴，加强桩尖。

（3）预应力混凝土空心桩

预应力混凝土空心桩按截面形式可分为管桩、空心方桩，按混凝土强度等级可分为预应力高强混凝土管桩（PHC）和空心方桩（PHS）、预应力混凝土管桩（PC）和空心方桩（PS）。离心成型的先张法预应力混凝土桩的截面尺寸、配筋、桩身极限弯矩、桩身竖向受压承载力设计值等参数可按《建筑桩基技术规范》（JGJ 94—2008）附录B确定。

预应力混凝土空心桩桩尖形式宜根据地层性质选择闭口形或敞口形，闭口形分为平底十字形和锥形。预应力混凝土空心桩质量要求，尚应符合国家现行标准《先张法预应力混凝土管桩》（GB 13476）和《预应力混凝土空心方桩》（JGl97）及其他的有关标准规定。

预应力混凝土桩的连接可采用端板焊接连接、法兰连接、机械啮合连接、螺纹连接。每根桩的接头数量不宜超过 3 个。

桩端嵌入遇水易软化的强风化岩、全风化岩和非饱和土的预应力混凝土空心桩，沉桩后，应对桩端以上约 2 m 范围内采取有效的防渗措施，可采用微膨胀混凝土填芯或在内壁预涂柔性防水材料。

3. 承台构造

承台设计是桩基设计的一个重要组成部分，承台应具有足够的强度和刚度，以便将上部结构的荷载可靠地传给各基桩，并将各单桩连成整体。

根据上部结构类型和布桩要求，承台可采用独立承台、条形承台、井格承台和整片式承台等形式（图 6-6）。柱下一般选用独立承台，墙下一般选用条形承台或井格承台。若柱距不大，柱荷载较大，柱下独立承台之间可能出现较大不均匀沉降，也可将独立承台沿一个方向连接起来形成柱下条形承台，或在两个方向连接起来形成井格形承台。

图 6-6　承台的基本类型
(a)独立承台；(b)条形承台；(c)井格承台；(d)整片式承台；(e)箱形承台；(f)环形承台

当上部结构荷载很大，若采用条形承台或井格承台桩群布置不下时，可考虑选用整片式承台。根据上部结构类型的不同，整片式承台可分为平板整片式、梁板整片式、箱形整片式等几种形式。平板整片式承台多用于上部为筒体结构、框筒结构和柱网均匀、柱距较小的框架结构，而梁板整片式承台可用于上部为柱距较大的框架结构，当必须设置地下室，同时上部结构荷载也很大时，则可考虑利用地下室形成箱形整片式承台。

（1）承台的尺寸要求

柱下独立桩基承台的最小宽度不应小于 500 mm，边桩中心至承台边缘的距离不应小于桩的直径或边长，且桩的外边缘至承台边缘的距离不应小于 150 mm。对于墙下条形承台梁，桩的外边缘至承台梁边缘的距离不应小于 75 mm，承台的最小厚度不应小于 300 mm。高层建筑平板式和梁板式筏形承台的最小厚度不应小于400 mm，墙下布桩的剪力墙结构筏形承台的最小厚度不应小于200 mm。

（2）承台的混凝土和钢筋材料

承台混凝土材料及其强度等级应符合结构混凝土耐久性的要求和抗渗要求。

柱下独立桩基承台钢筋应通长配置[图6-7(a)]，对四桩以上（含四桩）承台宜按双向均匀布置，对三桩的三角形承台应按三向板带均匀布置，且最里面的三根钢筋围成的三角形应在柱截面范围内[图6-7(b)]。钢筋锚固长度自边桩内侧（当为圆桩时，应将其直径乘以0.8等效为方桩）算起，不应小于$35 d_g$，（d_g为钢筋直径）。当不满足时应将钢筋向上弯折，此时水平段的长度不应小于$25 d_g$，弯折段长度不应小于$10 d_g$。承台纵向受力钢筋的直径不应小于12 mm，间距不应大于200 mm。柱下独立桩基承台的最小配筋率不应小于0.15%。

图6-7　承台配筋示意

（a）矩形承台配筋；（b）三桩承台配筋；（c）墙下承台配筋图

柱下独立两桩承台，应按现行国家标准《混凝土结构设计规范》（GB 50010）中的深受弯构件构件配置纵向受拉钢筋、水平及竖向分布筋。承台纵向受力钢筋端部的锚固长度及构造应与柱下多桩承台的规定相同。

条形承台梁的纵向主筋应符合现行国家标准《混凝土结构设计规范》（GB 50010）关于最小配筋率的规定[图6-7(c)]，主筋直径不应小于12 mm，架立筋直径不应小于10 mm，箍筋直径不应小于6 mm。承台梁端部纵向受力钢筋的锚固长度及构造应与柱下多桩承台的规定相同。

筏形承台板或箱形承台板在计算中当仅考虑局部弯矩作用时，考虑到整体弯曲的影响，在纵横两个方向的下层钢筋配筋率不宜小于0.15%；上层钢筋应按计算配筋率全部连通。当筏板的厚度大于2000 mm时，宜在板厚中间部位设置直径不小于12 mm、间距不大于300 mm的双向钢筋网。

承台底面钢筋的混凝土保护层厚度，当有混凝土垫层时，不应小于50 mm，无垫层时不应小于70 mm，此外尚不应小于桩头嵌入承台内的长度。

（3）桩与承台的连接构造

桩嵌入承台内的长度对中等直径桩不宜小于50 mm，对大直径桩不宜小于100 mm。混凝土桩的桩顶纵向主筋应锚入承台内，其锚入长度不宜小于35倍纵向主筋直径。对于抗拔桩，桩顶纵向主筋的锚固长度应按现行国家标准《混凝土结构设计规范》（GB 50010）确定。对于大直径灌注桩，当采用一柱一桩时可设置承台或将桩与柱直接连接。

（4）柱与承台的连接构造

对于一柱一桩基础，柱与桩直接连接时，柱纵向主筋锚入桩身内长度不应小于 35 倍纵向主筋直径。对于多桩承台，柱纵向主筋应锚入承台不小于 35 倍纵向主筋直径，当承台高度不满足锚固要求时，竖向锚固长度不应小于 20 倍纵向主筋直径，并向柱轴线方向呈 90°弯折。

当有抗震设防要求时，对于一、二级抗震等级的柱，纵向主筋锚固长度应乘以 1.15 的系数；对于三级抗震等级的柱，纵向主筋锚固长度应乘以 1.05 的系数。

（5）承台与承台之间的连接构造

一柱一桩时，应在桩顶两个主轴方向上设置联系梁。当桩与柱的截面直径之比大于 2 时，可不设联系梁。两桩桩基的承台，应在其短向设置联系梁。有抗震设防要求的柱下桩基承台，宜沿两个主轴方向设置联系梁。联系梁顶面宜与承台顶面位于同一标高。联系梁宽度不宜小于 250 mm，其高度可取承台中心距的 1/10 ~ 1/15，且不宜小于 400 mm。

联系梁配筋应按计算确定，梁上下部配筋不宜小于 2 根直径 12 mm 钢筋。位于同一轴线上的相邻跨联系梁纵筋应连通。

（6）承台的埋深

承台的埋深应根据工程地质条件、建筑物使用要求、荷载性质以及桩的承载力要求等因素综合考虑。在满足桩基稳定的前提下，承台宜浅埋，并尽可能埋在地下水位以上，这样能便于施工，在冻土地区能减少地基土冻胀对承台的影响，工程造价也经济。但不得因埋深过浅造成水平荷载作用下产生过大的水平位移而影响其正常使用。特别是在软土地基中，当桩基设计需要承台侧面能承担部分水平荷载时，承台的埋深和侧面积都需满足所需土压力的要求。

6.2 桩基础设计

6.2.1 桩顶作用效应计算

对于一般建筑物和受水平力较小的高层建筑群桩基础，应按下列公式计算柱、墙、核心筒群桩中基桩或复合基桩的桩顶作用效应。

1. 群桩中单桩桩顶竖向力

（1）轴心竖向力作用下：

$$N_k = \frac{F_k + G_k}{n} \tag{6-1}$$

式中：F_k——相应于作用的标准组合时，作用于桩基承台顶面的竖向力，kN；

G_k——桩基承台自重及承台上土自重标准值，kN；

N_k——相应于作用的标准组合时，轴心竖向力作用下任一单桩的竖向力，kN；

n——桩基中的桩数。

（2）偏心竖向力作用下：

$$N_{ik} = \frac{F_k + G_k}{n} \pm \frac{M_{xk} y_i}{\sum y_i^2} \pm \frac{M_{yk} x_i}{\sum x_i^2} \tag{6-2}$$

式中：N_{ik}——相应于作用的标准组合时，偏心竖向力作用下第 i 根桩的竖向力，kN；

M_{xk}、M_{yk}——相应于作用的标准组合时，作用于承台底面通过桩群形心的 x、y 轴的力矩，$kN \cdot m$；

x_i、y_i——桩 i 至桩群形心的 y、x 轴线的距离，m。

2. 群桩中单桩桩顶水平力作用下水平力

$$H_{ik} = \frac{H_k}{n} \tag{6-3}$$

式中：H_k——相应于作用的标准组合时，作用于承台底面的水平力，kN；

H_{ik}——相应于作用的标准组合时，作用于任一单桩的水平力，kN。

6.2.2 桩基承载力验算

单桩竖向极限承载力标准值指单桩在竖向荷载作用下到达破坏状态前或出现不适于继续承载的变形时所对应的最大荷载，它取决于土对桩的支承阻力和桩身承载力。单桩竖向承载力特征值指单桩竖向极限承载力标准值除以安全系数后的承载力值。

1. 桩基竖向承载力验算

（1）荷载效应标准组合

轴心竖向力作用下，桩基竖向承载力验算公式如下：

$$N_k \leqslant R \tag{6-4}$$

偏心竖向力作用下，除满足上式外，尚应满足下式的要求：

$$N_{kmax} \leqslant 1.2R \tag{6-5}$$

（2）地震作用效应和荷载效应标准组合：

轴心竖向力作用下，桩基竖向承载力验算公式如下：

$$N_{Ek} \leqslant 1.25R \tag{6-6}$$

偏心竖向力作用下，除满足上式外，尚应满足下式的要求：

$$N_{Ekmax} \leqslant 1.5R \tag{6-7}$$

式中：N_k——荷载效应标准组合轴心竖向力作用下，基桩或复合基桩的平均竖向力；

N_{kmax}——荷载效应标准组合偏心竖向力作用下，桩顶最大竖向力；

N_{Ek}——地震作用效应和荷载效应标准组合下，基桩或复合基桩的平均竖向力；

N_{Ekmax}——地震作用效应和荷载效应标准组合下，基桩或复合基桩的最大竖向力；

R——基桩竖向承载力特征值，可用下列方法确定：

1）对于端承型桩基、桩数少于 4 根的摩擦型柱下独立桩基，或由于地层土性、使用条件等因素不宜考虑承台效应时：

$$R = R_a \tag{6-8}$$

式中：R_a——单桩竖向承载力特征值。

$$R_a = \frac{1}{K} Q_{uk} \tag{6-9}$$

式中：Q_{uk}——单桩竖向极限承载力标准值，具体计算见 6.2.3 节；

K——安全系数，取 $K = 2$。

2）对于符合下列条件之一的摩擦型桩基，宜考虑承台效应按式（6-10）或（6-11）确定其复合基桩的竖向承载力特征值：上部结构整体刚度较好、体型简单的建（构）筑物；对差异沉降适应性较强的排架结构和柔性构筑物；按变刚度调平原则设计的桩基刚度相对弱化区；软土地基的减沉复合疏桩基础。

不考虑地震作用时：

$$R = R_a + \eta_c f_{ak} A_c \tag{6-10}$$

考虑地震作用时：

$$R = R_a + \frac{\zeta_a}{1.25}\eta_c f_{ak} A_c \tag{6-11}$$

$$A_c = (A - nA_{ps})/n \tag{6-12}$$

式中：η_c——承台效应系数，可按表6-3取值。当承台底为可液化土、湿陷性土、高灵敏度软土、欠固结土、新填土时，沉桩引起超孔隙水压力和土体隆起时，不考虑承台效应，取 $\eta_c = 0$。

表 6-3　承台效应系数 η_c

B_c/l \ s_a/d	3	4	5	6	>6
≤0.4	0.06~0.08	0.14~0.17	0.22~0.26	0.32~0.38	0.50~0.80
0.4~0.8	0.08~0.10	0.17~0.20	0.26~0.30	0.38~0.44	
>0.8	0.10~0.12	0.20~0.22	0.30~0.34	0.44~0.50	
单排桩条形承台	0.15~0.18	0.25~0.30	0.38~0.45	0.50~0.60	

注：①表中 s_a/d 为桩中心距与桩径之比；B_c/l 为承台宽度与桩长之比。当计算基桩为非正方形排列时，$s_a = \sqrt{A/n}$，A 为承台计算域面积，n 为总桩数；②对于桩布置于墙下的箱、筏承台，η_c 可按单排桩条基取值；③对于单排桩条形承台，当承台宽度小于 1.5 d 时，η_c 宜按非条形承台取值；④对于采用后注浆灌注桩的承台，η_c 宜取低值；⑤对于饱和黏性土中的挤土桩基、软土地基上的桩基承台，η_c 宜取低值的 0.8 倍。

f_{ak}——承台下 $1/2$ 承台宽度且不超过 5 m 深度范围内各层土的地基承载力特征值按厚度加权的平均值。

A_c——计算基桩所对应的承台底净面积。

A_{ps}——为桩身截面面积。

A——为承台计算域面积，对于柱下独立桩基，A 为承台总面积；对于桩筏基础，A 为柱、墙筏板的 $1/2$ 跨距和悬臂边 2.5 倍筏板厚度所围成的面积；桩集中布置于单片墙下的桩筏基础，取墙两边各 $1/2$ 跨距围成的面积，按条基计算 η_c。

ζ_a——地基抗震承载力调整系数，应按现行国家标准《建筑抗震设计规范》GB 50011 采用，岩石、密实碎石土和砂土，$\zeta_a = 1.5$；中密碎石土、砂土，$\zeta_a = 1.3$；其他，$\zeta_a = 1.1 \sim 1.0$。

n——为承台计算范围内的桩数。

2. 水平荷载作用下承载能力验算

受水平荷载的一般建筑物和水平荷载较小的高大建筑物，单桩基础和群桩中基桩应满足下式要求：

$$H_{ik} \leqslant R_h \tag{6-13}$$

式中：H_{ik}——在荷载效应标准组合下，作用于基桩 i 桩顶处的水平力；

　　　R_h——单桩基础或群桩中基桩的水平承载力特征值。对于单桩基础，$R_h = R_{ha}$；对于群桩基础，$R_h = \eta_h R_{ha}$。R_{ha} 为单桩的水平承载力特征值，η_h 为群桩效应综合系数。

（1）单桩的水平承载力特征值 R_{ha} 的确定方法如下：

1）对于受水平荷载较大的设计等级为甲级、乙级的建筑桩基，单桩水平承载力特征值应通过单桩水平静载试验确定，试验方法可按现行行业标准《建筑基桩检测技术规范》（JGJ 106）执行。

2）对于钢筋混凝土预制桩、钢桩、桩身正截面配筋率不小于 0.65% 的灌注桩，可根据静载试验结果取地面处水平位移为 10 mm（对于水平位移敏感的建筑物取水平位移 6 mm）所对应的荷载的 75% 为单桩水平承载力特征值。

3）对于桩身配筋率小于 0.65% 的灌注桩，可取单桩水平静载试验的临界荷载的 75% 为单桩水平承载力特征值。

4）当缺少单桩水平静载试验资料时，可按下列公式估算桩身配筋率小于 0.65% 的灌注桩的单桩水平承载力特征值：

$$R_{ha} = \frac{0.75\alpha\gamma_m f_t W_0}{\nu_m}(1.25 + 22\rho_g)\left(1 \pm \frac{\zeta_N \cdot N}{\gamma_m f_t A_n}\right) \qquad (6-14)$$

式中：R_{ha}——单桩水平承载力特征值，$\pm$ 号根据桩顶竖向力性质确定，压力取"$+$"，拉力取"$-$"。

　　　γ_m——桩截面模量塑性系数，圆形截面 $\gamma_m = 2$，矩形截面 $\gamma_m = 1.75$。

　　　f_t——桩身混凝土抗拉强度设计值。

　　　W_0——桩身换算截面受拉边缘的截面模量，圆形截面为：$W_0 = \frac{\pi d}{32}[d^2 + 2(\alpha_E - 1)\rho_g d_0^2]$，

　　　　方形截面为：$W_0 = \frac{b}{6}[b^2 + 2(\alpha_E - 1)\rho_g b_0^2]$，其中 d 为桩直径，d_0 为扣除保护层厚度的桩直径，b 为方形截面边长，b_0 为扣除保护层厚度的桩截面宽度，α_E 为钢筋弹性模量与混凝土弹性模量的比值。

　　　ν_m——桩身最大弯距系数，按表 6-4 取值，当单桩基础和单排桩基纵向轴线与水平力方向相垂直时，按桩顶铰接考虑。

　　　ρ_g——桩身配筋率。

　　　A_n——桩身换算截面积，圆形截面为：$A_n = \frac{\pi d^2}{4}[1 + (\alpha_E - 1)\rho_g]$；

　　　　方形截面为：$A_n = b^2[1 + (\alpha_E - 1)\rho_g]$。

　　　ζ_N——桩顶竖向力影响系数，竖向压力取 0.5；竖向拉力取 1.0。

　　　N——在荷载效应标准组合下桩顶的竖向力，kN。

　　　α——桩的水平变形系数，确定方法如下：

$$\alpha = \sqrt[5]{\frac{mb_0}{EI}} \qquad (6-15)$$

式中：b_0——桩身的计算宽度，m；

　　　圆形桩：当直径 $d \leq 1$ m 时，$b_0 = 0.9(1.5d + 0.5)$；

当直径 $d > 1$ m 时，$b_0 = 0.9(d+1)$；

方形桩：当边宽 $b \leqslant 1$ m 时，$b_0 = 1.5b + 0.5$；

当边宽 $b > 1$ m 时，$b_0 = b + 1$。

EI——桩身抗弯刚度，对于钢筋混凝土桩，$EI = 0.85E_c I_0$，其中 I_0 为桩身换算截面惯性矩：圆形截面为 $I_0 = W_0 d_0/2$；矩形截面为 $I_0 = W_0 b_0/2$。

m——桩侧土水平抗力系数的比例系数。桩侧土水平抗力系数的比例系数 m，宜通过单桩水平静载试验确定，当无静载试验资料时，可按表 6-5 取值。

表 6-4　桩顶(身)最大弯矩系数 ν_m 和桩顶水平位移系数 ν_x

桩顶约束情况	桩的换算埋深 αh	ν_m	ν_x
铰接、自由	4.0	0.768	2.441
	3.5	0.750	2.502
	3.0	0.703	2.727
	2.8	0.675	2.905
	2.6	0.639	3.163
	2.4	0.601	3.526
固　接	4.0	0.926	0.940
	3.5	0.934	0.970
	3.0	0.967	1.028
	2.8	0.990	1.055
	2.6	1.018	1.079
	2.4	1.045	1.095

注：①铰接(自由)的 ν_m 系桩身的最大弯矩系数，固接的 ν_m 系桩顶的最大弯矩系数；②当 $\alpha h > 4$ 时，取 $\alpha h = 4.0$；③$\alpha = \sqrt[5]{\dfrac{mb_0}{EI}}$，$h$ 为桩的入土长度；④b_0 为桩身的计算宽度，m；⑤m 为桩侧土水平抗力系数的比例系数。

表 6-5　桩侧土水平抗力系数的比例系数 m 值

序号	地 基 土 类 别	预制桩、钢桩		灌 注 桩	
		m /(MN·m^{-4})	相应单桩在地面处水平位移 /mm	m /(MN·m^{-4})	相应单桩在地面处水平位移 /mm
1	淤泥；淤泥质土；饱和湿陷性黄土	2~4.5	10	2.5~6	6~12
2	流塑($I_L > 1$)、软塑($0.75 < I_L \leqslant 1$)状黏性土；$e > 0.9$ 粉土；松散粉细砂；松散、稍密填土	4.5~6.0	10	6~14	4~8

序号	地 基 土 类 别	预制桩、钢桩		灌 注 桩	
		m $/(MN \cdot m^{-4})$	相应单桩在地面处水平位移 /mm	m $/(MN \cdot m^{-4})$	相应单桩在地面处水平位移 /mm
3	可塑($0.25 < I_L \leq 0.75$)状黏性土、湿陷性黄土;$e = 0.75 \sim 0.9$ 粉土;中密填土;稍密细砂	$6.0 \sim 10$	10	$14 \sim 35$	$3 \sim 6$
4	硬塑($0 < I_L \leq 0.25$)、坚硬($I_L \leq 0$)状黏性土、湿陷性黄土;$e < 0.75$ 粉土;中密的中粗砂;密实老填土	$10 \sim 22$	10	$35 \sim 100$	$2 \sim 5$
5	中密、密实的砾砂、碎石类土			$100 \sim 300$	$1.5 \sim 3$

注:①当桩顶水平位移大于表列数值或灌注桩配筋率较高(≥0.65%)时,m 值应适当降低;当预制桩的水平向位移小于 10 mm 时,m 值可适当提高。②当水平荷载为长期或经常出现的荷载时,应将表列数值乘以 0.4 降低采用。③当地基为可液化土层时,应将表列数值乘以《建筑桩基技术规范》(JGJ94—2008)表 5.3.12 中相应的系数 ψ_l。

5)对于混凝土护壁的挖孔桩,计算单桩水平承载力时,其设计桩径取护壁内直径。

6)当桩的水平承载力由水平位移控制,且缺少单桩水平静载试验资料时,可按下式估算预制桩、钢桩、桩身配筋率不小于 0.65% 的灌注桩单桩水平承载力特征值:

$$R_{ha} = 0.75 \frac{\alpha^3 EI}{\nu_x} x_{0a} \qquad (6-16)$$

式中:EI——桩身抗弯刚度,对于钢筋混凝土桩,$EI = 0.85 E_c I_0$,其中 I_0 为桩身换算截面惯性矩:圆形截面为 $I_0 = W_0 d_0 / 2$,矩形截面为 $I_0 = W_0 b_0 / 2$;

x_{0a}——桩顶允许水平位移;

ν_x——桩顶水平位移系数,按表 6-4 取值。

7)验算永久荷载控制的桩基的水平承载力时,应将上述 2)~5)款方法确定的单桩水平承载力特征值乘以调整系数 0.80。验算地震作用桩基的水平承载力时,宜将按上述 2)~5)款方法确定的单桩水平承载力特征值乘以调整系数 1.25。

(2)群桩效应综合系数的 η_h 的确定方法:

1)考虑地震作用且 $s_a / d \leq 6$ 时:

$$\eta_h = \eta_i \eta_r + \eta_l \qquad (6-17)$$

$$\eta_i = \frac{\left(\dfrac{s_a}{d}\right)^{0.015 n_2 + 0.45}}{0.15 n_1 + 0.10 n_2 + 1.9} \qquad (6-18)$$

$$\eta_1 = \frac{m \cdot x_{0a} \cdot B'_c \cdot h_c^2}{2 \cdot n_1 \cdot n_2 \cdot R_{ha}} \qquad (6-19)$$

$$x_{0a} = \frac{R_{ha} \cdot \nu_x}{\alpha^3 \cdot EI} \qquad (6-20)$$

2）其他情况：

$$\eta_h = \eta_i \eta_r + \eta_1 + \eta_b \qquad (6-21)$$

$$\eta_b = \frac{\mu \cdot P_c}{n_1 \cdot n_2 \cdot R_h} \qquad (6-22)$$

$$B'_c = B_c + 1(m) \qquad (6-23)$$

$$P_c = \eta_c f_{ak}(A - nA_{ps}) \qquad (6-24)$$

式中：η_i——桩的相互影响效应系数；

η_r——桩顶约束效应系数（桩顶嵌入承台长度 50～100 mm 时），按表 6-6 取值；

η_1——承台侧向土抗力效应系数（承台侧面回填土为松散状态时取 $\eta_l = 0$）；

η_b——承台底摩阻效应系数；

s_a/d——沿水平荷载方向的距径比；

n_1，n_2——沿水平荷载方向与垂直水平荷载方向每排桩中的桩数；

m——承台侧面土水平抗力系数的比例系数，当无试验资料时可按表 6-5 取值；

x_{0a}——桩顶（承台）的水平位移允许值，当以位移控制时，可取 $x_{0a} = 10$ mm（对水平位移敏感的结构物取 $x_{0a} = 6$ mm）；

B'_c——承台受侧向土抗力一边的计算宽度；

B_c——承台宽度；

h_c——承台高度，m；

μ——承台底与基土间的摩擦系数，可按表 6-7 取值；

P_c——承台底地基土分担的竖向总荷载标准值；

η_c——承台效应系数，可按表 6-3 取值；

A——承台总面积；

A_{ps}——桩身截面面积。

表 6-6　桩顶约束效应系数 η_r

换算深度 αh	2.4	2.6	2.8	3.0	3.5	≥4.0
位移控制	2.58	2.34	2.20	2.13	2.07	2.05
强度控制	1.44	1.57	1.71	1.82	2.00	2.07

注：$\alpha = \sqrt[5]{\dfrac{mb_0}{EI}}$，$h$ 为桩的入土长度。

表 6 - 7　承台底与基土间的摩擦系数 μ

土的类别		摩擦系数 μ
黏性土	可塑	0.25 ~ 0.30
	硬塑	0.30 ~ 0.35
	坚硬	0.35 ~ 0.45
粉土	密实、中密(稍湿)	0.30 ~ 0.40
中砂、粗砂、砾砂		0.40 ~ 0.50
碎石土		0.40 ~ 0.60
软岩、软质岩		0.40 ~ 0.60
表面粗糙的较硬岩、坚硬岩		0.65 ~ 0.75

3. 特殊条件下桩基竖向承载力验算

特殊条件下桩基竖向承载力验算的主要内容包含桩基软弱下卧层验算、负摩阻力计算和抗拔桩基承载力验算。由于篇幅有限,教材没有详细给出特殊条件下桩基竖向承载力验算的具体内容,可参阅《建筑桩基技术规范》(JGJ 94—2008)和《建筑地基基础设计规范》(GB 50007—2011)的相关内容。

6.2.3　单桩竖向极限承载力 Q_{uk} 的确定

《建筑桩基技术规范》(JGJ 94—2008)规定,单桩竖向极限承载力标准值按表 6 - 7 规定取用。

表 6 - 7　单桩竖向极限承载力标准值选用规定

设计等级	建筑类型	单桩竖向极限承载力标准值
甲级	(1)重要的建筑; (2)20 层以上或高度超过 100 m 的高层建筑; (3)体形复杂且层数相差超过 10 层的高低层(含纯地下室)连体建筑; (4)20 层以上框架 - 核心筒结构及其他对差异沉降有特殊要求的建筑; (5)场地和地基条件复杂的一般建筑及坡地、岸边建筑; (6)对相邻既有工程影响较大的建筑	通过单桩静载试验确定
乙级	除甲级、丙级以外的建筑	当地质条件简单时,可参照地质条件相同的试桩资料,结合静力触探等原位测试和经验参数综合确定;其余均应通过单桩静载试验确定
丙级	场地和地基条件简单、荷载分布均匀的七层及七层以下的一般建筑	可根据原位测试和经验参数确定

1. 单桩静载荷试验法

静载荷试验是确定单桩承载力的最可靠的传统方法。静载荷试验是先在准备施工的地点打试桩,在试桩顶上分级施加静荷载,直到土对桩的阻力被破坏时为止,从而求得桩的极限承载力。由于成桩时对土体的扰动,试桩必须待桩周土体的强度恢复后方可开始。间隔天数应视土质条件及沉桩方法而定。预制桩在砂土中入土 7 d 后才能进行试验,黏性土中一般不得少于 15 d,对饱和软黏土不得少于 25 d。

(1)静载荷试验装置

锚桩法(图6-8)利用液压千斤顶、杠杆、载重承台等装置进行加荷。液压千斤顶设有稳压装置。千斤顶借助锚桩的反力对试桩加荷。试验时可根据需要布置 4~6 根锚桩,锚桩深度不小于试桩深度。为了减少锚桩对试桩的影响,锚桩与试桩的间距应大于 4 d,且不小于 2 m。观测装置应埋设在试桩和锚桩受力后产生地基变形的影响范围之外,以免影响观测结果的精度。

图6-8 锚桩横梁反力装置

堆载法(图6-9)采用堆载压重平台提供反力装置,压重宜在试验前一次加足,并均匀稳固地放于平台上,其施加在地基上的压力不宜大于地基承载力特征值的 1.5 倍。堆载量大时,宜利用桩(可利用工程桩)作为堆载的支点。在软土地区压重平台支墩边距试桩较近时,大吨位堆载地面下沉将会产生对试桩的附加应力,特别对于摩擦桩,将明显影响其承载力,通常要求支墩与试桩间的距离大于 2 m。

(2)试验方法

试验时的加载方式通常有慢速维持荷载法、快速维持荷载法、等贯入速率法、等时间间隔加载法以及循环加载法等。

工程中最常用的是慢速维持荷载法,即逐级加载,每级荷载值为预估极限荷载的 1/15 ~ 1/10,第一级荷载可双倍施加。每级加荷后间隔 5,10,15,15,15,30,30,30,…,min 测读桩顶沉降。当每小时的沉降不超过 0.1 mm,并连续出现两次,则认为已趋稳定,可施加下一级荷载。当出现下列情况之一时,即可终止加载:

1)某级荷载下,桩顶沉降量为前一级荷载下沉降量的 5 倍。

2)某级荷载下,桩顶沉降量大于前一级荷载下沉降量的 2 倍,且经 24 h 尚未达到相对稳定。

3)已达到锚桩最大抗拔力或压重平台的最大质量时。

终止加载后进行卸载,每级卸值为每级加载值的 2 倍。每级卸载后,间隔15,15,30 min

图 6-9 堆载反力装置

各测记一次后，可卸下一级荷载；全部卸载后，间隔 3~4 h 再读一次。

（3）试验结果与承载力的确定

根据桩的静载试验结果，确定单桩极限承载力标准值 Q_{uk} 的方法很多，《建筑地基基础设计规范》(GB50007—2011)规定，单桩竖向极限承载力标准值 Q_{uk} 应按下列方法确定：

1）根据试验结果，作荷载-沉降($Q-s$)曲线和其他辅助分析所需的曲线($s-\lg t$ 曲线)，如图 6-10 所示。

2）当陡降明显时，取相应于陡降段起点的荷载值[图 6-10(a)中曲线①]。

图 6-10 单桩静载荷试验曲线

3）当出现桩顶沉降量大于前一级荷载下沉降量的 2 倍时，且经过 24 h 尚未达到稳定的情况，取前一级荷载值。

4）$Q - s$ 曲线呈缓变形时[图 6 - 10（a）中曲线②]，取桩顶总沉降量 $s = 40$ mm 所对应的荷载值，当桩长大于 40 m 时，宜考虑桩身的弹性压缩。

5）按上述方法判断有困难时，可结合其他辅助分析方法综合判断，如图 6 - 10（b）所示，其中斜率（坡度）开始剧增的曲线所对应的荷载即为桩的极限荷载。对桩基沉降有特殊要求的，应根据具体情况选取。

6）参加统计的试桩，当满足其极差不超过平均值的 30% 时，可取其平均值作为单桩竖向极限承载力标准值 Q_{uk}。极差超过平均值的 30% 时，宜增加试桩数量并分析离差过大的原因，结合工程具体情况确定极限承载力标准值 Q_{uk}。对桩数为 3 根及 3 根以下的柱下桩台，取最小值。

7）将单桩竖向极限承载力标准值 Q_{uk} 除以安全系数 2，为单桩竖向承载力特征值及 R_a。

2. 静力触探法

根据单桥探头静力触探资料确定混凝土预制桩单桩竖向极限承载力标准值 Q_{uk} 时，若无当地经验可按下式计算：

$$Q_{uk} = Q_{sk} + Q_{pk} = u \sum q_{sik} l_i + \alpha p_{sk} A_p \tag{6-25}$$

式中：Q_{sk}、Q_{pk}——总极限侧阻力标准值和总极限端阻力标准值；

u——桩身周长；

q_{sik}——用静力触探比贯入阻力值估算的桩周第 i 层土的极限侧阻力标准值，应根据土的类别、埋藏深度、排列次序，按图 6 - 11 折线取值；

l_i——桩穿越第 i 层土的厚度；

α——桩端阻力修正系数，按表 6 - 9 取值；

A_p——桩端面积；

P_{sk}——桩端附近的静力触探比贯入阻力标准值（平均值）：

当 $P_{sk1} \leqslant P_{sk2}$ 时，$P_{sk} = 1/2 (p_{sk1} + p_{sk2})$；当 $p_{sk1} > p_{sk2}$ 时，$P_{sk} = P_{sk2}$。

其中，P_{sk1}，P_{sk2} 分别为桩端全截面以上 8 倍桩径范围和全截面以下 4 倍桩径范围内的比贯入阻力平均值。如桩端持力层为密实的砂土层，其比贯入阻力平均值 $p_k > 20$ MPa 时，则需乘以表 6 - 10 中系数 C 予以折减后，再计算 P_{sk2} 及 P_{sk1} 值；

β——折减系数，按 p_{sk2}/p_{sk1} 值从表 6 - 11 中选用。

注：①线段 gh 适用于地表下 6 m 范围内的土层，即 $q_{sk} = 15$ kPa；
②线段 $oabc$ 适用于粉土及砂土以上（或无粉土及砂土土层地）的黏性土；
③线段 $odef$ 适用于粉土及砂土以下的黏性土；
④线段 oef 适用于粉土、粉砂、细砂及中砂。

图 6 - 11 $q_{sk} - p_s$ 曲线

当桩端穿过粉土、粉砂、细砂及中砂层底面时，折线 oef 估算的 q_{sik} 值需乘以表 6-8 中的系数 ξ_s。

表 6-8　系数 ξ_s 值

p_s/p_{s1}	$\leqslant 5$	7.5	$\geqslant 10$
ξ_s	1.00	0.50	0.33

注：① p_s 为桩端穿越的中密~密实砂土、粉土的比贯入阻力平均值；p_{s1} 为砂土、粉土的下卧软土层的比贯入阻力平均值；② 采用的单桥探头，圆锥底面积为 15 cm²，底部带 7 cm 高滑套，锥角 60°。

表 6-9　桩端阻力修正系数 α 值

桩入土深度/m	$h < 15$	$15 \leqslant h \leqslant 30$	$30 < h \leqslant 60$
α	0.75	0.75~0.90	0.90

注：桩入土深度 $15 \leqslant h \leqslant 30$ m 时，α 值直线内插得到；h 为基底至桩端全断面的距离(不包括桩尖高度)

表 6-10　系数 C 值

p_s/MPa	20~30	35	>40
系数 C	5/6	2/3	1/2

表 6-11　折减系数 β

p_{sk2}/p_{sk1}	$\leqslant 5$	7.5	12.5	$\geqslant 15$
β	1	5/6	2/3	1/2

当根据双桥探头静力触探资料确定混凝土预制桩单桩竖向极限承载力标准值时，对于黏性土、粉土和砂土，如无当地经验时可按下式计算：

$$Q_{uk} = Q_{sk} + Q_{pk} = u \sum l_i \beta f_{si} + \alpha q_c A_p \tag{6-26}$$

式中：f_{si}——第 i 层土的探头平均侧阻力(kPa)；

$\quad q_c$——桩端平面上、下探头阻力，桩端平面以上 4 d(d 为桩的直径或边长)范围内按土层厚度的探头阻力加权平均值，kPa，然后再和桩端平面以下 1 d 范围内的探头阻力进行平均；

$\quad \alpha$——桩端阻力修正参数，对黏性土、粉土取 2/3，饱和砂土取 1/2；

$\quad \beta_i$——第 i 层土桩侧阻力综合修正系数：黏性土、粉土，$\beta_i = 10.04 (f_{si})^{-0.55}$；砂土，$\beta_i = 5.05 (f_{si})^{-0.45}$。

3. 经验参数法

根据桩的工作原理，桩的承载力包括桩端土对桩端支承作用和桩四周土对桩端摩擦作用。《建筑桩基技术规范》(JGJ 94—2008)规定，当根据土的物理指标与承载力参数之间的经验关系确定单桩竖向极限承载力标准值时，宜按下列公式估算(以灌注桩、嵌岩桩和预制桩，钢桩、混凝土空心桩等其他桩体的估算参见《建筑桩基技术规范》)(JGJ 94—2008)。

(1)一般预制桩及中小直径灌注桩

对直径 $d<800$ mm 的灌注桩和预制桩，单桩竖向极限承载力标准值 Q_{uk} 可按下式计算：

$$Q_{uk} = Q_{sk} + Q_{pk} = u \sum q_{sik} l_i + q_{pk} A_p \tag{6-27}$$

式中：q_{sik}——桩侧第 i 层土的极限侧阻力标准值，如无当地经验时，可按表 6-12a 取值；

　　　　q_{pk}——极限端阻力标准值，如无当地经验时，可按表 6-12b 取值。

(2)大直径桩($d \geq 800$ mm)

对于大直径桩($d \geq 800$ mm)的桩底持力层一般都呈渐进破坏，单桩竖向极限承载力标准值 Q_{uk} 可按下式计算：

$$Q_{uk} = Q_{sk} + Q_{pk} = u \sum \psi_{si} q_{sik} l_i + \psi_p q_{pk} A_p \tag{6-28}$$

式中：q_{sik}——桩侧第 i 层土极限侧阻力标准值，如无当地经验值时，可按表 6-12a 取值，对于扩底桩变截面以上 $2d$ 长度范围不计侧阻力；

　　　　q_{pk}——桩径为 800 mm 的极限端阻力标准值，对于干作业挖孔(清底干净)可采用深层载荷板试验确定，当不能进行深层载荷板试验时，可按表 6-13 取值；

　　　　ψ_{si}、ψ_p——大直径桩侧阻、端阻尺寸效应系数，按表 6-14 取值。

　　　　u——桩身周长，当人工挖孔桩桩周护壁为振捣密实的混凝土时，桩身周长可按护壁外直径计算。

(3)嵌岩桩

桩端置于完整、较完整基岩的嵌岩桩单桩竖向极限承载力，由桩周土总极限侧阻力和嵌岩段总极限阻力组成。当根据岩石单轴抗压强度确定单桩竖向极限承载力标准值时，可按下列公式计算：

$$Q_{uk} = Q_{sk} + Q_{rk} \tag{6-29}$$

$$Q_{sk} = u \sum q_{sik} l_i \tag{6-30}$$

$$Q_{rk} = \zeta_r f_{rk} A_p \tag{6-31}$$

式中：Q_{sk}、Q_{rk}——土的总极限侧阻力、嵌岩段总极限阻力；

　　　　q_{sik}——桩周第 i 层土的极限侧阻力；

　　　　f_{rk}——岩石饱和单轴抗压强度标准值，黏土岩取天然湿度单轴抗压强度标准值；

　　　　ζ_r——嵌岩段侧阻和端阻综合系数，与嵌岩深径比 h_r/d、岩石软硬程度和成桩工艺有关，可按表 6-15 采用；表中数值适用于泥浆护壁成桩，对于干作业成桩(清底干净)和泥浆护壁成桩后注浆，ζ_r 应取表列数值的 1.2 倍。

表 6 - 12a 桩的极限侧阻力标准值 q_{sik} （kPa）

土的名称	土的状态		混凝土预制桩	泥浆护壁钻（冲）孔桩	干作业钻孔桩
填土			22 ~ 30	20 ~ 28	20 ~ 28
淤泥			14 ~ 20	12 ~ 18	12 ~ 18
淤泥质土			22 ~ 30	20 ~ 28	20 ~ 28
黏性土	流塑	$I_L > 1$	24 ~ 40	21 ~ 38	21 ~ 38
	软塑	$0.75 < I_L \leqslant 1$	40 ~ 55	38 ~ 53	38 ~ 53
	可塑	$0.50 < I_L \leqslant 0.75$	55 ~ 70	53 ~ 68	53 ~ 66
	硬可塑	$0.25 < I_L \leqslant 0.50$	70 ~ 86	68 ~ 84	66 ~ 82
	硬塑	$0 < I_L \leqslant 0.25$	86 ~ 98	84 ~ 96	82 ~ 94
	坚硬	$I_L \leqslant 0$	98 ~ 105	96 ~ 102	94 ~ 104
红黏土	$0.7 < a_w \leqslant 1$		13 ~ 32	12 ~ 30	12 ~ 30
	$0.5 < a_w \leqslant 0.7$		32 ~ 74	30 ~ 70	30 ~ 70
粉土	稍密	$e > 0.9$	26 ~ 46	24 ~ 42	24 ~ 42
	中密	$0.75 \leqslant e \leqslant 0.9$	46 ~ 66	42 ~ 62	42 ~ 62
	密实	$e < 0.75$	66 ~ 88	62 ~ 82	62 ~ 82
粉细砂	稍密	$10 < N \leqslant 15$	24 ~ 48	22 ~ 46	22 ~ 46
	中密	$15 < N \leqslant 30$	48 ~ 66	46 ~ 64	46 ~ 64
	密实	$N > 30$	66 ~ 88	64 ~ 86	64 ~ 86
中砂	中密	$15 < N \leqslant 30$	54 ~ 74	53 ~ 72	53 ~ 72
	密实	$N > 30$	74 ~ 95	72 ~ 94	72 ~ 94
粗砂	中密	$15 < N \leqslant 30$	74 ~ 95	74 ~ 95	76 ~ 98
	密实	$N > 30$	95 ~ 116	95 ~ 116	98 ~ 120
砾砂	稍密	$5 < N_{63.5} \leqslant 15$	70 ~ 110	50 ~ 90	60 ~ 100
	中密（密实）	$N_{63.5} > 15$	116 ~ 138	116 ~ 130	112 ~ 130
圆砾、角砾	中密、密实	$N_{63.5} > 10$	160 ~ 200	135 ~ 150	135 ~ 150
碎石、卵石	中密、密实	$N_{63.5} > 10$	200 ~ 300	140 ~ 170	150 ~ 170
全风化软质岩		$30 < N \leqslant 50$	100 ~ 120	80 ~ 100	80 ~ 100
全风化硬质岩		$30 < N \leqslant 50$	140 ~ 160	120 ~ 140	120 ~ 150
强风化软质岩		$N_{63.5} > 10$	160 ~ 240	140 ~ 200	140 ~ 220
强风化硬质岩		$N_{63.5} > 10$	220 ~ 300	160 ~ 240	160 ~ 260

注：①对于尚未完成自重固结的填土和以生活垃圾为主的杂填土，不计算其侧阻力；②a_w 为含水比，$a_w = w/w_1$，w 为土的天然含水量，w_1 为土的液限；③N 为标准贯入击数，$N_{63.5}$ 为重型圆锥动力触探击数；④全风化、强风化软质岩和全风化、强风化硬质岩系指其母岩分别为 $f_{rk} \leqslant 15$ MPa、$f_{rk} > 30$ MPa 的岩石。

表 6-12b　桩的极限端阻力标准值 q_{pk}　　/kPa

土名称	土的状态	桩型	混凝土预制桩桩长 l/m				泥浆护壁钻(冲)孔桩桩长 l/m				干作业钻孔桩桩长 l/m		
			$l≤9$	$9<l≤16$	$16<l≤30$	$l>30$	$5≤l≤10$	$10≤l≤15$	$15≤l<30$	$30≤l$	$5≤l<10$	$10≤l<15$	$15≤l$
黏性土	软塑	$0.75<I_L≤1$	210~850	650~1400	1200~1800	1300~1900	150~250	250~300	300~450	300~450	200~400	400~700	700~950
	可塑	$0.50<I_L≤0.75$	850~1700	1400~2200	1900~2800	2300~3600	350~450	450~600	600~750	750~800	500~700	800~1100	1000~1600
	硬可塑	$0.25<I_L≤0.50$	1500~2300	2300~3300	2700~3600	3600~4400	800~900	900~1000	1000~1200	1200~1400	850~1100	1500~1700	1700~1900
	硬塑	$0<I_L≤0.25$	2500~3800	3800~5500	5500~6000	6000~6800	1100~1200	1200~1400	1400~1600	1600~1800	1600~1800	2200~2400	2600~2800
粉土	中密	$0.75<e≤0.9$	950~1700	1400~2100	1900~2700	2500~3400	300~500	500~650	650~750	750~850	800~1200	1200~1400	1400~1600
	密实	$e<0.75$	1500~2600	2100~3000	2700~3600	3600~4400	650~900	750~950	900~1100	1100~1200	1200~1700	1400~1900	1600~2100
粉砂	稍密	$10<N≤15$	1000~1600	1500~2300	1900~2700	2100~3000	350~500	450~600	600~700	650~750	500~950	1300~1600	1500~1700
	中密、密实	$N>15$	1400~2200	2100~3000	3000~4500	3800~5500	600~750	750~900	900~1100	1100~1200	900~1000	1700~1900	1700~1900
细砂	中密、密实	$N>15$	2500~4000	3600~5000	4400~6000	5300~7000	650~850	900~1200	1200~1500	1500~1800	1200~1600	2000~2400	2400~2700
中砂	中密、密实	$N>15$	4000~6000	5500~7000	6500~8000	7500~9000	850~1050	1100~1500	1500~1900	1900~2100	1800~2400	2800~3800	3600~4400
粗砂	中密、密实	$N>15$	5700~7500	7500~8500	8500~10000	9500~11000	1500~1800	2100~2400	2400~2600	2600~2800	2900~3600	4000~4600	4600~5200
砾砂	中密、密实	$N>15$	6000~9500		9000~10500		1400~2000		2000~3200		3500~5000		
角砾、圆砾	中密、密实	$N_{63.5}>10$	7000~10000		9500~11500		1800~2200		2200~3600		4000~5500		
碎石、卵石	中密、密实	$N_{63.5}>10$	8000~11000		10500~13000		2000~3000		3000~4000		4500~6500		
全风化软质岩		$30<N≤50$	4000~6000				1000~1600				1200~2000		
全风化硬质岩		$30<N≤50$	5000~8000				1200~2000				1400~2400		
强风化软质岩		$N_{63.5}>10$	6000~9000				1400~2200				1600~2600		
强风化硬质岩		$N_{63.5}>10$	7000~11000				1800~2800				2000~3000		

注：①砂土和碎石类土中桩的极限端阻力取值，宜综合考虑土的密实度，桩端进入持力层的深径比 h_b/d，土愈密实，h_b/d 愈大，取值愈高；②预制桩的岩石极限端阻力指桩端支承于中、微风化基岩表面或进入强风化岩、软质岩一定深度条件下极限端阻力；③全风化、强风化软质岩和全风化、强风化硬质岩指其母岩当其母岩分别为 f_{rk}≤15 MPa、f_{rk}>30 MPa 的岩石。

表 6-13 干作业挖孔桩(清底干净, $D=800$ mm)极限端阻力标准值 q_{pk} /kPa

土名称		状态		
黏性土		$0.25 < I_L \leqslant 0.75$	$0 < I_L \leqslant 0.25$	$I_L \leqslant 0$
		$800 \sim 1800$	$1800 \sim 2400$	$2400 \sim 3000$
粉土			$0.75 \leqslant e \leqslant 0.9$	$e < 0.75$
			$1000 \sim 1500$	$1500 \sim 2000$
砂土碎石类土		稍密	中密	密实
	粉砂	$500 \sim 700$	$800 \sim 1100$	$1200 \sim 2000$
	细砂	$700 \sim 1100$	$1200 \sim 1800$	$2000 \sim 2500$
	中砂	$1000 \sim 2000$	$2200 \sim 3200$	$3500 \sim 5000$
	粗砂	$1200 \sim 2200$	$2500 \sim 3500$	$4000 \sim 5500$
	砾砂	$1400 \sim 2400$	$2600 \sim 4000$	$5000 \sim 7000$
	圆砾、角砾	$1600 \sim 3000$	$3200 \sim 5000$	$6000 \sim 9000$
	卵石、碎石	$2000 \sim 3000$	$3300 \sim 5000$	$7000 \sim 11000$

注:①当桩进入持力层的深度 h_b 分别为: $h_b \leqslant D$, $D < h_b \leqslant 4D$, $h_b > 4D$ 时, q_{pk} 可相应取低、中、高值;②砂土密实度可根据标贯击数判定, $N \leqslant 10$ 为松散, $10 < N \leqslant 15$ 为稍密, $15 < N \leqslant 30$ 为中密, $N > 30$ 为密实;③当桩的长径比 $l/d \leqslant 8$ 时, q_{pk} 宜取较低值;④当对沉降要求不严时, q_{pk} 可取高值。

表 6-14 大直径灌注桩侧阻尺寸效应系数 ψ_{si}、端阻尺寸效应系数 ψ_p

土类型	黏性土、粉土	砂土、碎石类土
ψ_{si}	$(0.8/d)^{1/5}$	$(0.8/d)^{1/3}$
ψ_p	$(0.8/D)^{1/4}$	$(0.8/D)^{1/3}$

表 6-15 嵌岩段侧阻和端阻综合系数 ζ_r

嵌岩深径比 h_r/d	0	0.5	1.0	2.0	3.0	4.0	5.0	6.0	7.0	8.0
极软岩、软岩	0.60	0.80	0.95	1.18	1.35	1.48	1.57	1.63	1.66	1.70
较硬岩、坚硬岩	0.45	0.65	0.81	0.90	1.00	1.04				

注:①极软岩、软岩指 $f_{rk} \leqslant 15$ MPa, 较硬岩、坚硬岩指 $f_{rk} > 30$ MPa, 介于二者之间可内插取值。② h_r 为桩身嵌岩深度, 当岩面倾斜时, 以坡下方嵌岩深度为准; 当 h_r/d 为非表列值时, ζ_r 可内差取值。

4. 按材料强度确定单桩的承载力特征值

按桩身混凝土强度计算桩的承载力时, 可将桩视不轴心受压杆件, 根据桩材按《混凝土结构设计规范》(GB 50010—2010), 并结合《建筑桩基技术规范》(JGJ 94—2008)进行计算。对于钢筋混凝土桩:

(1)当桩顶以下 5 倍桩身直径范围内, 螺旋式箍筋间距不大于 100 mm, 且桩的钢筋符合灌注桩相应的构造要求时：

$$R_a = \varphi(\psi_c f_c A_{ps} + 0.9 f_y' A_s') \qquad (6-32)$$

（2）其他情况：

$$R_a = \psi_c f_c A_{ps} \qquad (6-33)$$

式中：R_a——单桩竖向承载力特征值。

　　　f_c——混凝土轴心抗压强度设计值，kPa。

　　　A_{ps}——桩身横截面积，m^2。

　　　ψ_c——基桩成桩工艺系数，混凝土预制桩、预应力混凝土空心桩：$\psi_c = 0.85$；干作业非
　　　　　　挤土灌注桩：$\psi_c = 0.90$；泥浆护壁和套管护壁非挤土灌注桩、部分挤土灌注桩、
　　　　　　挤土灌注桩：$\psi_c = 0.7 \sim 0.8$；软土地区挤土灌注桩：$\psi_c = 0.6$。

　　　f_y'——纵向主筋抗压强度设计值。

　　　A_s'——纵向主筋截面面积。

　　　φ——桩的稳定系数，对低承台桩基，考虑土的侧向约束可取 $\varphi = 1.0$；但穿过很厚软
　　　　　　黏土层和可液化土层的端承桩或高承台桩基，其值应小于 1.0，可根据 l_c/d 或
　　　　　　l_c/b 查表 6-15 和表 6-16 求得。

表 6-15　桩身压屈计算长度 l_c

桩　顶　铰　接				桩　顶　固　接			
桩底支于非岩石土中		桩底嵌于岩石内		桩底支于非岩石土中		桩底嵌于岩石内	
$h < \dfrac{4.0}{\alpha}$	$h \geqslant \dfrac{4.0}{\alpha}$	$h < \dfrac{4.0}{\alpha}$	$h \geqslant \dfrac{4.0}{\alpha}$	$h < \dfrac{4.0}{\alpha}$	$h \geqslant \dfrac{4.0}{\alpha}$	$h < \dfrac{4.0}{\alpha}$	$h \geqslant \dfrac{4.0}{\alpha}$
$l_c = 1.0 \times$ $(l_0 + h)$	$l_c = 0.7 \times$ $\left(l_0 + \dfrac{4.0}{\alpha}\right)$	$l_c = 0.7 \times$ $(l_0 + h)$	$l_c = 0.7 \times$ $\left(l_0 + \dfrac{4.0}{\alpha}\right)$	$l_c = 0.7 \times$ $(l_0 + h)$	$l_c = 0.5 \times$ $\left(l_0 + \dfrac{4.0}{\alpha}\right)$	$l_c = 0.5 \times$ $(l_0 + h)$	$l_c = 0.5 \times$ $\left(l_0 + \dfrac{4.0}{\alpha}\right)$

注：①表中 $\alpha = \sqrt[5]{\dfrac{mb_0}{EI}}$ 为桩的水平变形系数；m 为桩侧土水平抗力系数的比例系数，查表 6-5；b_0 为桩身的计算宽度（m），EI 为桩身抗弯刚度；b_0、EI 详见式（6-15）。②l_0 为高承台基桩露出地面的长度，对于低承台桩基，$l_0 = 0$。③h 为桩的入土长度，当桩侧有厚度为 d_1 的液化土层时，桩露出地面长度 l_0 和桩的入土长度 h 分别调整为 $l_0' = l_0 + \psi_l d_1$，$h' = h - \psi_l d_1$，ψ_l 按表 6-17 取值。

表 6 - 16 桩身稳定系数 φ

l_c/d	≤7	8.5	10.5	12	14	15.5	17	19	21	22.5	24
l_c/b	≤8	10	12	14	16	18	20	22	24	26	28
φ	1.00	0.98	0.95	0.92	0.87	0.81	0.75	0.70	0.65	0.60	0.56
l_c/d	26	28	29.5	31	33	34.5	36.5	38	40	41.5	43
l_c/b	30	32	34	36	38	40	42	44	46	48	50
φ	0.52	0.48	0.44	0.40	0.36	0.32	0.29	0.26	0.23	0.21	0.19

注: b 为矩形桩短边尺寸, d 为桩直径。

表 6 - 17 土层液化折减系数 ψ_l

$\lambda_N = \dfrac{N}{N_{cr}}$	自地面算起的液化土层 深度 d_L/m	ψ_l
$\lambda_N \leq 0.6$	$d_L \leq 10$	0
	$10 < d_L \leq 20$	1/3
$0.6 < \lambda_N \leq 0.8$	$d_L \leq 10$	1/3
	$10 < d_L \leq 20$	2/3
$0.8 < \lambda_N \leq 1.0$	$d_L \leq 10$	2/3
	$10 < d_L \leq 20$	1.0

注: ①N 为饱和土标贯击数实测值; N_{cr} 为液化判别标贯击数临界值; λ_N 为土层液化指数。②对于挤土桩当桩距小于 4 d, 且桩的排数不少于 5 排、总桩数不少于 25 根时, 土层液化系数可取 2/3 ~ 1; 桩间土标贯击数达到 N_{cr} 时, 取 $\psi_l = 1$。③当承台底非液化土层厚度小于 1 m 时, 土层液化折减系数按表中 λ_N 降低一档取值。

6.2.4 桩基的沉降计算基本规定

建筑桩基沉降变形计算值 s 不应大于桩基沉降变形允许值[s], 即 s≤[s]。

《建筑地基基础设计规范》(GB 50007—2011)规定, 对以下建筑物的桩基应进行沉降验算: 地基基础设计等级为甲级的建筑物桩基; 体形复杂、荷载不均匀或桩端以下存在软弱土层的设计等级为乙级的建筑物桩基; 摩擦型桩基。

1. 桩基沉降变形的特征值及桩基沉降变形的允许值

桩基沉降变形特征值可用沉降量、沉降差、整体倾斜及局部倾斜等指标表示。整体倾斜是指建筑物桩基础倾斜方向两端点的沉降差与其距离之比值。局部倾斜是指墙下条形承台沿纵向某一长度范围内桩基础两点的沉降差与其距离之比值。

计算桩基沉降变形时, 桩基变形特征值应按下列规定选用:

(1)由于土层厚度与性质不均匀、荷载差异、体型复杂、相互影响等因素引起的地基沉降变形, 对于砌体承重结构应由局部倾斜控制;

(2)对于多层或高层建筑和高耸结构应由整体倾斜值控制;

(3)当其结构为框架、框架 - 剪力墙、框架 - 核心筒结构时, 尚应控制柱(墙)之间的差

236

异沉降。

建筑桩基的沉降变形允许值，应按表 6 – 18 规定采用。

表 6 – 18 建筑桩基沉降变形允许值

变形特征		允许值
砌体承重结构基础的局部倾斜		0.002
各类建筑相邻柱(墙)基的沉降差		
(1)框架、框架 – 剪力墙、框架 – 核心筒结构		$0.002l_0$
(2)砌体墙填充的边排柱		$0.0007l_0$
(3)当基础不均匀沉降时不产生附加应力的结构		$0.005l_0$
单层排架结构(柱距为 6 m)桩基的沉降量/mm		120
桥式吊车轨面的倾斜(按不调整轨道考虑)		
纵向		0.004
横向		0.003
多层和高层建筑的整体倾斜	$H_g \leqslant 24$	0.004
	$24 < H_g \leqslant 60$	0.003
	$60 < H_g \leqslant 100$	0.0025
	$H_g > 100$	0.002
高耸结构桩基的整体倾斜	$H_g \leqslant 20$	0.008
	$20 < H_g \leqslant 50$	0.006
	$50 < H_g \leqslant 100$	0.005
	$100 < H_g \leqslant 150$	0.004
	$150 < H_g \leqslant 200$	0.003
	$200 < H_g \leqslant 250$	0.002
高耸结构基础的沉降量/mm	$H_g \leqslant 100$	350
	$100 < H_g \leqslant 200$	250
	$200 < H_g \leqslant 250$	150
体型简单的剪力墙结构 高层建筑桩基最大沉降量/mm	—	200

注：l_0 为相邻柱(墙)二测点间距离，H_g 为自室外地面算起的建筑物高度。

2. 桩基最终沉降量 s

对于桩中心距不大于 6 倍桩径的桩基，其最终沉降量计算可采用等效作用分层总和法。等效作用面位于桩端平面，等效作用面积为桩承台投影面积，等效作用附加压力近似取承台底平均附加压力。等效作用面以下的应力分布采用各向同性均质直线变形体理论。

237

6.2.5 承台设计

承台设计是桩基设计的一个重要组成部分，承台应具有足够的强度和刚度，以便将上部结构的荷载可靠地传给各基桩，并将各单桩连成整体。承台的设计主要包括构造设计和强度设计两部分，强度设计包括抗弯、抗冲切和抗剪切计算。承台构造设计前面已介绍，在此不再重述。

1. 承台受弯计算

承台受弯计算，主要是确定外力作用下(荷载效应基本组合值)引起的弯矩，按《混凝土结构设计规范》(GB 50010—2010)计算其正截面受弯承载力和配筋。

(1)多桩矩形承台计算

截面取在柱边和承台高度变化处(杯口外侧或台阶边缘，图6-12a)

$$M_x = \sum N_i y_i \qquad (6-33a)$$

$$M_y = \sum N_i x_i \qquad (6-33b)$$

式中：M_x、M_y——垂直 y 轴和 x 轴方向计算截面处的弯矩设计值，kN·m；

x_i、y_i——垂直 y 轴和 x 轴方向自桩轴线到相应计算截面的距离，m；

N_i——不计承台和其上填土自重，在荷载效应基本组合下的第 i 桩竖向反力设计值，kN。

(2)三桩承台

1)等边三桩承台(图6-12b)

$$M = \frac{N_{\max}}{3}\left(s - \frac{\sqrt{3}}{4}c\right) \qquad (6-33c)$$

式中：M——由承台形心至承台边缘距离范围内板带的弯矩设计值，kN·m；

$N_{\max}$——不计除承台和其上填土自重，在荷载效应基本组合下三桩中最大单桩竖向反力设计值，kN；

s——桩中心距，m；

c——方柱边长，m，圆柱时 $c = 0.886d$(d 为圆柱直径)。

2)等腰三桩承台(图6-12c)。

$$M_1 = \frac{N_{\max}}{3}\left(s - \frac{0.75}{\sqrt{4-\alpha^2}}c_1\right) \qquad (6-33d)$$

$$M_2 = \frac{N_{\max}}{3}\left(\alpha s - \frac{0.75}{\sqrt{4-\alpha^2}}c_2\right) \qquad (6-33e)$$

式中：M_1、M_2——由承台形心到承台两腰和底边的距离范围内板带的弯矩设计值(kN·m)；

s——长向桩中心距(m)；

α——短向桩中心距与长向桩中心距之比，当 α 小于 0.5 时，应按变截面的二桩承台设计；

c_1、c_2——垂直于、平行于承台底边的柱截面边长，m。

2. 承台受冲切验算

桩基承台厚度应满足柱(墙)对承台的冲切和基桩对承台的冲切承载力要求。

图 6 - 12 承台弯矩计算

(1) 轴心竖向力作用下桩基承台受柱的冲切

冲切破坏锥体应采用自柱(墙)边或承台变阶处至相应桩顶边缘连线所构成的锥体, 锥体斜面与承台底面之夹角不应小于 45°(图 6 - 13)。

1) 对于柱下矩形独立承台受柱冲切的承载力(图 6 - 13)

$$F_1 \leqslant 2 \left[\beta_{0x}(h_c + a_{0y}) + \beta_{0y}(h_c + a_{0x}) \right] \beta_{hp} f_t h_0 \qquad (6-34)$$

$$F_1 = F - \sum Q_i \qquad (6-35)$$

式中: F_1——不计承台及其上土重, 在荷载效应基本组合下作用于冲切破坏锥体上的冲切力设计值。

F——不计承台及其上土重, 在荷载效应基本组合作用下柱(墙)底的竖向荷载设计值。

$\sum Q_i$——不计承台及其上土重, 在荷载效应基本组合下冲切破坏锥体内各桩或复合基桩的反力设计值之和。

f_t——承台混凝土抗拉强度设计值。

β_{hp}——承台受冲切承载力截面高度影响系数, 当 $h \leqslant 800$ mm 时, β_{hp} 取 1.0; $h \geqslant 2000$ mm 时, β_{hp} 取 0.9, 其间按线性内插法取值。

h_0——承台冲切破坏锥体的有效高度。

β_{0x}、β_{0y}——由 $\beta_{0x} = \dfrac{0.84}{\lambda_{0x} + 0.2}$ $\beta_{0y} = \dfrac{0.84}{\lambda_{0y} + 0.2}$ 求得, $\lambda_{0x} = a_{0x}/h_0$, $\lambda_{0y} = a_{0y}/h_0$; λ_{0x}、λ_{0y} 均应满足 0.25 ~ 1.0 的要求。

h_c、b_c——x、y 方向的柱截面的边长。

a_{0x}、a_{0y}——x、y 方向柱边离最近桩边的水平距离。

2) 对于柱下矩形独立阶形承台受上阶冲切的承载力(图 6 - 13)

$$F_1 \leqslant 2 \left[\beta_{1x}(b_1 + a_{1y}) + \beta_{1y}(h_1 + a_{1x}) \right] \beta_{hp} f_t h_{10} \qquad (6-36)$$

式中: β_{1x}、β_{1y}——由 $\beta_{1x} = \dfrac{0.84}{\lambda_{1x} + 0.2}$ $\beta_{1y} = \dfrac{0.84}{\lambda_{1y} + 0.2}$ 求得, 其中 $\lambda_{1x} = a_{1x}/h_{10}$, $\lambda_{1y} = a_{1y}/h_{10}$;

λ_{1x}、λ_{1y} 均应满足 0.25 ~ 1.0 的要求;

图 6-13 柱对承台的冲切计算示意

h_1、b_1——x、y 方向承台上阶的边长；

a_{1x}、a_{1y}——x、y 方向承台上阶边离最近桩边的水平距离。

对于圆柱及圆桩，计算时应将其截面换算成方柱及方桩，即取换算柱截面边长 $b_c = 0.8$ d_c（d_c 为圆柱直径），换算桩截面边长 $b_p = 0.8 d$（d 为圆桩直径）。

对于柱下两桩承台，宜按深受弯构件（$l_0/h < 5.0$，$l_0 = 1.15 l_n$，l_n 为两桩净距）计算受弯、受剪承载力，不需要进行受冲切承载力计算。

（2）对位于柱冲切破坏锥体以外的基桩对承台的冲切计算

1）四桩以上（含四桩）承台受角桩冲切的承载力（图 6-14）

$$N_1 \leqslant [\beta_{1x}(c_2 + a_{1y}/2) + \beta_{1y}(c_1 + a_{1x}/2)]\beta_{hp}f_th_0 \qquad (6-37)$$

$$\beta_{1x} = \frac{0.56}{\lambda_{1x} + 0.2} \qquad \beta_{1y} = \frac{0.56}{\lambda_{1y} + 0.2} \qquad (6-38)$$

式中：N_1——不计承台及其上土重，在荷载效应基本组合作用下角桩（含复合基桩）反力设计值。

β_{1x}、β_{1y}——角桩冲切系数。

a_{1x}、a_{1y}——从承台底角桩顶内边缘引 45°冲切线与承台顶面相交点至角桩内边缘的水平距离；当柱（墙）边或承台变阶处位于该 45°线以内时，则取由柱（墙）边或承台变阶处与桩内边缘连线为冲切锥体的锥线（图 6-14）。

h_0——承台外边缘的有效高度。

240

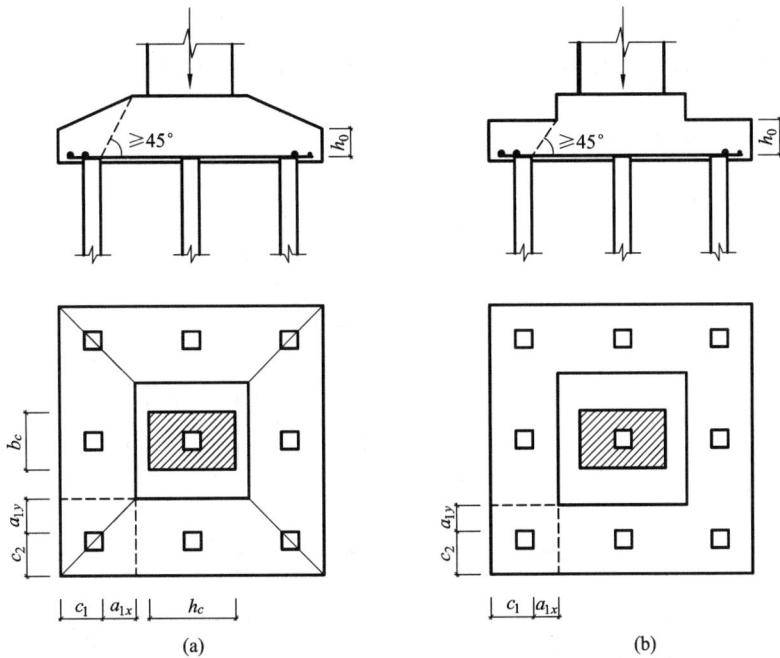

图 6 – 14 四桩以上（含四桩）承台角桩冲切计算示意
（a）锥形承台；（b）阶形承台

λ_{1x}、λ_{1y}——角桩冲跨比，$\lambda_{1x} = a_{1x}/h_0$，$\lambda_{1y} = a_{1y}/h_0$，其值均应满足 $0.25 \sim 1.0$ 的要求。

2）对于三桩三角形承台受角桩冲切的承载力（图 6 – 15）：

底部角桩：

$$N_1 \leqslant \beta_{11}(2c_1 + a_{11})\beta_{hp}\tan\frac{\theta_1}{2}f_t h_0$$

$$(6 – 39)$$

$$\beta_{11} = \frac{0.56}{\lambda_{11} + 0.2} \qquad (6 – 40)$$

顶部角桩：

$$N_1 \leqslant \beta_{12}(2c_2 + a_{12})\beta_{hp}\tan\frac{\theta_2}{2}f_t h_0$$

$$(6 – 41)$$

$$\beta_{12} = \frac{0.56}{\lambda_{12} + 0.2} \qquad (6 – 42)$$

图 6 – 15 三桩三角形承台角桩冲切计算示意

式中：λ_{11}、λ_{12}——角桩冲跨比，$\lambda_{11} = a_{11}/h_0$，$\lambda_{12} = a_{12}/h_0$，其值均应满足 $0.25 \sim 1.0$ 的要求；

a_{11}、a_{12}——从承台底角桩顶内边缘引 45°冲切线与承台顶面相交点至角桩内边缘的水平距离，当柱（墙）边或承台变阶处位于该 45°线以内时，则取由柱（墙）边或承台变阶处与桩内边缘连线为冲切锥体的锥线。

3. 承台受剪切计算

柱下桩基承台,应分别对柱边、变阶处和桩边联线形成的贯通承台的斜截面的受剪承载力进行验算。当承台悬挑边有多排基桩形成多个斜截面时,应对每个斜截面的受剪承载力进行验算。

（1）承台斜截面受剪承载力（图6-16）

图6-16 承台斜截面受剪计算示意

$$V \leqslant \beta_{hs} \alpha f_t b_0 h_0 \qquad (6-43)$$

$$\alpha = \frac{1.75}{\lambda + 1} \qquad (6-44)$$

$$\beta_{hs} = \left(\frac{800}{h_0}\right)^{1/4} \qquad (6-45)$$

式中: V——不计承台及其上土自重,在荷载效应基本组合下,斜截面的最大剪力设计值。

f_t——混凝土轴心抗拉强度设计值。

b_0——承台计算截面处的计算宽度。

h_0——承台计算截面处的有效高度。

α——承台剪切系数。

λ——计算截面的剪跨比, $\lambda_x = a_x/h_0$, $\lambda_y = a_y/h_0$, 此处, a_x, a_y 为柱边（墙边）或承台变阶处至 y、 x 方向计算一排桩的桩边的水平距离, 当 $\lambda < 0.25$ 时, 取 $\lambda = 0.25$; 当 $\lambda > 3$ 时, 取 $\lambda = 3$。

β_{hs}——受剪切承载力截面高度影响系数。当 $h_0 < 800$ mm 时, 取 $h_0 = 800$ mm; 当 $h_0 > 2000$ mm 时, 取 $h_0 = 2000$ mm; 其间按线性内插法取值。

（2）阶梯形承台应分别在变阶处（ $A_1 - A_1$, $B_1 - B_1$ ）及柱边处（ $A_2 - A_2$, $B_2 - B_2$ ）的斜截面受剪承载力（图6-17）。

计算变阶处截面(A_1—A_1，B_1—B_1)的斜截面受剪承载力时，其截面有效高度均为 h_{10}，截面计算宽度分别为 b_{y1} 和 b_{x1}。

计算柱边截面(A_2—A_2，B_2—B_2)的斜截面受剪承载力时，其截面有效高度均为 h_{10} + h_{20}，截面计算宽度分别为：

对 A_2—A_2

$$b_{y0} = \frac{b_{y1} \cdot h_{10} + b_{y2} \cdot h_{20}}{h_{10} + h_{20}} \qquad (6-46)$$

对 B_2—B_2

$$b_{x0} = \frac{b_{x1} \cdot h_{10} + b_{x2} \cdot h_{20}}{h_{10} + h_{20}} \qquad (6-47)$$

(3)锥形承台变阶处及柱边处(A—A 及 B—B)截面的受剪承载力(图 6-18)

截面有效高度均为 h_0，截面的计算宽度分别为：

对 A—A

$$b_{y0} = \left[1 - 0.5 \frac{h_{20}}{h_0} \left(1 - \frac{b_{y2}}{b_{y1}} \right) \right] b_{y1} \qquad (6-48)$$

对 B—B

$$b_{x0} = \left[1 - 0.5 \frac{h_{20}}{h_0} \left(1 - \frac{b_{x2}}{b_{x1}} \right) \right] b_{x1} \qquad (6-49)$$

图 6-17 阶梯形承台斜截面受剪计算示意　　　图 6-18 锥形承台斜截面受剪计算示意

4. 局部受压计算

对于柱下桩基，当承台混凝土强度等级低于柱或桩的混凝土强度等级时，应验算柱下或桩上承台的局部受压承载力。

5. 抗震验算

当进行承台的抗震验算时，应根据现行国家标准《建筑抗震设计规范》GB 50011 的规定对承台顶面的地震作用效应和承台的受弯、受冲切、受剪承载力进行抗震调整。

6.3 桩基础设计实训

6.3.1 桩基础设计的步骤

（1）收集设计资料，包括建筑物类型、规模、使用要求、结构体系及荷载情况，建筑场地的岩土工程勘察报告等；

（2）选择桩型，并确定桩的断面形状及尺寸、桩端持力层及桩长等基本参数和承台埋深；

（3）确定单桩承载力，包括竖向抗压、抗拔及水平承载力等；

（4）确定群桩的桩数及布桩，并按布桩及场地条件确定承台类型及尺寸；

（5）桩基承载力及变形验算，包括竖向及水平承载力、沉降或水平位移等，对有软弱下卧层的桩基，尚需验算软弱下卧层的承载力；

（6）桩基中各桩受力验算与桩身结构设计，包括各桩桩顶荷载分析、内力分析以及桩身结构构造设计等；

（7）承台结构设计，包括承台的抗弯、抗剪、抗冲切及抗裂等强度设计及结构构造等。

桩基础设计需满足上述两种极限状态的要求，如在上述设计步骤中出现不满足这些要求，应修改设计参数甚至方案，直至全部满足各项要求为止。

6.3.2 实训实例

项目背景资料：某教学楼，已知由上部结构传至柱下端的荷载组合如下：

荷载标准组合：竖向荷载 $F_k = 3040$ kN，弯矩 $M_k = 400$ kN·m，水平力 $H_k = 80$ kN；

荷载准永久组合：竖向荷载 $F_Q = 2800$ kN，弯矩 $M_Q = 250$ kN·m，$H_Q = 80$ kN；

荷载基本组合：竖向荷载 $F = 3\,800$ kN，弯矩 $M = 500$ kN·m，水平力 $H = 100$ kN。

工程地质资料见表 6-19，地下稳定水位为 -4 m。试桩（直径 500 mm，桩长 15.5 m）极限承载力标准值为 1000 kN。试按柱下桩基础进行桩基有关设计计算。

表 6-19 工程地质资料

序号	地层名称	深度 /m	重度 γ /(kN·m^{-3})	孔隙比 e	液性指数 I_L	黏聚力 c/kPa	内摩擦角 φ/(°)	压缩模量 E_S /(N·mm^{-2})	承载力 f_{ak}/kPa
1	杂填土	0~1	16						
2	粉土	1~4	18	0.9		10	12	4.6	120
3	淤泥质土	4~16	17	1.10	0.55	5	8	4.4	110
4	黏土	16~26	19	0.65	0.27	15	20	10.0	280

【解】

（1）选择桩型、桩材及桩长

由试桩初步选择直径 500 的钻孔灌注桩，水下混凝土用 C25，钢筋采用 HPB300，查表得 $f_c = 11.9 \text{ N/mm}^2$，$f_t = 1.27 \text{ N/mm}^2$，$f_y = f'_y = 270 \text{ N/mm}^2$。

初选第四层土层(黏土层)为持力层，桩端进入持力层不得小于 1 m，$L = (16 + 1 - 1.5) = 15.5$ m(图 6 - 19)。

(2)确定单桩竖向承载力特征值 R

1)根据桩身材料确定

初选 $\rho = 0.45\%$，$\varphi_c = 0.8$，$\varphi = 1.0$，计算得：

$$
\begin{aligned}
R_a &= \varphi(A_{ps} f_c \varphi_c + 0.9 f'_y A'_s) \\
&= 1.0\left(\frac{\pi}{4} 500^2 \times 11.9 \times 0.8 + 0.9 \times 270 \times 0.0045 \times \frac{\pi}{4} 500^2\right) \times 10^{-3} \\
&= 2083.9(\text{kN})
\end{aligned}
$$

2)按土对桩的支撑力确定

查表 6 - 12a，$q_{s2k} = 42$ kPa，$q_{s3k} = 25$ kPa

$q_{s4k} = 60$ kPa；查表 6 - 12b，$q_{pk} = 1100$ kN，则：

$$
\begin{aligned}
Q_{uk} &= Q_{sk} + Q_{pk} = q_{pk} A_p + u \sum q_{sik} l_i \\
&= 1100 \times 0.5^2 \times \pi/4 + \pi \times 0.5 \\
&\quad (42 \times 2.5 + 25 \times 12 + 60 \times 1) = 946(\text{kN})
\end{aligned}
$$

$R_a = Q_{uk}/K = 946/2 = 473(\text{kN})$

3)由单桩静载试验确定：

$R_a = Q_{uk}/2 = 1000/2 = 500(\text{kN})$

单桩竖向承载力特征值取上述三项计算值的最小者，则取 $R_a = 473$ kN。

(3)确定桩的数量和平面布置

桩数初步确定为 $n = F_k \times 1.2/R_a = 3040 \times 1.2/473 = 7.71$，取 $n = 8$ 根，

桩间距：$s = 3d = 3 \times 0.5 = 1.5$ m。8 根桩呈梅花形布置，初选承台底面积为 $4 \times 3.6 \text{ m}^2$，则承台和土自重：$G_k = 4 \times 3.6 \times 1.5 \times 20 = 432$ kN。如图 6 - 20 所示。

图 6 - 19　单桩布置

图 6 - 20　桩的布置

245

承台尺寸确定后，可根据验算考虑承台效应的桩基竖向承载力特征值。

$s_a = \sqrt{A/n} = \sqrt{4 \times 3.6/8} = 1.34$ m，$s_a/d = 1.34/0.5 = 2.68$，$B_c/l = 3.6/15.5 = 0.232$

查表 6 - 3 得，$\eta_c = 0.06$

承台底地基净面积：$A_c = 4 \times 3.6 - 8 \times 0.5^2 \times \pi/4 = 12.83(\text{m}^2)$

计算桩基对应的承台底净面积：$A_c/n = 12.83/8 = 1.604(\text{m}^2)$

基底以下 1.8 m（即 1/2 承台宽）土地基承载力特征值：$f_{ak} = (120 \times 1.8)/1.8 = 120(\text{kPa})$

不考虑地震的作用，群桩中基桩的竖向承载力特征值为：

$R = R_a + \eta_c f_{ak} A_c = 473 + 0.06 \times 120 \times 1.064 = 480.7(\text{kN})$

（4）桩顶作用效应计算

1）轴心竖向力作用下

$N_k = (F_k + G_k)/n = (3040 + 432)/8 = 434(\text{kN}) < R = 480.7$ kN，满足要求。

2）偏心荷载作用下

设承台厚度为 1 m

$$N_{kmax} = \frac{F_k + G_k}{n} + \frac{M_{xk} y_i}{\sum y_i^2} + \frac{M_{yk} x_i}{\sum x_i^2} = 434 + \frac{(400 + 80 \times 1.0) \times 1.5}{4 \times 1.5^2 + 2 \times 0.75^2}$$

$$= 434 + 71 = 505(\text{kN}) < 1.2R = 576.8(\text{kN})，亦满足要求。$$

由于 $N_{kmim} = 434 - 71 = 363(\text{kN}) > 0$，桩不受上拔力。

（5）群桩沉降计算

因本建筑为丙类建筑，桩为摩擦端承桩，不需要验算沉降。

（6）承台设计

取立柱截面为 0.8 m × 0.6 m，承台混凝土强度 C25，采用等厚度承台高度 1 m，底面钢筋保护厚度 0.1 m（承台有效高度 0.9 m），圆桩直径换算为方桩的边长 $0.8d = 0.8 \times 0.5 = 0.4$ m。

1）受弯计算

单桩净反力（不计承台和承台上土重）设计值的平均值为

$$N = F/n = 3800/8 = 475(\text{kN})$$

边角桩的最大净反力：

$$N_{max} = \frac{F}{n} + \frac{(M + H \times 1.0) x_{max}}{\sum x_i^2} = 475 + \frac{(500 + 100 \times 1) \times 1.5}{4 \times 1.5^2 + 2 \times 0.75^2}$$

$$= 475 + 56.8 = 531.8(\text{kN})$$

边桩和轴线桩间的中间桩净反力：$(475 + 56.8 \times 0.75 \div 1.5) = 503.4(\text{kN})$

桩基承台的弯矩计算值为

$$M_x = \sum N_i y_i = 3 \times 475 \times (1.3 - 0.6/2) = 1425(\text{kN} \cdot \text{m})$$

$$M_y = \sum N_i x_i = 2 \times 531.8 \times (1.5 - 0.8/2) + 503.4 \times (0.75 - 0.8/2) = 1346.15(\text{kN} \cdot \text{m})$$

承台长向配筋（一般取 $\gamma_s = 0.9$）：

$$A_{sy} = \frac{M_y}{\gamma_s f_y h_0} = \frac{1346.15 \times 10^6}{0.9 \times 270 \times 900} = 6155.2(\text{mm}^2)$$

按构造要求，钢筋根数为 19 ~ 36。

可选配 24ϕ20@150 钢筋，则 $A_s = 314 \times 24 = 7536(\text{mm}^2)$

承台短向配筋：

$A_{sx} = \dfrac{1425 \times 10^6}{0.9 \times 270 \times 900} = 6515.8 \text{ mm}^2$　按构造要求，钢筋根数为 21～40。

可选配 24ϕ20@170 钢筋，则 $A_s = 314 \times 24 = 7536(\text{mm}^2)$

2) 受冲切计算

① 柱对承台的冲切

冲跨比：$\lambda_{0x} = a_{0x}/h_0 = \dfrac{1.5 - 0.5 \times 0.4 - 0.5 \times 0.8}{0.9} = \dfrac{0.9}{0.9} = 1.0$

$\lambda_{0y} = a_{0y}/h_0 = \dfrac{1.3 - 0.5 \times 0.4 - 0.5 \times 0.6}{0.9} = \dfrac{0.8}{0.9} = 0.889$

冲切系数：$\beta_{0x} = 0.84/(\lambda_{0x} + 0.2) = 0.84/(1 + 0.2) = 0.7$

$\beta_{0y} = 0.84/(\lambda_{0y} + 0.2) = 0.84/(0.889 + 0.2) = 0.77$

作用在冲切破坏锥体上相应于荷载效应基本组合的冲切力设计值为：

$$F_1 = F - \sum N_i = 3800 - 2 \times 475 = 2850(\text{kN})$$

矩形承台受柱冲切的承载力为：

$$2[\beta_{0x}(b_c + a_{0y}) + \beta_{0y}(h_c + a_{0x})]\beta_{hp}f_t h_0$$
$$= 2[0.7 \times (0.6 + 0.8) + 0.77 \times (0.8 + 0.9)] \times 0.9 \times 1.27 \times 10^3 \times 0.9$$
$$= 4709(\text{kN}) > F_l = 2850 \text{ kN}$$

所以柱对承台的冲切承载力满足要求。

② 角桩对承台的冲切

冲跨比：$\lambda_{1x} = a_{1x}/h_0 = \dfrac{0.9}{0.9} = \dfrac{0.9}{0.9} = 1.0 = \lambda_{1y}$

冲切系数：$\beta_{1x} = \dfrac{0.56}{\lambda_{1x} + 0.2} = \dfrac{0.56}{1 + 0.2} = 0.467 = \beta_{1y}$

$$[\beta_{1x}(c_2 + a_{1y}/2) + \beta_{1y}(c_1 + a_{1x}/2)]\beta_{hp}f_t h_0$$
$$= [0.467(0.5 + 0.5 \times 0.4 + 0.9/2)] \times 2 \times 0.9 \times 1.27 \times 900$$
$$= 1100(\text{kN}) > N_{max} = 531.8 \text{ kN}$$

所以角桩对承台的冲切满足设计要求的。

3) 受剪切计算

剪跨比：$\lambda_x = a_x/h_0 = 0.9/0.9 = 1.0$　$\lambda_y = a_y/h_0 = 0.8/0.9 = 0.889$

截面高度影响系数：$\beta_{hs} = (800/900)^{0.25} = 0.97$

剪切系数：$\beta_x = 1.75/(\lambda_x + 1.0) = 1.75/2 = 0.875$

$\beta_y = 1.75/(\lambda_y + 1.0) = 1.75/1.889 = 0.926$

斜截面的最大剪力设计值：$V_y = 475 \times 3 = 1425(\text{kN})$

$$V_x = 2 \times 531.8 + 503.4 = 1567(\text{kN})$$

斜截面受剪力承载力设计值为

$\beta_{hs}\beta_x f_t b_0 h_0 = 0.97 \times 0.875 \times 1,27 \times 3600 \times 900 \times 10^{-3} = 3497(\text{kN}) > V_x = 1567 \text{ kN}$

所以满足要求。

$$\beta_{hs}\beta_y f_t b_0 h_0 = 0.97 \times 0.926 \times 1,27 \times 4000 \times 900 \times 10^{-3} = 4107(kN) > V_y = 1425 \text{ kN}$$

所以满足要求。

4）桩基及承台施工图的绘制

桩内纵筋为 6Φ10，箍筋为 Φ6@250 的螺旋箍，每隔 2 m 设一道 Φ12 的加强箍。

图 6-21 承台及桩的配筋图

本实训项目采用等厚度承台，各种冲切和剪切承载均满足要求，且有较大余地，故承台亦可设计成锥形或梯形，但需经冲切和剪切验算。

模块小结

本模块主要介绍了如下内容：

1. 桩的类型

（1）按承载性状分为摩擦桩和端承桩。

（2）按成桩方法分为非挤土桩、部分挤土桩和挤土桩。

（3）按桩径大小分为小直径桩、中等直径桩和大直径桩。

2. 单桩竖向承载力

单桩竖向承载力特征值为单桩竖向极限承载力标准值除以安全系数。单桩竖向极限承载力的确定有静载荷试验法、静力触探法及经验参数法。

单桩抗拔极限承载力除以安全系数为单桩抗拔承载力特征值。设计等级为甲级和乙级建筑桩基应通过现场单桩上拔静载荷试验确定，丙级建筑桩基抗拔极限承载力可通过经验公式计算。

除按上述方法确定单桩承载力外，还应对桩身材料进行强度或抗裂度验算。

3. 桩基水平承载力

桩的水平承载力特征值，一般采用现场静载试验和理论计算分析两类方法确定。

4.桩基沉降

桩基沉降可采用等效作用分层总和法。

5.桩承台设计

承台的设计主要包括构造设计和强度设计两部分，强度设计指抗弯、抗冲切、抗剪切计算。

思考题

1.桩可以分为哪几种类型？端承桩和摩擦桩的受力情况有什么不同？

2.何为单桩竖向承载力？确定单桩竖向承载力的方法有哪几种？

3.承台的构造要求有哪些方面的内容？

4.桩基础设计主要包括哪些内容？其设计步骤是怎样的？

习　题

1.某建筑场地上的砖混结构建设项目采用桩基础，室内外高差0.90 m，底层外墙厚度490 mm，承台梁埋深1.50 m，荷载效应标准组合上部结构作用于承台顶面的竖向力为300 kN/m；施工图单桩设计完成，采用桩径为450 mm的灌注桩，由现场静载荷试验确定的单桩竖向地基承载力特征值为450 kN。试设计该项目外墙下的桩基础。

2.某建筑场地的天然地层：第一层为杂填土，厚3.4 m，$q_{sk}=30$ kPa，$f_{ak}=150$ kPa；第二层为淤泥质土，厚6.5 m，$q_{sk}=10$ kPa；第三层为中粗砂土，$q_{sk}=60$ kPa，$q_{pk}=2500$ kPa。建设项目为框架结构，采用灌注桩基础，室内外高差0.60 m；室内的中柱截面长边$h_c=350$ mm、短边$b_c=350$ mm，荷载效应标准组合柱根作用于承台顶面的竖向力$F_k=1480$ kN，荷载效应基本组合的竖向力$F=2000$ kN。试对该项目室内中柱下的桩基础进行初步设计（取桩截面直径$d=400$ mm）。

自测题

一、单项选择题

1.桩端进入黏性土持力层的深度不宜小于(　　)

A.0.5倍桩径　　　　　B.2倍桩径　　　　　C.4倍桩径　　　　　D.5倍桩径

2.预制桩的最小间距为(　　)

A.2.5d　　　　　B.3d　　　　　C.3.5d　　　　　D.4d

3.相同条件下的桩基静载荷试验桩数不少于总桩数的(　　)

A.1%，且不少于3根　　　　　　　B.2%，且不少于3根

C.3%，且不少于3根　　　　　　　D.5%，且不少于3根

4.在极限承载力状态下，(　　)桩顶竖向荷载由桩端阻力承受。

A. 摩擦桩　　　　　　B. 端承桩　　　　　C. 摩擦端承桩　　　D. 端承摩擦桩

二、填空题

1. 桩和桩周土之间没有产生相对位移的桩称为 _____。

三、名词解释

1. 端承摩擦桩
2. 端承桩

四、简答题

1. 端承桩和摩擦桩的概念，它们有何区别？

附录一 拓展内容

拓展内容 地基加固

拓展内容 复合地基增强法

拓展内容 红粘土地基处理

拓展内容 化学加固法

拓展内容 换土垫层法

拓展内容 机械压实法

拓展内容 挤密地基

拓展内容 膨胀土地基处理

拓展内容 强夯法

拓展内容 软土地基处理

拓展内容 湿陷性黄土地基处理

拓展内容 预压排水固结法

拓展内容 真空预压法

附录二

附表1 混凝土标准值、设计值和弹性模量

强度种类与弹性模量		混凝土强度等级													
		C15	C20	C25	C30	C35	C40	C45	C50	C55	C60	C65	C70	C75	C80
强度标准值	轴心抗压 f_{ck}	10.0	13.4	16.7	20.1	23.4	26.8	29.6	32.4	35.5	38.5	41.5	44.5	47.4	50.2
	轴心抗拉 f_{tk}	1.27	1.54	1.78	2.01	2.20	2.39	2.51	2.64	2.74	2.85	2.93	2.99	3.05	3.11
强度设计值	轴心抗压 f_c	7.2	9.6	11.9	14.3	16.7	19.1	21.1	23.1	25.3	27.5	29.7	31.8	33.8	35.9
	轴心抗拉 f_t	0.91	1.10	1.27	1.43	1.57	1.71	1.80	1.89	1.96	2.04	2.09	2.14	2.18	2.22
弹性模量 $E/10^4$		2.20	2.55	2.80	3.00	3.15	3.25	3.35	3.45	3.55	3.60	3.65	3.70	3.75	3.80

附表2 钢筋强度标准值、设计值和弹性模量

钢筋种类		符号	直径 d /mm	抗拉强度设计值 f_y	抗压强度设计值 f'_y	屈服强度标准值 f_{yk}	弹性模量 E_s
热轧钢筋	HPB300	Φ	6~20	270	270	300	2.1×10^5
	HRB335 HRBF335	$\underline{\Phi}$ $\underline{\Phi}^F$	6~50	300	300	335	2.0×10^5
	HRB400 HRBF400 RRB400	Φ Φ^F Φ^R	6~50	360	360	400	2.0×10^5
	HRB500 HRBF500	$\overline{\Phi}$ $\overline{\Phi}^F$	8~40	435	435	500	2.0×10^5

注：当受剪、受扭、受冲切箍筋的抗拉强度设计值大于360 N/mm 时，仍应按360 N/mm 取用。

附表3 钢筋截面面积及理论质量

钢筋直径/mm	不同根数直径的计算截面面积/mm²									公称质量 /(kg·m⁻¹)
	1根	2根	3根	4根	5根	6根	7根	8根	9根	
6	28.3	57	85	113	142	170	198	226	254	0.222
6.5	33.2	66	100	133	166	199	232	265	299	0.26
8	50.3	101	151	201	252	302	352	402	453	0.395
8.2	52.8	106	158	211	264	317	370	422	475	0.415
10	78.5	157	236	314	393	471	550	628	707	0.617

续上表

钢筋直径/mm	不同根数直径的计算截面面积/mm²									公称质量/(kg·m⁻¹)
	1 根	2 根	3 根	4 根	5 根	6 根	7 根	8 根	9 根	
12	113.1	226	339	452	565	679	792	905	1017	0.888
14	153.9	308	462	616	770	924	1078	1232	1385	1.208
16	201.1	402	603	804	1005	1206	1407	1608	1809	1.578
18	254.5	509	763	1018	1272	1527	1781	2036	2290	1.998
20	314.2	628	942	1257	1571	1885	2199	2513	2827	2.466
22	380.1	760	1140	1521	1901	2281	2661	3041	3421	2.984
25	490.9	982	1473	1963	2454	2945	3436	3927	4418	3.853
28	615.8	1232	1847	2463	3079	3695	4310	4926	5542	4.834
32	804.2	1608	2413	3217	4021	4825	5630	6434	7238	6.313
36	1017.9	2036	3054	4072	5089	6107	7125	8143	9161	7.99
40	1256.6	2513	3770	5027	6283	7540	8796	10053	11310	9.865
50	1963.5	3928	5892	7856	9820	11784	13748	15712	17676	15.42

附表 4　每米板宽内的钢筋截面面积表/mm²

钢筋间距/mm	钢筋直径/mm													
	3	4	5	6	6/8	8	8/10	10	10/12	12	12/14	14	14/16	16
70	101	179	281	404	561	719	920	1121	1369	1616	1908	2199	2536	2872
75	94.3	167	262	377	524	671	859	1047	1277	1508	1780	2053	2367	2681
80	88.4	157	245	354	491	629	805	981	1198	1414	1669	1924	2218	2513
85	83.2	148	231	333	462	592	758	924	1127	1331	1571	1811	2088	2365
90	78.5	140	218	314	437	559	716	872	1064	1257	1484	1710	1972	2234
95	74.5	132	207	298	414	529	678	826	1008	1190	1405	1620	1868	2116
100	70.6	126	196	283	393	503	644	785	958	1131	1335	1539	1775	2011
110	64.2	114	178	257	357	457	585	714	871	1028	1214	1399	1614	1828
120	58.9	105	163	236	327	419	537	654	798	942	1112	1283	1480	1676
125	56.5	100	157	226	314	402	515	628	766	905	1068	1232	1420	1608
130	54.4	96.6	151	218	302	387	495	604	737	870	1027	1184	1366	1547
140	50.5	89.7	140	202	281	359	460	561	684	808	954	1100	1268	1436
150	47.1	83.8	131	189	262	335	429	523	639	754	890	1026	1183	1340
160	44.1	78.5	123	177	246	314	403	491	599	707	834	962	1110	1257

钢筋间距/mm	钢筋直径/mm													
	3	4	5	6	6/8	8	8/10	10	10/12	12	12/14	14	14/16	16
170	41.5	73.9	115	166	231	296	379	462	564	665	786	906	1044	1183
180	39.2	69.8	109	157	218	279	358	436	532	628	742	855	985	1117
190	37.2	66.1	103	149	207	265	339	413	504	596	702	810	934	1058
200	35.3	62.8	98.2	141	196	251	322	393	479	565	668	770	888	1005
220	32.1	57.1	89.3	129	178	228	292	357	436	514	607	700	807	914
240	29.4	52.4	81.9	118	164	209	268	327	399	471	556	641	740	838
250	28.3	50.2	78.5	113	157	201	258	314	383	452	534	616	710	804
260	27.2	48.3	75.5	109	151	193	248	302	368	435	514	592	682	773
280	25.2	44.9	70.1	101	140	180	230	281	342	404	477	550	634	718
300	23.6	41.9	65.5	94	131	168	215	262	320	377	445	513	592	670
320	22.1	39.2	61.4	88	123	157	201	245	299	353	417	381	554	628

参考文献

[1]. 建筑地基基础设计规范(GB 50007—2011). 北京：中国建筑工业出版社, 2011

[2] 建筑桩基技术规范(JGJ 94—2008). 北京：中国建筑工业出版社, 2008

[3] 建筑地基处理技术规范(JGJ 79—2012). 北京：中国建筑工业出版社, 2012

[4] 混凝土结构施工图平面整体表示方法制图规则和构造详图(16G101). 北京：中国计划出版社, 2016

[7] 建筑基坑支护技术规程(JGJ 120—2012). 北京：中国建筑工业出版社, 2012

[8] 建筑基坑工程监测技术规范(GB 50497—2009). 北京：中国建筑工业出版社, 2009

[9] 湿陷性黄土地区建筑规范(GB 50025—2004). 北京：中国建筑工业出版社, 2004

[10] 建筑变形测量规范(JGJ 8—2007). 北京：中国建筑工业出版社, 2007

[11] 岩土工程勘察规范(GB 50021—2001). 北京：中国建筑工业出版社, 2001

[12] 膨胀土地区建筑技术规范(GBJ 112—1987). 北京：中国计划出版社, 1987

[13] 蒋建清, 张小军. 地基与基础. 长沙：中南大学出版社, 2015

[14] 杨太生. 地基与基础. 北京：中国建筑工业出版社, 2007

[15] 刘学军, 张小军. 地基与基础工程. 北京：中国建材工业出版社, 2011

[16] 陈书申, 陈晓平. 土力学与地基基础. 武汉：武汉理工大学出版社, 2006

[17] 张强, 李传学. 地基与基础. 北京：高等教育出版社, 2009

[18] 程建伟. 土力学与地基基础工程. 北京：机械工业出版社, 2010

[19] 肖明和, 王渊辉. 地基与基础. 北京：北京大学出版社, 2009

[20] 胡厚田. 土木工程地质. 北京：高等教育出版社, 2001

[21] 刘国彬, 王卫东. 基坑工程手册. 北京：中国建筑工业出版社, 2009

图书在版编目(CIP)数据

地基与基础 / 赵邵华，蒋建清主编. —长沙：中南大学出版社，2018.5(2021.3 重印)

ISBN 978-7-5487-2975-4

Ⅰ.①地… Ⅱ.①赵… ②蒋… Ⅲ.①地基—高等职业教育—教材 ②基础(工程)—高等职业教育—教材 Ⅳ.①TU47

中国版本图书馆 CIP 数据核字(2017)第 216594 号

地基与基础

主编　赵邵华　蒋建清

□责任编辑	周兴武	
□责任印制	周　颖	
□出版发行	中南大学出版社	
	社址：长沙市麓山南路	邮编：410083
	发行科电话：0731-88876770	传真：0731-88710482
□印　　装	长沙德三印刷有限公司	

□开　　本　787 mm×1092 mm 1/16　　□印张 16.75　　□字数 429 千字　　□插页 2
□版　　次　2018 年 5 月第 1 版　　□印次　2021 年 3 月第 2 次印刷
□书　　号　ISBN 978-7-5487-2975-4
□定　　价　45.00 元